한 권으로 끝나는
기후 위기

**한 권으로 끝나는
기후 위기**

초판 1쇄 인쇄일 2025년 4월 2일
초판 1쇄 발행일 2025년 4월 10일

지은이 그린노믹스 경영연구원
펴낸이 양옥매
디자인 송다희 표지혜
교　정 조준경
마케팅 송용호

펴낸곳 도서출판 위시앤
출판등록 제2019-000116
주소 서울특별시 마포구 방울내로 79 이노빌딩 302호
대표전화 02.372.1537　**팩스** 02.372.1538
이메일 booknamu2007@naver.com
홈페이지 www.booknamu.com
ISBN 979-11-966956-9-9 (03450)

* 저작권법에 의해 보호를 받는 저작물이므로 저자와 출판사의 동의 없이
　내용의 일부를 인용하거나 발췌하는 것을 금합니다.
* 파손된 책은 구입처에서 교환해 드립니다.

한 권으로 끝나는
Climate Crisis
기후 위기

그린노믹스 경영연구원 지음

대형 산불 · 기후변화협정 · 기상이변
지구온난화 · 온실가스 · 집중호우

위시앤

추천사

인류세라는
새로운 역사의 출발점에서

2022년 8월, 국제지질과학연맹(IUGS)은 "홀로세에서 인류세(人類世·Anthropocene)로 지질역사를 전환하겠다"고 선언하였습니다. 그리고 2024년 8월, 부산에서 열리는 세계지질과학총회에서 이를 발표하기로 하였으나 최종 투표 결과 아직 준비가 부족이라는 결론을 내렸습니다.

그렇지만 홀로세를 마감시키고 인류세로 전환해야 된다는 사실은 대체로 공감하고 있습니다.

인류세란 "인간활동에 의해서 지질학적인 변화를 일으켜 앞으로 지금까지의 이런 인간 활동은 더 이상 허용될 수 없다"는 의미입니다.

지금으로부터 1만 년 전, 세계 인류가 농경을 시작하면서 홀로세가 시작되었고 그간 기후 및 생태환경은 매우 안정적으로 유지돼 우리들은 평안한 생활을 누릴 수 있었습니다.

그렇지만 1750년 산업혁명 이후 270년간 지속적인 화석연료를 많이 사용하여 지구온난화로 일으켜 기온은 1℃ 이상 상승하였습니다. 그리고 폭염, 산불, 홍수, 태풍, 지진 등 기상재난을 일으키는 기후 위기를 맞게 되었습니다.

더욱이 환경오염으로 지구생태계는 3분의 2나 멸종된 상태이어서 세계 인류가 지금 당장 화석연료 사용을 중단하는 탄소중립과 지구생태계 파괴를 중단하는 생태 중립을 통하여 지구를 살려 나가야 합니다.

1950년대에 런던 스모그, 일본의 중화학단지에서의 이타이이타이병과 같은 대형 환경 사고가 발생하였는데 이를 그대로 방치하다가 1992년에서야 브라질 리우회담에서 겨우 기후변화협정을 체결하기에 이르렀습니다. 그렇지만 그동안 EU 국가들을 제외하고는 대부분 국가는 경제성장에만 집중하였을 뿐 지구 살리기에는 방관적인 자세를 견지하였습니다.

결국 2015년에 파리협상으로 전 세계 각국이 의무적으로 '2050 탄소중립'을 결의하였지만 40% 이상 탄소를 배출하는 미국과 중국은 패권전쟁을 벌리고 있어 사실상 '2050 탄소중립'을 성공적으로 완성시켜 나가기 어려운 입장입니다. 더욱이 패권전쟁이란 다른 한 나라가 사라지기 전에는 끝날 수 없는 전쟁이라고 하니 걱정이 되지 않을 수 없습니다.

홀로세에서 인류세라는 새로운 역사의 출발점에 선 우리늘은 "화석연료 사용은 인간의 원죄에 해당되는 일이라는 사실을 반성하고 고해성사를 하는 자세로 에너지 효율성 향상, 재생에너지, 화석연료 퇴출, 낭비적인 생활 방식의 변화 등을 확실하게 앞당겨야 한다"는 프란치스코 교황의 기도문을 되새겨야 할 것입니다.

때마침 그린노믹스경영연구원에서는 이런 환경문제를 알기 쉽게 체계적으로 정리한 환경지침서를 내놓아 인류세라는 새로운 역사의 출발점에서 이를 헤쳐 나가는 좋은 길잡이 역할을 담당해 나갈 것으로 기대됩니다.

국제 백신연구소 한국후원회 이사장 **조완규**

머리말

새로운 그린노믹스 세상을 만들고자 첫발을 내딛으면서

세계 인류는 화석연료에 기반을 둔 자본주의를 마감시키지 않으면 기후 위기를 극복할 수 없어 더 이상 우리들은 생존할 수 없게 됩니다. 그렇지만 우리들의 일상생활은 모두 화석연료의 뒷받침으로 이뤄지고 있어 사실상 이의 사용을 중단하기란 엄청난 고통을 전제로 하지 않으면 이뤄질 수 없는 문제입니다.

보다 좋은 상품을 값싸게 만드는 기업들이 세계 시장을 지배하고 너도나도 많은 제품을 대량을 생산하여 대량소비, 대량 폐기하는 자본주의 체제에서 환경오염물질과 쓰레기 방출을 더 이상 억제시킬 수 없습니다. 그래서 '2050 탄소중립'을 추진해 나가기 위해서는 경쟁 위주의 자본주의 체제에서 벗어나 전 세계 인류가 다 함께 손을 잡고 살아가는 공생 발전 사회라는 새로운 세상을 만들어 나가야 합니다.

하지만 지금까지 화석연료를 많이 사용하여 과학 문명을 누렸던 선진국들은 전체 탄소의 80%를 배출하면서도 기상재난은 20%만 겪고 있습니다. 이에 반해 화석연료를 거의 사용하지 못했던 개도국들은 탄소 전체의 20%만 배출하는데 기상재난의 80%를 겪고 있습니다.

이런 기후 불평등 문제가 해결되지 않으면 개도국들이 탄소중립에 나서려고 하지 않을 것입니다. 그래서 선진국들이 지난 역사의 잘못을 반성하고 개도국들에 기술과 투자재원을 지원하면서 지구 살리기에 동참할 것을 호소해야 할 것입니다.

그런데도 선진국들은 자국민 보호 우선주의와 국익 우선주의만을 부르짖으면서 개도국의 지원을 외면하고 있습니다.

때마침 와이즈먼의 과학 논픽션, '인간 없는 세상'을 내놓으면서 "인간이 사라진 지구에서는 생태계가 본래의 모습을 되찾게 되며 오히려 활기를 되찾게 된다"는 사실을 밝혔습니다. 결국 인간은 지구를 망가뜨린 장본인이며 인간이 지구에서 사라진다고 해도 지구생태계는 본래의 모습을 되돌아갈 갈 수 있다는 사실은 지구를 지배한다는 인간의 자존심을 크게 손상시키는 일입니다.

지구는 기후 위기와 생태 멸종이라는 위기로 난파선이 되었습니다. 여기에 벗어날 수 있는 길은 같은 공동운명체라는 사실을 절감하고 '나 혼자 빨리 가는' 경쟁사회에서 벗어나 '다함께 손을 잡고 멀리 가는' 공생 발전사회로 나가야 합니다.

사실 '2050 탄소중립'이란 EU의 탄소국경세 도입, RE 100 캠페인, EGS경영체제 구축 등으로 세계 각국이 이제 탄소중립의 시작 단계에 진입하고 있어서 갈 길이 멀다는 하지 않을 수 없습니다.

탄소중립이란 100% 새로운 기술이 뒷받침되어야 실현될 수 있으며 현재 활용할 수 있는 기술은 전체의 4분의 1에 불과하다고 합니다. 나머지 대부분은 개발단계에 있는 기술이어서 선택과 집중이 무엇보다도 중요한 시점입니다. 그런데도 선도적인 역할을 담당해 나가야 할 선진국들이 자국민 보호나 국익 우선주의에서 벗어나지 못하고 있으니 정말로 답답할 노릇입니다.

사실 탄소중립이란 화석연료 사용을 중단해야 하기 때문에 무엇보다도 무탄소 청정에너지로 전환시켜 나가야 하고 에너지 사용을 절약하기 위해서 효율성을 향상시켜 나가야 합니다.

그리고 사용한 각종 제품을 재활용화, 자원화를 통하여 자원고갈과 쓰레기 반출을 최소화할 수 있는 자원 순환 체제를 구축해야만 비로소 성공적으로 완성될 수 있습니다.

유엔은 지구 살리기 위해서 '지구를 생각하고 지역적으로 행동하라'는 지침서를 내놓았습니다.

지구적으로 위급한 기후 위기, 생태 위기를 생각하고 세계 인류가 위기에 처해 있다는 사실을 인식하여 어떻게 지구를 살려 나갈수 있는 방안을 모색해야 합니다.

그리고 우리들이 사는 지역에서 이를 실현시켜 나가는 일을 찾아내서 추진해 나갈 때 탄소중립은 성공적으로 추진해 나갈 수 있는 것입니다.

이는 지역 단위에서도 기술개발에 참여하는 전문가 그룹과 이를 활용하고 상품해 나갈 수 있는 일반 시민과의 거버넌스체제를 구축하여 집단지성을 발휘할 때 성공적으로 추진해 나갈 수 있는 기틀이 마련되는 것입니다.

이에 저희 투데이 그린노믹스라는 인터넷 신문과 교육기관의 역할을 담당해 나갈 그린노믹스 경영연구원가 전문가 그룹과 시민단체들을 연결하는 고리 역할을 담당하고 이를 촉진시켜 나가는 교육기관으로써 역할까지 담당해 나갈 계획입니다. 그래서 국내 최고의 탄소배출지역인 당진시를 기반으로 전문가 그룹과 당진시민을 연결하는 다리 역할을 담당하면서 이를 지속적으로 촉진시켜 나갈 수 있는 교육기관으로 역할까지 담당해 나갈 것을 다짐하게 되었습니다.

성경에 '시작은 미약하나 그 끝은 창대 하리라'는 말씀이 있습니다. 그리고 한 알의 밀알이 땅에 떨어져 썩어질 때 10배, 100배의 결실을 맺게 되리라는 말씀도 있습니다.

대한민국은 60, 70년대 중화학공업을 수출기업으로 키워 선진국 대열에 참여할 수 있는 경제적인 기적을 이뤄냈습니다. 그렇지만 화석연료 사용이 중단된다면 하루아침에 중화학공업이 무너질 수 있어 다른 나라보다도 환경 선진국이 되어야 한강의 기적을 그대로 유지 발전시켜 나갈 수 있습니다.

저희 투데이 그린노믹스와 그린노믹스 경영연구원은 한 알의 밀알이 되겠다는 결심으로 지구살리기 앞장서서 우리 후손들에게 큰 죄를 짓는 일이 일어나지 않도록 최선을 다할 것을 다짐합니다.

아무쪼록 아낌없는 성원과 지도 편달을 부탁드리면서 다함께 지구 살리기에 적극 참여합시다.

그린노믹스 경영연구원 원장 **김종서**

목차

추천사   4

머리말   6

제1장   기후변화로 인한 기상이변

제1절. 급변하는 지구환경   16
1. 새로이 제작되는 세계 지도   19
2. 지구온난화가 아니라 지구 열대화 시대로 진입   23
3. 기상이변이란 지구생존을 위한 몸부림   28
4. 기상이변이 발생하는 원인   31
5. 지구환경 해결방안 마련   37
6. 다보스 포럼의 글로벌 위기 보고서   43
7. 세계 경제가 불확실성에 빠져드는 8가지 이유   47

제2절. 극한 기상이변   54
1. 일상화되는 호주의 극한 기상이변   57
2. 대형 산불 발생   59
3. 우리나라에서의 대형 산불   62
4. 극심한 가뭄과 산불   63
5. 대형 산불에 대한 대책   67
6. 황사 바람과 모래폭풍   70
7. 해양폭염, 해양오염 등으로 위기를 겪는 해양생태계   75

제3절. 갈수록 심화되는 기상재앙   82
1. 많은 사상자를 내는 지진   84
2. 더욱 강해지는 태풍   88
3. 게릴라성 집중호우가 쏟아지는 한반도   93

4. 북극권과 남극권의 지구온난화　　　　　　　　　　　97

　　5. 적도 지역의 지구온난화　　　　　　　　　　　　　102

　　6. 태평양 저지대 섬들의 지구온난화　　　　　　　　107

제4절. 기상이변에 따른 생활환경의 변화　　　　　　112

　　1. 아프리카 주민들의 참혹한 기상재난　　　　　　　114

　　2. 농수산물을 변화시키는 기후변화　　　　　　　　117

　　3. 해수면 상승에 따른 빛과 그림자　　　　　　　　123

　　4. 우려되는 취약계층의 삶과 기후난민　　　　　　　126

　　5. 중국발 환경위기 우려　　　　　　　　　　　　　130

　　6. 푸른 북극에서의 새로운 경제권 부상　　　　　　134

　　7. 기대되는 21세기 신 농업혁명　　　　　　　　　140

　　　생각해 봅시다　그리스 신화에서의 프로메테우스 전설　　145

제2장　지구온난화

제1절. 지나친 화석연료의 사용　　　　　　　　　　　148

　　1. 환경 파괴의 주범인 화석연료　　　　　　　　　149

　　2. 에너지 노예, 에너지 중독에 걸린 인간　　　　　154

　　3. 화석연료 사용은 인간의 원죄　　　　　　　　　158

　　4. 지구온난화로 인한 불편한 진실　　　　　　　　163

　　6. 지구 위기의 시계　　　　　　　　　　　　　　171

　　7. 어스 아워(Earth Hour)에 올리는 기도문　　　　175

제2절. 온실가스 배출　　　　　　　　　　　　　　　182

　　1. 온실가스 배출량 추이　　　　　　　　　　　　185

   2. 온실가스란?   187

   3. 온실가스의 종류   189

   4. 우리나라에서의 온실가스 배출   193

   5. 태양에너지가 지구온난화에 미치는 영향   197

   6. 온난화를 시급하게 해결해야 할 이유   200

   7. 탄소는 지구 구성의 원소   204

   8. 21세기 탄소 시대 개막   208

제3절. 지구온난화의 원인과 대책   212

   1. COP 28에서 탄소배출을 억제하기 위한 대책 마련   214

   2. 물 에너지 식량 넥서스(NEXUS) 논의   218

   3. 물부족국가인 한국의 수자원 관리 대책   225

   4. 아프리카 뿔의 심각한 식량 위기   229

   5. 과학 기술의 맹목적인 신뢰가 만든 사건들   234

   6. 지구환경을 진단하는 환경과학원   240

   7. 심각한 지구의 건강 상태   244

   생각해 봅시다   과학 기술의 맹신에 대한 위험성   250

제3장   기후 위기를 극복하는 기후변화협약

제1절. 세계 각국이 참여하는 기후변화협약   254

   1. 기후변화 협정의 출발   256

   2. 스톡홀름의 인간환경선언   257

   3. 브라질 리우 선언으로 출범한 기후변화 협약   260

   4. 유엔 기후변화협약 채택   263

   5. 온실가스 감축 기반을 마련한 교토의정서   268

   6. '포스트 2012' 체제 논의   271

7. 새로운 기후변화 체제 출발　　　　　　　　　　　　　273

　　8. 유엔의 온실가스 감축목표 실행 방안 마련　　　　　　277

제2절. 기후변화협약을 이끈 IPCC 보고서　　　　　　　280

　　1. 기후변화에 관한 정부간 협의체(IPCC) 설립　　　　　283

　　2. 기후변화와 인류의 건강 관계를 밝힌 3차 보고서　　　285

　　3. 변곡점(Tipping Point)을 해결하기 위한 탄소 예산제도 도입　288

　　4. 티핑 포인트(Tipping Point)를 우려하는 기후변화 보고서　291

　　5. '지구온난화 1.5℃' 특별보고서　　　　　　　　　　　293

　　6. 기후변화에 따른 대책 마련　　　　　　　　　　　　295

제3절. 기후변화협약의 당면과제　　　　　　　　　　　　299

　　1. 기후정의에 관련된 치킨 게임　　　　　　　　　　　301

　　2. EU 방식이냐? 미국식 방식이냐?　　　　　　　　　　303

　　3. 코로나의 역설에 대한 논의　　　　　　　　　　　　306

　　4. 국제 메탄 서약을 제안한 글래스고 당사국 총회(COP26)　310

　　5. 우리나라의 메탄 감축 방안　　　　　　　　　　　　314

　　6. 오존층을 파괴하는 프레온가스에 대한 규제　　　　　318

　　7. 기후변화 문제를 해결하는 10가지 방법　　　　　　　320

제4절. 기후변화에 따른 적응전략　　　　　　　　　　　　324

　　1. EU 국가의 기후변화 적응전략　　　　　　　　　　　328

　　2. 우리나라의 기후 위기 적응 강화 대책　　　　　　　334

　　3. 세상을 바꿔 나가는 기후소송　　　　　　　　　　　337

　　4. 환경정책을 결정하는 환경지도　　　　　　　　　　342

　　5. 해양환경을 중요시하는 블루 이코노미　　　　　　　346

　　6. 2025년 배양육 시장이 개막되면　　　　　　　　　　349

　　　생각해 봅시다　아폴로 13호의 기적　　　　　　　　355

제1장

기후변화에 따른 기상이변

지구온난화로 북극의 빙하는 거의 사라지고 해수면은 상승하고 있다. 이에 따라서 집중호우, 집중 한파, 대풍, 대지진 등 기상재앙을 만들어 내고 있다. 이런 상황에서 세계 경제는 심각한 경기침체 현상을 겪고 있어 취약계층과 저개발국가들엔 심각한 삶의 위기를 겪고 있다.

그런데도 화석연료를 많이 사용하여 지구온난화에 대한 역사적인 책임을 져야 할 선진국들은 자국민 보호와 국익을 먼저 내세우면서 저개발국가들의 기술과 투자재원 지원은 거의 이뤄지지 않고 있다.

기후 위기와 생태 멸종으로 난파선이 된 지구에서 벗어나려면 '나 혼자 빨리 가는' 경쟁사회에서 벗어나 '다 함께 멀리가는' 공생 발전 사회로 전환시켜 나가야 한다.

그래서 세계 인류는 난파선이 지구에서 벗어나야 되는 공동운명체임을 자각하고 탄소중립과 생태 중립을 완성시켜 나갈 수 있는 공생 발전이라는 새로운 세상을 만들어 나가야 한다.

제1절.
급변하는 지구환경

요즈음 우리나라는 봄과 가을은 없어지고 여름만 길어지는 아열대 지역으로 변하고 있다.

최근 10년(2011~2020년)은 30년(1981~2020년) 대비 폭염 일수가 2.8일이 증가했고 열대야 일수도 지난 30년 대비 최근 10년에 4.6일 증가했다. 이와 같이 폭염 일수와 열대야 일수가 매년 늘어나고 있어 점점 기온이 상승하고 있다는 사실을 쉽게 알 수 있다. 유희동 기상청장은 "현재에 비해 21세기 후반으로 갈수록 여름 일수가 점차 증가할 것이다. 저탄소가 이뤄지지 않을 때 현재보다 '최대 9배' 더 많은 폭염과 '최대 21배' 더 많은 열대야가 발생할 전망이다"라고 밝히고 있다.

이같이 지구온난화에 따른 기온이 상승함에 따라서 더워서 살 수 없는 지역으로 변해가고 있고 가뭄과 폭염, 산불 그리고 열돔 현상까지 가세하여 정말 살 수 없는 땅으로 변해가고 있음을 절감하지 않을 수 없다.

올가을에는 단풍이 들지 않고 푸른 잎사귀가 그대로 낙엽이 되어 떨어지는 희귀한 현상이 나타났다.

기상청에 따르면 2023년 11월 2일 서울의 아침 최저기온은 18.7도, 낮 최고 기온도 25.9도로 초여름 수준의 날씨를 보였다. 이는 11월 최고·최저 기온으로는 1907년 관측 이래 가장 높은 수치로 서울뿐 아니라 전국에서 평년보다 10~15도 높은 기온으로 기록됐다.

이는 평년보다 10~15도 높았고 초여름 더위는 11월까지 이어지다 11월 중순에는 갑자기 영하 날씨로 떨어지는 맹추위가 시작되었다.

11월 중순 이후에 비바람이 몰아치면서 파란 나뭇잎이 우수수 떨어지는 기상이변이 일어나고 있어 이젠 예쁜 단풍을 더 이상 보긴 어려운 세상이 되었나 보다.

단풍이 들려면 일조량과 5도 이하의 낮은 기온이어야 하는 두 조건이 일치되어야 하는데 급격한 추위가 닥치니 나무들도 단풍을 들 수 있는 기회를 상실하고 있다고 할 것이다.

이같이 기후변화가 지구환경을 급변시키고 있어 지구환경은 지속적으로 이변이 일어나면서 세계 인류는 안정된 삶의 터전이 잃이가고 있다고 한다. 이는 화석연료에서 배출되는 온실가스 때문이라고 하니 더 이상 탄소배출이 이뤄지지 않도록 화석연료 사용을 중단시켜야 한다는 당면과제를 우리들은 안고 있다고 할 것이다.

온실가스는 대기 중에 남아서 태양에너지 복사열을 안고 있고 온실가스가 지속적으로 쌓이면서 지구의 기온은 지속적으로 상승하기 마련이다. 그래서 전 세계는 '2050 탄소중립'을 성공적으로 완성시켜 지구온난화로부터 벗어나야 한다.

그렇지만 온실가스의 대부분을 차지하고 있는 이산화탄소는 대체로 200년간 대기권에 그대로 머물러 있어 탄소중립이 성공적으로 완성된다고 해도 지구온난화가 극복될 수 있다는 확신을 가질 수 없다고 전문가들은 걱정하고 있다. 그런데 개발도상국인 중국과 인도에서 여전히 석탄 등 화석연료 사용량을 늘리고 있고 고도성장을 지속하고 있어 탄소 감소세는 쉽사리 돌아서지 않고 있다.

한편 지구의 기온이 1도 상승하게 되면 대기권에서는 수증기를 안길 수 있는 잠재력이 7%나 늘어나게 된다. 요즈음 태평양에서는 슈퍼 엘니뇨 현상이 발생하게 되며 일시적으로 5, 6도까지도 기온이 상승하게 되며 이에 따라서 수증기가 기후변화의 주동 역할을 담당한다.

즉 수증기는 기온상승을 시키는 강제력은 없으나 되먹임(feedback) 에이전트로서 촉매 역할을 담당하여 기후변화를 시키는 주범 역할을 담당하고 있다. 즉 수증기는 이산화탄소보다도 2, 3배 기여도가 높다.

그렇지만 수증기는 근본적으로 이산화탄소와 달리 전형적 대기 잔류시간은 10일이고, 습도가 높은 공기는 식으면 수증기 일부가 물방울이나 얼음 입자로 응축해 강수가 되며, 인위적 배출원에 의해 대기로 유입되는 수증기 플럭스도 자연적 증발로 인한 것보다 상당히 적어서 장기적 온실가스 효과에 크게 기여하지 않는다.

그러나 수증기는 근본적으로 이산화탄소와 달리 전형적 대기 잔류시간은 10일이고, 습도가 높은 공기는 식으면 수증기 일부가 물방울이나 얼음 입자로 응축해 강수가 되며, 인위적 배출원에 의해 대기로 유입되는 수증기 플럭스도 자연적 증발로 인한 것보다 상당히 적어서 장기적 온실가스 효과에 크게 기여하지 않는다

슈퍼 엘니뇨 현상이 일어나면 갑자기 40% 이상 늘어나기 때문에 급격한 폭우, 태풍이 일어나면서 지진, 쓰나미 등이 크게 발생하게 된다. 한편 다른 지역에서는 가뭄 현상이 일어나면서 가뭄에 의한 폭염, 산불 등이 발생하는 지역이 있고 다른 지역에서는 극한 폭우로 태풍과 쓰나미가 밀려오는 급격한 기상이

변이 일어나게 된다.

이런 극한 기상이변으로 세계 곳곳에는 가뭄, 폭염, 산불, 열돔 현상이 발생하게 되기도 하고 다른 한쪽에서는 폭우, 태풍, 지진 등으로 많은 기상재앙을 안겨줘 세계 인류의 생명을 위협하고 있다.

세계 곳곳에서 50도를 넘어서는 폭염이 지속되면서 이젠 지구온난화가 아니라 지구 열대화 시대가 개막된다. 더욱이 지난 3년간 코로나 팬데믹으로 전 세계 인구의 10%에 해당되는 6억 5천만 명이나 되는 확진자가 나왔고 이 중 1%에 해당되는 664만 명이나 사망하는 끔찍한 기상재앙이 지속적으로 발생하고 있어 우리 주변에 기상이변은 가장 큰 뉴스거리가 되고 있다.

이렇게 지구는 점점 살 수 없는 지역으로 변하고 있어 후손들에게 이런 지구환경을 물려준다는 것은 후손들에게 큰 죄를 짓는 일이 된다. 더욱이 우리를 이 땅에 태어나게 만든 조상들께도 큰 죄를 짓는 일이어서 지구환경을 기필코 되살려야겠다는 결심을 하지 않을 수 없다.

1. 새로이 제작되는 세계 지도

영국에서 세계 지도를 제작하는 '타임스 아틀라스'는 1978년부터 4년마다 한 번씩 250만 부 이상을 전 세계 19개국에서 판매하고 있다. 이런 밀리언셀러가 매 4년 갱신 판을 내던 것을 이젠 완전히 새로운 세계 지도를 제작해 내고 있다는 뉴스가 나왔다.

지구온난화로 강과 해안선 그리고 육지 유형도 크게 달라지면서 지구환경이 완전히 달라져 새로운 지도를 제작할 수밖에 없다고 한다. 즉 지구온난화로 해수면은 크게 올라가고, 고지대 빙하는 녹고, 호수들이 사라지고 있다. 특히 세계의 주요 강들도 점점 말라가고 있어 물줄기가 바다에 이르지 못하는 일이 잦아지고 있다.

　리오그란데, 황하, 콜로라도, 티그리스강의 일부 지점은 해마다 물이 말라가고 있어 강물이 바다에 이르지 못하고 있어 바다와 강이 만나는 해안선이 급변하고 있다. 한편 태평양의 키리바티, 마셜 제도, 토켈라우, 투발루, 바누아타 같은 섬들은 해수면 상승으로 모두 물에 잠길 위기에 처해 있다. 특히 투발루의 경우 가장 고도가 높은 지점도 해수면의 5m에 불과하여 조만간 지도에서 사라질 판이다.

　방글라데시도 극심한 열대성 폭우와 매년 3㎜씩 높아지는 해안선 때문에 점점 더 많은 육지가 바다에 잠기고 있다. 그리고 아프리카에서는 차드 호수가 1963년 이래 95%나 줄어들었는데 이는 킬리만자로산의 얼음도 지난 100년 사이에 80% 이상이 녹아 없어지고 있다.

　스위스의 알레치 빙하는 매년 100m정도 녹고 있어 지구 지형을 크게 변화시키는 원인이 되고 있다.

　이같이 우리들이 살고 있는 지구환경을 얼마나 심각하게 무너뜨리고 있는지 세계 지도의 변화를 보면서 우리들은 절감하지 않을 수 없다.

가. 기상이변이 최대의 뉴스

　세계 경제의 80%는 기상의 영향을 직간접적으로 받고 있다는 분석이 나왔다. 이런 기후 위기 시대에서 산업별 기상, 기후정보의 활용 범위와 빈도수도 크게 늘어나고 있어 기상이변에 대한 예보 서비스가 국가 경제에 미치는 영향을 더욱 확대되고 있다.

　4차 산업혁명시대 도래에 따라 산업 전반에 걸쳐 디지털화가 일어나고 있으며, 기상 부문에서도 AI, 빅데이터 기술 등을 활용해 서비스 방식의 다양화, 직관화 등으로 변화하고 있다.

미국 해양대기청은 2022~2026년 주요 전략으로 통합 기후 및 해양 모델링 시스템 구축, 지 역·현장 분산 관측 개선 등을 추진하고 있다. 그리고 영국 기상청은 2020~2030년 기후과학 로드맵을 구축해 기후모델 구성 예측 시스템 개발 등을 추진하고 있다.

호주 기상청은 2030 연구계획을 통해 맞춤형 영향 예보를 추진하고 있으며, 독일 기상청은 2030 전략으로 기후 서비스 개발 및 과학계와의 네트워킹 강화를 추진하고 있다. 그리고 일본 기상청은 폭우 및 태풍 재해 예방에 집중적으로 힘쓰고 있다.

우리나라에서도 기상청이 기후 위기에 대한 감시 및 예측 업무의 총괄 지원 기관으로서 제대로 된 역할을 수행할 수 있도록 '기후변화 감시 및 예측 등에 관한 법률'을 제정하였다.이같이 기후 위기 시대를 살아가기 위해서 기상 기후 정보가 최대의 뉴스가 되고 있으며 세계 각국은 기상예보 서비스를 강화하기 위한 기술개발과 재정투자에 경쟁적으로 나서고 있다.

나. 세계적인 기상이변

최근에 밝혀진 세계적인 기상이변에는 극지방의 빙하, 빙산이 녹아내라고 대형 산불과 대형 홍수는 동일한 기상이변에 의해서 일어났으며 아마존의 열대우림도 무너지고 있어 기상이변에 따른 기상재앙의 규모는 매년 크게 확대되고 있다.

1) 극지방의 빙하, 빙산이 녹아내려

극지방의 빙하가 녹아내리고 고산지대의 빙산도 허물어지면서 60, 70%이던 얼음과 눈의 반사율은 육상에서는 20%, 바다에서는 6%로 낮아지면서 지구온난화는 급속도로 진행되고 있다. 결국 지구온난화는 급속도로 진행되어 지금 당장 화석연료 사용을 중단시키는 특별한 조치가 이뤄지지 않으면 난파선이 된 지구촌이 침몰할 수 있지 않을까? 걱정된다.

한편 고산지대의 빙산이 무너지면 그 지방에서 먹고 살아가던 물이 없어지게 되면서 세계는 물 부족으로 기후난민이 발생하게 되어 걷잡을 수 없는 혼란에 빠지게 되는 것이다.

2) 대형 산불과 대홍수는 동일한 기상이변

세계기상기구(WMO)는 러시아의 대형 산불과 파키스탄의 홍수가 사실은 '오메가 차단현상'에 의해 '로스비파'의 이동이 막히면서 초래된 동일한 기상재해라고 밝혔다. 즉 파키스탄의 홍수는 1,700명의 사망자와 2천만 명의 수재민이 발생하고 180만 채의 가옥이 침수되어 경제적 피해는 400억 달러에 달했다. 이에 반해 러시아의 폭염과 산불은 5천 평방킬로미터의 숲을 잿더미로 만들었고, 1만 5천 명의 사망자가 발생하여 피해액은 150억 달러에 달했다.

이런 기상재앙이 2천km 넘게 떨어진 두 장소에서 동시에 발생하였는데 이는 결국 '오메가 차단현상'이라는 기후변화 때문에 일어난 동일한 기상재해라는 것이다. 결국 지구촌 전체가 동일한 기후변화로 엄청난 기상재앙을 받고 있어 지금 지구촌은 기상이변으로 더 이상 살 수 없는 난파선으로 변해가고 있다. 그래서 세계 인류는 지구촌이라는 난파선에 타고 있는 공동운명체라는 사실을 인식하여야 한다. 따라서 세계 인류는 다함께 지구촌이라는 난파선에서 벗어나기 위해서 최선을 다하여 지구환경을 되살려 내야 하는 것이다.

3) 아마존 열대우림이 파괴되고 있어

최근 지구의 허파 역할을 하는 아마존 열대우림이 파괴되어 가고 있다. 그런데 만일 열대 우림지역이 무너진다면 적어도 매년 500억 톤이 넘는 온실가스가 대기 중으로 한꺼번에 배출될 수 있다고 한다. 이는 곧 전 세계에서 1년에 배출되는 온실가스가 적어도 2배 이상이 짧은 기간에 배출될 수 있는 원인이 된다고 한다.

　2023년, 아마존 열대우림은 사상 최악의 가뭄을 겪었다. 가뭄으로 강물이 마르면서 산불이 곳곳을 덮쳐 많은 야생동물이 목숨을 잃었다. 이에 전 세계 최대 숲이라 할 수 있는 아마존 열대우림이 돌이킬 수 없는 한계 지점으로 빠르게 다가가고 있다는 징후라고 우려하고 있다.

　우선 지역주민들은 씻을 물조차 충분하지 않고 게다가 이들이 수확한 바나나, 카사바, 밤, 아사이베리 등의 작물은 도시로 빨리 운송되지 못해 상해버리고 있어 도저히 살 수 없는 지역으로 변해가고 있다는 것이다.

　이는 슈퍼 엘니뇨로 인해 태평양 해수가 따뜻해지면 아메리카 대륙 위로 따뜻한 공기가 들어와 북대서양 해수는 비정상적으로 따뜻지는 폭염이 지속되어 아마존은 덥고 건조한 공기로 뒤덮였기 때문이라고 한다. 아마존 열대우림이 사라진다면 지구온난화는 더욱 심화될 것이고 이젠 되돌릴 수 없는 기회마저도 사라질 수 있다는 걱정을 하지 않을 수 없다.

2. 지구온난화가 아니라 지구 열대화 시대로 진입

　2023년 9월 20일, 미국 뉴욕 유엔본부에서 제78차 유엔총회에서 '2023 기후목표 정상회의'가 개최되었다. 이 자리에서 안토니우 구테흐스 유엔 사무총장은 "50도에 육박하는 더위가 미국과 유럽 등 세계 곳곳을 강타한 지난 7월 사실상 '지구온난화' 시대는 가고, '지구 열대화' 시대로 진입했다."고 밝혔다.

　세계기상기구(WMO)는 최근 보고서에서 "앞으로 5년 안에 역사상 가장 극심한 폭염이 나타날 가능성이 98%에 달한다."며 "이 같은 극한 기상이변이 더 이상 '이변'이 아닌 '일상'으로 자리 잡아가고 있다."고 밝혔다.

　이제 가뭄, 폭염, 산불, 열돔 현상과 폭우, 태풍, 지진 등은 우리들의 일상이 되고 있다.

이는 세계 인류가 더 이상 살 수 없는 지구로 변해가고 있어 빨리 지구환경을 되살릴 수 있는 특단의 조치들이 나와야 된다는 아우성이 전 세계 각국에서 일어나고 있다.

2023년 5월 기준으로 대기 중 CO_2 농도는 424ppm에 달하고 있다. 이는 산업혁명이 일어나기 직전인 18세기 중반에 대기 중 CO_2 농도가 줄곧 280ppm이었던 것에 비하면 현재의 CO_2 농도는 51%나 늘어난 수준이다.

2011년에서 2020년 사이 10년간은 산업화 이전 기준선인 1850년~1900년 사이 평균 기온보다 평균 1.09 ℃ (오차 감안 0.95, 1.20 ℃) 상승하였다. 그리고 지상 기온은 10년마다 평균 0.2 ℃씩 상승하고 있으며, 2020년 기준 산업화 이전보다 1.2 ℃ 더 상승한 상태이다.

이렇게 되면 산업혁명 이후 1.5도 이내에 억제하자는 유엔의 탄소 감축목표는 사실상 달성하기 어렵다는 판단을 하지 않을 수 없다.

1.5도 억제선은 450ppm을 넘지 말아야 할 텐데 이젠 겨우 26ppm만 남겨준 상태이다. 이런데도 2023년 말 현재 세계 탄소 배출량은 감축이 아니라 오히려 증가세를 유지하고 있다니 우린 지구멸망을 이대로 지켜보고 있어야만 하는가? 우려가 앞서게 된다.

가. 기상 메카니즘이 흔들려

세계 각국의 다양한 기후모델이 등장하면서 "2000년대에 들어 이런 지역적 메카니즘이 흔들리기 시작했다"고 밝히고 있다. 이는 '원거리 메커니즘'이 무너지고 있기 때문이라고 설명하고 있다.

원거리 메커니즘이란 온실가스가 열대, 중위도 지역의 온도를 상승시키고, 멕시코 만류와 북대서양 해류가 따뜻한 해수를 북극해까지 운반하면서 북극

근처의 해빙을 녹인다는 모델이다.

기후변화는 복합적인 요인에 의해 발생하지만, 학계에서는 상대적으로 더 많은 영향을 미치는 물리적 요인을 찾아 기후변화를 명백하게 이해하려는 시도를 계속해 왔다.

그렇지만 급변하는 기상이변의 원인을 제대로 규명하는 일이 쉽지 않고 거의 불가능하다고 할 수 있다. 이는 무엇보다도 기상 메카니즘이 흔들려 기상 예측이 제대로 나올 수 없기 때문이라고 한다.

기상 메카니즘이란 바닷물이 늘어나면서 해수면 상승과 함께 바닷물의 염도를 낮추는 효과가 나타나 대서양의 해류교류가 지연 또는 중단 사태를 발생시켜 세계 기후변화의 큰 역할을 담당하고 있다는 것이다. 즉 대서양 해류교류는 적도 부근의 더운 해류가 북상하여 북쪽의 기온을 상승시키고 북쪽의 차가운 해류가 남쪽으로 내려와 열대 지방의 온도를 낮춰주는 조정 역할을 담당하고 있었다.

그렇지만 바닷물의 염도가 낮아지면서 이런 해류교류가 일어나지 않고 북쪽의 추운 바람을 막아주던 제트기류도 거의 발생하지 않아 기상시스템이 제대로 작동되지 않고 있다는 것이다. 즉 겨울철에 북극 지방에 대기권에 차가운 공기덩어리가 형성되는데 북극 지역의 기온이 상승하면서 지면으로 내려앉지 않고 둥둥 떠돌게 된다.

그러다가 다른 지역으로 흘러가 결국 차가운 공기덩어리가 터져 전혀 예상하지 못한 지역에서 북극 혹한이 발생하게 되는 경우가 종종 일어나고 있다.

나. 난데없는 북극 한파와 폭설

2021년 2월 중순, 미국 텍사스주에서 이런 북극 한파가 몰려와 갑자기 영하 20도 이하까지 떨어지는 혹한이 발생하였다.

미국 남부지역의 겨울은 최저온도가 5~10℃ 사이이어서 지역주민들에겐 겨울철에 대한 준비가 거의 되어 있지 않은 실정이다. 그런데 북극 한파가 몰려오면서 미국에서 가장 추운 알래스카보다 더 춥다는 믿기 힘든 기상재앙이 발생하였다.

이런 미국 남부지역에 30년 만에 한 번 찾아온다는 역대급 폭설과 한파가 겹쳐 겨울철 의복이 따로 없는 이 지역 사람들이 의지할 도구는 난방설비뿐이었다. 그래서 지역 각 매장에 진열될 온열기들이 금방 동나고 대혼란을 가져오게 되었다.

2021년 2월에 닥친 이례적인 혹한으로 앨라배마, 오클라호마, 캔자스, 켄터키, 미시시피, 텍사스, 그리고 선 벨트는 아니지만 역시 상대적으로 기후가 온화한 오리건까지 총 7개 주기 비상사태를 선포했다.

가장 사태가 심각했던 2021년 2월 16일에는 평일에 1MWh당 50달러 미만이었던 도매 전력 공급가가 약 200배인 9천 달러가 넘게 치솟아 정전 사태가 발생한 일이었다. 그래서 공급 가격제로 텍사스주 주민들에게 제공되는 전력시장은 규제 완화로 16년간 종전보다 요금을 280억 달러(한화 약 30조 9천9백6십억 원) 더 냈던 대혼란을 겪어야 했다.

다. 50도를 웃도는 폭염

2023년 7월, 중국은 사상 처음으로 52.2도를 기록했고 미국과 중국 일부 지역이 50도를 넘었고, 스페인은 46도를 기록했다. 한쪽엔 물 폭탄, 한쪽엔 열 폭탄이 동시에 투하되면서 대형 산불까지 확산되면서 지구촌은 이제 더 이상 버틸 수 없는 난파선이 되어가고 있다.

섭씨 50도가 웃도는 날씨란 인간으로서 감내할 수 없는 '살인적 더위'이다. 이런 폭염이 세계 곳곳에서 발생하고 있고 지구촌은 사막화가 진행되고 있으니 어쩌란 말인가?

지금까지 '혹한의 상징'이었던 시베리아마저도 지난 6월 초 지역별 기온이 섭씨 37~40도를 나타내는 사상 최고치를 기록하고 있다. 더욱이 이런 극한 기상이변으로 탄소배출을 거의 하지 않고 전기를 사용하지 못하고 있는 저개발국가들에게 전 세계 80%의 기상재앙을 겪게 만들고 있다.

이런 기후 불평등 문제를 국제적으로 해결해 나가지 않으면 저개발국가들이 기후난민으로 변해서 세계 경제를 어둡게 만들고 있다. 이제 세계 인류는 공동운명체라는 사실을 명심하고 난파선인 지구촌이 되살려 날 수 있는 방안을 마련하여 다함께 구제받을 수 있도록 특단의 해결 방안을 마련해야 할 것이다.

라. 찜통더위가 지속되는 열돔 현상

미국 NASA에서는 "열돔 현상은 온실가스 농도가 높아지면서 급격히 증가하고 있으며 지금과 같이 온실가스가 배출될 경우 2060년부터는 고온 적인 여름철 폭염은 매년 나타나게 될 것이다"라고 밝히고 있다. 특히 열돔 현상은 인구 밀집 높은 지역에서는 더욱 심하게 나타날 것이라고 했다. 인구밀도가 높은 우리나라에서도 여름철 폭염과 함께 열돔 현상이 일어나 40도 넘는 폭염을 걱정하지 않을 수 없다.

열돔 현상이란 지상 5~7km 상공에서 발달 된 고기압이 정체된 상태에서 반구 형태의 돔이 나타나 뜨거운 공기를 지면에 가둬 놓는 현상을 말한다.

이때 기온이 평년보다 5~10도 이상 상승시키면서 지역주민들은 고온에 갇혀 장기간 찜통더위를, 고통을 당해야 한다. 이런 열돔 현상과 함께 폭염, 가뭄, 산불 등으로 이어지는 기상재앙이 세계 곳곳에 일상적으로 나타나고 있다. 그런데 이런 열돔 현상이 사라지게 만들려면 태풍과 같은 무서운 바람이 아니면 해결될 수 없다고 하니 오랫동안 지역주민들은 생지옥에서 생활해야 되는 끔찍한 일을 우리들은 겪어야 하는 실정이다.

3. 기상이변이란 지구생존을 위한 몸부림

영국의 세계적인 과학자, 제임스 러브록이 쓴 '가이아의 '복수'에서는 "기상이변이란 지구환경은 항상성을 유지시켜 나가기 위한 자기 회복이라는 여건을 조성하기 위한 몸부림이다"라고 설명하고 있다. 즉 지구환경은 가이아라는 대지의 여신과 같이 지구생태계가 편안하게 살 수 있도록 대기 기온을 평균 15도에 알맞게 맞추고 대기권의 각종 요소들도 안정적으로 유지 시켜나가는 항상성을 생명으로 삼고 있다.

이런 항상성이 파기되면 가이아의 여신은 이를 안정화 시키려는 노력을 하게 되는데 그것이 기상이변으로 나타나게 된다는 것이다.

지구온난화란 화석연료 사용으로 배출되는 이산화탄소 등 온실가스가 대기 중에 남아 태양에너지 복사열 중 적외선을 보유함으로써 기온을 상승시키는 온실효과를 나타낸다. 즉 온실효과를 유발하는 온실가스인 이산화탄소, 메탄, 아산화질소, 다양한 불소 화합물 등이 대기 중에 그대로 남아서 지구의 기온을 상승시키고 있다.

그런데 대기권에는 질소(N_2) 78%, 산소(O_2) 21%는 원자로 구성된 이원자 분자이어서 안정성을 유지하고 있다. 나머지 0.93%를 차지하는 아르곤(Ar)도 단원자 분자로 구성되어 있어 적외선을 흡수하지 않는다. 다만 대기 중에 남아 있는 소량의 이산화탄소(CO_2), 메탄(CH_4), 아산화질소(NO_2), 프레온(CFC)처럼 서로 다른 원자들이 결합할 수 있는 불안전한 분자로 적외선 복사의 진동수에서 에너지를 흡수하는 역할을 담당하고 있다.

이런 온실가스들이 적외선 복사를 흡수하면 주변에 있던 질소와 산소를 함께 움직여서 대기 중에 운동에너지가 커지면서 기온을 상승시키게 된다고 한다.

가. 온실가스에 의한 지구온난화

전체 온실가스 중에서 양이 가장 많은 이산화탄소의 지구온난화 기여도는 약 74%나 된다. 물론 대기권 중에서 이산화탄소가 차지하는 비중은 0.04%에 불과하다. 그렇지만 이산화탄소는 100개의 공기 분자 중 1개만 있어도 지구 평균 기온이 100도에 도달할 정도로 강력한 온실효과를 낼 수 있다. 사실 1만 개의 공기 분자 중에서 이산화탄소 분자의 수는 약 4개에 불과 하지만 지구 기온을 상승시키는 온실효과를 발휘하고 있다.

그리고 온실가스로 인한 온난화의 약 19%를 차지하는 메탄은 대기 중에서 12년 동안 머무를 수 있고 아산화질소는 114년 정도 머무르며 전체 온실가스 영향 중 약 8%를 담당한다.

불화탄소를 함유한 혼합물들(CFCs, HCFCs, HFCs, PFCs)은 1년 미만부터 수천 년까지 대기 중에 머물 수 있다. 그렇지만 다른 온실가스에 비해 그 양이 매우 적어 온난화에 미치는 영향은 1% 미만이다.

이 중 CFCs는 지구온난화에 기여하는 동시에 오존층을 파괴하고 있어 오존층을 보호하기 위한 국제협약인 1987년 몬트리올 의정서에 따라 CFCs는 생산 중단 단계에 접어들었다.

나. 화석연료는 생물체가 보유하고 있는 탄소 덩어리

사실 화석연료란 대기 중으로 배출되는 이산화탄소의 65~80%를 차지하고 있으며 20~200년에 걸쳐 해양에 용해되고 식생에 의해 흡수된다. 나머지는 화학적 풍화와 암석 형성과 같은 수백 년에서 수천 년까지 걸리는 과정들을 거쳐 사라지게 된다.

이런 이산화탄소가 대기 중에 나오게 되면 길게는 수천 년 동안 계속해서 기후에 영향을 미칠 수 있음을 의미한다.

1850년의 이산화탄소의 농도는 285ppm이었는데 1958년 마우나로아에서 처음 측정할 당시 이산화탄소 농도는 315ppm이었다. 최근 매년 2ppm씩 증가하여 2022년 말, 현재 417.9ppm을 나타내고 있어 이산화탄소 농도가 가속적으로 늘어나고 있다.

산업혁명 이후 대기 중의 이산화탄소 농도는 46%, 메탄은 157%, 아산화질소는 약 22% 증가했다. 이런 지구온난화로 북극과 남극지역의 빙하가 해빙되면서 해수면이 상승하고 해수 염도까지 낮아져 기후변화의 핵심 역할을 담당해 왔던 대서양 해양 교류를 중단시키는 원인이 되고 있다.

이런 복잡한 내용들이 지구온난화를 만들고 있고 이를 해결하지 않으면 지구환경을 되살릴 수 없게 되면서 자칫 세계 인류는 영원히 삶의 터전을 잃게 될 운명을 안고 있다.

다. 지구온난화는 인간이 배출한 화석연료가 원인

지난 2013년에 IPCC가 발표한 제5차 평가 보고서에서는 "1950년 이후 발생한 온난화는 인간 활동에 의한 화석연료 사용이 원인이며 화석연료 사용을 중단시켜야 지구온난화가 중단될 수 있다"는 기후변화의 원인을 분석한 결과를 발표하였다.

이에 따라서 2015년 파리협정이 체결되었고 전 세계 각국들은 의무적으로 '2050 탄소중립'을 완성시켜 나갈 것을 다짐하게 되었다. 따라서 "2030년까지 화석연료의 절반, 2050년까지 완전 제로로 만들어 나가야만 18세기 산업혁명 이후 1.5도 이내에서 지구온난화를 억제시킬 수 있다"는 국제협약을 만들기에 이른 것이다. 이젠 전 세계 각국들이 '2050 탄소중립'이라는 당면과제를 바로 지상과제로 삼아 기필코 달성시켜 나가야 할 것이다.

 2023년 11월, 두바이에서 열리는 제28차 기후환경 당사국 총회에서 전 세계 탄소 감축목표 달성 내용을 점검하고 산업혁명 이후 1.5도 이내에서 지구온난화를 억제할 수 있도록 탄소중립 목표를 강화시켜 나가도록 합의하게 되어 있다.

 즉 온실가스 농도가 450ppm 이내로 억제 시켜야 하는 것인데 2022년 말 현재 지구 기온은 1.2도나 상승하였고 온실가스 농도는 417.9ppm까지 올라 '2050 탄소중립'을 실현시켜 나가기 어렵다는 비관론이 나오고 있다.

 일부 전문가들은 2027년에 일시적으로나 1.5도를 넘어설 것이라는 비관적인 전망을 내놓고 있어 탄소중립이란 세계 인류의 생존 문제가 걸린 절대 절명한 핵심 당면과제라는 사실로 우리들은 명심해야 할 것이다.

 그리고 탄소 감축목표를 달성시키기 위한 대책으로 2030년까지 재생에너지 비중을 현재의 3배이상 확대 시켜 세계 평균 재생에너지 비중이 68%가 되도록 하는 목표를 설정하였다. 그리고 에너지 효율을 현재의 2배 향상시키도록 하자는 특단의 국제협약을 결의하게 되었다.

 118개국들이 이에 서명하였고 우리나라도 이에 참여하였다. 그런데 현재 7%에 불과한 재생에너지 비중을 앞으로 7년 이내에 이의 10배를 확대시켜 나가야 된다는 목표를 달성한다는 일은 거의 불가능에 가까운 일이라 걱정이 되지 않을 수 없다.

4. 기상이변이 발생하는 원인

 얼마 전 기상청이 발간한 '이상 기후보고서'에서는 최근 한반도 기상이변의 원인은 '북극진동과 대서양의 해류 순환 완만, 그리고 엘니뇨와 라니냐'의 세가지를 꼽고 있다.

지금까지 이상 기후의 주된 원인은 해수면의 온도 상승과 저하로 일어나는 엘니뇨와 라니냐이라고 여겼으나 이보다도 '북극진동' 때문에 기상이변이 일어나고 있다.

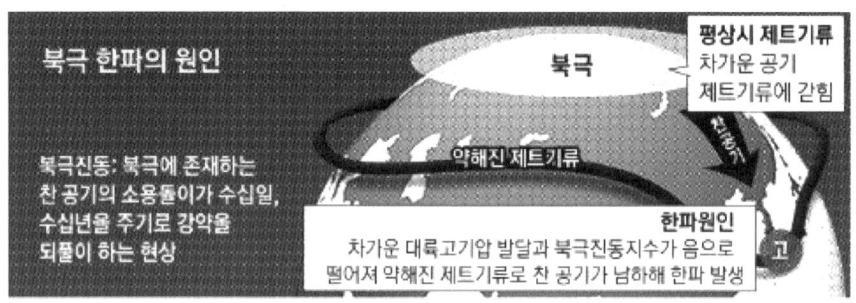

북극진동

북극진동이란 지금까지 제트기류는 북극의 찬 공기를 가두는 역할을 하여 왔으나 북극 지역의 기온이 상승하면서 이게 약해지자, 북극에 머물던 차가운 공기는 북극에서 해소되지 않고 대기 중에 머물러 있다가 다른 지역으로 내려와 혹한이라는 기상이변을 일으키고 있다.

2021년에 미국 텍사스의 혹한 사태는 바로 이런 현상에서 일어난 사건이다.

북극 지역의 얼음이 녹아내리고 더워지면서 지구온난화는 더욱 가속화되고 있는데 이런 제트기류가 찬 공기를 방어하지 않고 뱀처럼 요동치는 제트기류로 변하면서 폭염, 한파, 홍수, 가뭄 등의 극한 기상이변이 일어나는 요인이 되고 있다.

2017년 겨울, 한반도에는 모스크바보다도 더 추웠다. 이에 미국 펜실베니아 주립대, 마이클 만 대기과학 교수가 쓴 '누가 왜 기후변화를 부정하는가?'(도서출판 미래인, 2017)에서는 이에 대한 해답을 설명하고 있다.

엘리뇨와 라니뇨

구분	엘니뇨 시기	라니냐 시기
모형	(평상시보다 차가워진 바다 / 무역풍 평상시보다 약함 / 평상시보다 따뜻해진 바다) 140°E 180° 140° 100°W	(평상시보다 따뜻해진 바다 / 무역풍 평상시보다 강함 / 평상시보다 차가워진 바다) 140°E 180° 140° 100°W
대기 순환	• 서태평양에는 고기압이, 동태평양에는 저기압이 발달한다. • 서태평양에서는 건조한 날씨에 의해 가뭄이 발생하고, 동태평양에서는 강수량이 증가하여 홍수 피해가 생긴다.	• 서태평양에는 더 강한 저기압이, 동태평양에는 더 강한 고기압이 발달한다. • 서태평양에서는 수온 상승으로 태풍이 자주 발생하고, 동태평양에서는 가뭄이 발생한다.

즉 "이산화탄소 배출량이 계속 증가하면서 지구 표면은 기온이 상승하고 북극의 빙하가 녹아 해수면이 높이져 홍수와 쓰나미가 발생한다. 겨울에는 북극의 빙하가 녹아 약해지는 제트기류의 변화로 겨울철 이상 한파가 발생하고 있다"고 설명하고 있다.

북극이 뜨거워지면서 더 많은 빙하가 녹기 시작해 엄청난 양의 열과 수증기를 발생시켜 다시 지구를 더욱 뜨겁게 만들고 있다는 것이다.

여기에 연쇄적으로 제트기류에 갇혀 있던 폴라보텍스(차거운 공기 집단)는 뜨거운 열과 기온에 의해 약해진 제트기류와 함께 북미와 아시아 지역으로 이동하면서 세계 각지에 혹한을 몰고 오고 있다. 이런 악순환이 앞으로도 계속될 것이라고 전망하고 있다.

이에 영국 기상학자 왜드햄스는 지구온난화의 영향을 계산할 때 우리는 이산화탄소 배출문제만 고려한다. 그렇지만 극지방의 얼음과 눈이 사라지는데 이를 감안 하여 계산해야 정확하다. 얼음은 햇빛의 80~90%를 반사하지만, 하얀 얼음이 사라진 북극에는 짙은 바닷물은 햇빛의 10%만 반사하게 된다. 그래서 지구온난화 효과를 70% 높여 해수면 상승도 빠르게 하고 있다"고 밝히고 있다.

이같이 지구온난화는 단순하게 지구의 기온만을 상승시키는 것이 아니라 기상시스템 그 자체를 바꾸어 놓고 있어 기상이변은 더욱 심화 된다. 이에 많은 기상재앙으로 세계 인류를 희생시키는 기후 위기는 더욱 강화되고 있다고 할 것이다.

가. 대서양 해양 교류 약화

미국 국립해양대기청(NOAA) 연구소 빈센트 사바 박사는 "따뜻한 물을 북쪽으로 품어 올리고 차가운 물을 남쪽으로 내려보내는 열 수송시스템인 대서양의 해류교류 현상이 지난 1000년 이래 가장 약화 된 것으로 나타났다."고 밝히고 있다.

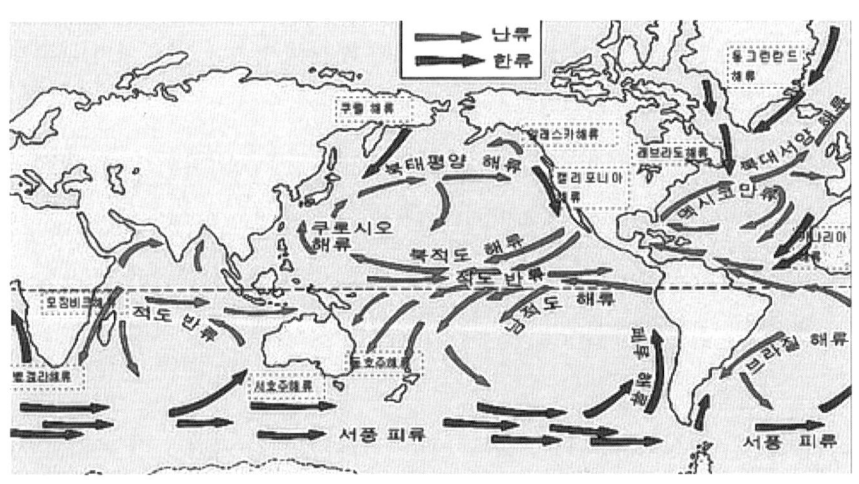

해양교류

즉 해류 흐름이 느려지면서 북쪽으로 전달되는 열이 적어지면 북대서양이 광범위하게 냉각되게 된다. 이에 따라 대서양은 지구온난화 추세에서 유일하게 차가워지는 대양이 되고 있으며 이와 동시에 온난한 걸프 스트림은 북쪽으로 이동해 해안과 좀 더 근접하게 되고 미국 대서양 해안 북쪽 절반의 물을 따뜻하게 만들어지고 있다.

이는 지구온난화로 인해 북극 바다 얼음과 그린란드 빙상이 녹아 북대서양 해수를 희석함으로써 염분이 줄어들게 되었기 때문이란다.

즉 염분이 적은 물은 밀도가 낮고 덜 무거워서 바닷속 깊이 가라앉기가 어려워지면서 대서양의 해류교류가 약화 된 것으로 밝히고 있다. 결국 북극의 해빙으로 바닷물의 염도가 낮아져 대서양의 해류교류가 장해를 받으면서 기상이변을 일으키는 가장 큰 원인이 되고 있다.

나. 엘니뇨 현상

엘니뇨 현상이란 적도 부근 동태평양의 바닷물 온도가 평소보다 상승하는 현상을 말한다. 평상시에는 동에서 서쪽으로 부는 무역풍 탓에 바닷물이 서쪽으로 밀려 인도네시아 쪽 바닷물의 높이가 남미 쪽보다 0.5m가량 높다. 하지만 알 수 없는 이유로 무역풍이 약해질 때가 있는데 이런 때는 인도네시아 쪽에 쌓였던 바닷물이 동쪽으로 밀려 내려간다.

남미 페루 부근에서는 차가운 바닷물이 솟아오르는 용승(湧昇 · upwelling) 현상도 주춤해지면서 동태평양 수온이 올라가는 엘니뇨 현상이 발생하게 된다.

이런 엘니뇨 현상이 발생하면 가뭄, 폭염, 산불 등으로 연결되면서 농산물 흉작, 어획량 감소, 홍수로 인한 가옥 및 도로 유실 등의 경제적 손실이라는 재앙이 발생한다. 그리고 희귀생물의 멸종위기, 생태계의 변화, 전염병의 발생 등 기상재앙이 발생하여 지구생태계는 큰 위기에 직면하게 된다.

다. 라니냐 현상

라니냐 현상은 엘리뇨의 반대 현상으로 스페인어로 '여자아이'를 뜻한다. 적도 무역풍이 평년보다 강해지면 서태평양의 해수면과 수온이 평년보다 상승하고, 찬 해수의 용승 현상 때문에 적도 동태평양에서 저수온 현상이 나타나, 바닷물이 평년 수온보다 0.5℃ 내려가는 경우를 의미한다.

이런 라니냐 현상은 해수의 순환이 엘니뇨 현상과 반대로 나타나므로 라니냐가 발생하면 엘니뇨 때 가뭄이 드는 동남아, 호주 북부 등에선 홍수가 발생하게 된다. 그리고 이와는 반대로 홍수가 나타내던 일본과 미국 남부, 남미 대륙에는 비가 적게 내린다.

알래스카와 캐나다 서부에는 엘니뇨 때와 반대로 저온 현상이 미국 남동부는 고온 현상을 불러들이게 된다.

라니나 현상이 우리나라에 미치는 영향은 아직 구체적이지 않지만, 대체로 가을에는 가뭄이 심하고 겨울에는 강한 추위가 있을 가능성이 높다고 전문가들은 분석하고 있다.

라. 슈퍼 엘리뇨

보통 동태평양 적도 부근의 수온이 평년보다 섭씨 0.4도 이상 높아지는 엘리뇨 현상이 나타난다. 그런데 2017년 겨울의 경우, 동태평양 적도 부근 수온이 무려 2.5도 이상 상승하는 소위 '슈퍼 엘리뇨'가 발생했다.

이는 2018년 극심한 가뭄, 폭염, 산불이라는 기상이변이 발생시키는 원인이 되었으며 이의 반대지역에는 극심한 집중호우, 태풍과 같은 기상이변을 일으켜 2018년에는 전 세계가 크나큰 기상이변으로 많은 기상재앙이 발생하였다.

보통 기온이 1℃ 상승하면 수증기량이 무려 7%나 늘어난다. 그런데 슈퍼 엘니뇨와 같이 2.5℃나 상승하게 되면 수증기량은 무려 17.5% 이상 더 많이 발생하게 된다.

수증기량이 많아지면 결국 태풍과 집중호우의 원인이 되고 반대 지역에서는 가뭄, 폭염, 산불이 발생하는 크나큰 기상이변이 발생하게 되어 세계 각국들은 많은 기상재앙으로 시달리게 된다.

마. 폴라보텍스

최근 미국 한파의 주요 원인으로 '폴라보텍스'을 지목하고 있다. 폴라보텍스란 북극 지방을 도는 영하 50~60℃의 한랭 기류를 말한다. 이 차가운 공기덩어리는 평소에는 제트기류에 휩싸여 극지방에 갇혀 있게 된다. 그렇지만 지구온난화가 지속되면서 제트기류가 약해져 그 사이로 한파를 전 세계에 확산시키게 되었다고 한다.

제트기류란 적도 지역의 더운 공기덩어리와 북극 지역의 차가운 공기덩어리 경계에서 생겨나는 기류를 말한다. 즉 두 공기덩어리 온도 차가 크면 클수록 기압 차이도 벌어져 강한 제트기류가 발생한다.

하지만 최근 북극 지역의 기온이 상승하면서 이 제트기류가 약해지고 저기압으로 변하여 적도의 더운 공기가 유입되면서 그 북극의 찬 공기는 위로 치솟게 된다. 결국 북극 지방의 찬 공기가 아래 지역으로 풀려나와 확산되면서 한파라는 기상이변이 일어나고 있다. 그래서 지구상에는 언제, 어느 곳에서든지 혹한이 몰아칠지 모르는 기상이변이 자주 일어나고 있는 것이다.

5. 지구환경 해결방안 마련

1992년 6월, 브라질의 리우데자네이루에서 '지구를 건강하게, 미래를 풍요롭게'라는 슬로우건 아래 지구 정상회담이 개최되었다. 여기에서 세계 각국 정상들은 악화되어가는 지구환경을 지키기 위해 지속 가능한 개발 및 지구 동반자 관계를 형성하기로 약속하였다.

이는 1972년 스웨덴의 수도 스톡홀름에서 국제연합인간환경회의가 개최되었고 여기에서 로마클럽의 '성장의 한계'에 대한 예측이 정확하게 맞아떨어짐에 따라서 지구환경에 대한 경각심을 갖게 되었다.

이에 따라서 '환경과 개발에 관한 리우 선언'은 스톡홀름 선언을 재확인하고 모든 국가와 사회의 주요 분야, 그리고 모든사람들 사이에 새로운 사회의 주요 분야와 새로운 차원의 협력을 창조함으로써 새롭고 공평한 범세계적 동반자 관계를 수립하겠다는 목표를 내세웠다.

모두의 이익을 존중하고, 지구의 환경 및 개발 체제의 통합성을 보호하기 위한 국제협정체결을 위하여, 우리들의 고향인 지구의 통합적, 상호의존적인 성격을 인식하면서 27개 기본원칙을 수립하였다.

지구환경은 더 이상 기다릴 여유가 없을 만큼 악화 되었음을 확인하고 인류 공동 자산인 지구의 원상회복이 시급하게 해결하기 위해서 모든 국가가 지구환경의 회복과 보존이란 대의에는 공감하면서도 세부적 실천 의제를 논의하게 되었다. 이에 매년 연말에 열리는 기후변화 당사국 총회는 이런 지구환경을 해결해 나가는 방안을 논의하고 있다.

더욱이 몬트리올 의정서에서 오존파괴 물질에 대한 국제적인 규제 합의를 바탕으로 구체적인 오존파괴물질인 염화불화탄소를 규제하는 성공적인 사례를 바탕으로 온실가스를 감축시켜 나갈 수 있는 교토의정서를 발의하여 1997년 타결을 보게 되었다.

가. 몬트리올 의정서

1970년대 초, 미국의 화학자 롤런드와 몰리나는 "성층권 주변에 있는 염화불화탄소가 태양의 자외선 복사로 성층권에서 분해되어 그 구성 성분인 염소

원자와 일산화 염소원자로 방출되고, 이 원자들은 각각 많은 수의 오존 분자들을 파괴할 수 있다"는 연구 결과를 발표했다.

그리고 1985년에 영국 남극조사단은 남극 대륙 상공의 오존 보호층에 구멍(hole)이 생겼음을 발견하게 되었다. 즉 오존층파괴물질에 의하여 성층권의 오존층이 파괴되면 생명체의 생존에 큰 피해를 미치게 된다.

통계상으로 "오존의 농도가 1% 감소하면 유해 자외선(UV-B)의 양은 2% 증가하며 이에 따라 피부암 3~4%, 백내장 0.6% 증가를 가져온다"는 사실이 밝혀졌다. 이에 1987년 9월, 염화불화탄소 또는 프레온가스(CFCs), 할론(halon) 등 지구 대기권 오존층을 파괴하는 물질에 대한 사용금지 및 규제를 하는 몬트리올 의정서가 채택되었다.

오존층의 파괴 속도가 당초 예상보다 빨라지자 1992년 11월 덴마크의 코펜하겐에서 열린 제4차 가입국 회의에서는 일부 물질에 대해 당초 2000년 1월에 완전 폐기하기로 했던 계획을 1996년 1월로 앞당기고 규제 대상 물질도 20종에서 95종으로 확대했다.

협약 초기에는 염화불화탄소와 할론 물질로 된 여러 종류의 생산과 소비를 1994년까지 1986년 수준의 80%까지 줄이고, 1999년까지는 1986년 수준의 50%까지 줄이는 것으로 설계되었다.

그런데 오존파괴물질의 단계적 전폐 일정은 선진국과 개발도상국 사이에 차이가 있다. 개발도상국들은 대체물질들을 도입할 수 있는 기술, 재정적 자원을 거의 갖고 있지 못했기 때문에 협정을 받아들이는 데 다소 시간이 걸렸다.

공식적으로 선진국에서의 할론 생산과 소비는 1994년부터 금지되었고 염화불화탄소, 수소염화플루오르화탄소, 사염화탄소, 메틸클로로포름(CH_3CCl_3) 같은 다른 여러 화학물질은 1996년까지 단계적으로 전폐 되었다. 그리고, 브롬

화메틸 사용은 2005년에 완전히 금지되었다.

이에 반해 개발도상국은 2010년까지 염화불화탄소, 사염화탄소, 메틸클로로포름, 할론의 사용을 단계적으로 금지 시키고, 2015년까지 브롬화메틸의 단계적 전폐, 2040년까지는 수소염화플루오르화탄소의 사용을 전면 중지하기로 했다.

나. 지구환경을 악화시키는 요인들

세계 인류는 지구로부터 얻어지는 공기, 물, 식량, 원자재, 화석연료를 의존하여 생활하고 있다. 그런데 화석연료 사용에 따른 각종 폐기물과 오염물질을 끊임없이 방출하여 지구환경은 되돌릴 수 없는 악화 요인이 되고 있다. 이런 환경문제를 몬트리올 의정서의 성공 사례를 바탕으로 유엔의 기후변화 당사국 총회를 중심으로 하는 국제적인 논의를 거쳐서 해결해 나가기로 결의하였다.

대체로 유엔에서 지구환경 악화 요인으로 보고 있는 것은 대체로 8가지로 요약될 수 있다.

1) 지구의 식량 사정

지구의 식량 사정은 1950년에서 1985년 사이 곡물 생산량은 6억 톤에서 18억 톤으로 연평균 2.7%로 인구증가율을 약간 앞섰다. 그러나 5억에서 10억 인구는 만성적인 기아 상태에서 벗어나지 못하고 있다.

2) 지구의 물 사정

지구의 물 사정은 범량 유량이 4만㎢로 연간 인구의 물 사용량은 3,500㎢ 불과 매년 2만 8,000㎢ 범람하여 바다로 흘러가고 있다. 가두어 사용할 수 있는 양은 1만 2천㎢이기 때문에 유량의 대부분 계절적, 저장시설이 없기 때문에 일부 지역의 물 부족 사태는 여전히 심화 되고 있다. 더욱이 물오염문제도 심각

한 수준이어서 서둘러 해결해 나가야 한다

3) 지구의 삼림

지구의 삼림은 현재 40억 헥트알(ha, 1ha는 가로 세로가 각각 100m인 정사각형의 넓이 즉 10,000m²)로서 원시림 15억 헥트알이다. 열대 지방은 원래 삼림 면적의 절반이 사라졌고 나머지는 벌목, 퇴화되고 있다.

열대림의 황폐율이 매년 1,140만 헥트알로서 사막화가 확대되고 있다. 지구의 숲은 다량의 탄소를 흡수하여 간직함으로써 대기 중의 탄산가스가 균형을 유지하도록 돕고 온실효과를 막아준다. 일본, 미국들은 폐지 활용률이 50% 이상인데 세계적으로 29%에 불과하여 종이 만드는데 목재를 사용하기 때문이다.

4) 지구상의 생명체

지구상에 멸종되는 생물체가 늘고 있어 서식지 멸실, 서식지 90% 정도 멸실되다고 하더라도 종의 50%는 살아남는다는 경험론적 판단으로 비춰 볼 때 140만 종의 생물이 살고 있는 지구에 매일 10~100종의 생물이 멸종되고 있다.

5) 세계 에너지

세계 에너지 사용량의 88%가 화석연료. 88년 중동지역이 세계 석유생산량의 24%, 러시아는 21%, 이 두 지역이 확인된 석유매장량의 72%, 미확인된 매장량의 40%를 보유하고 있을 것으로 예측하고 있다.

6) 화석연료

각국에서 사용되는 자원에는 재생 가능한 자원, 재생 불가능한 자원(화석연료)으로 구분되고 재생 불가능한 자원은 대체로 오염물질을 방출한다.

세계 인구의 8%만 승용차를 보유하고 있으며 20년 내 에너지 효율은 2~4배로 높아질 수 있을 것으로 보인다. 이들 화석연료는 공해폐기물을 배출한다.

지난 20년 동안 승용차 한 대의 오염물질 배출량이 80%에서 90%까지 줄였으나 같은 기간중 승용 차수는 50% 증가, 주행거리는 65%를 증가하여 실질적으로는 탄소배출은 증가하고 있다.

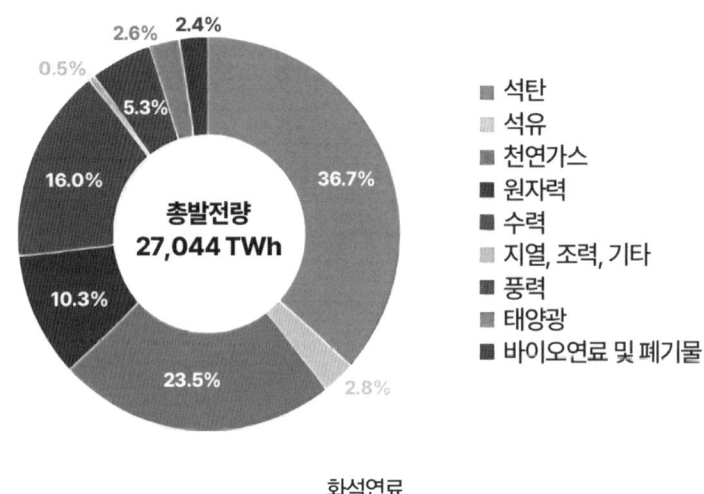

화석연료

7) 핵폐기물

아직 핵폐기물을 해결한 나라는 없다. 전 세계는 매일 100만 톤의 유독성 폐기물이 생성되는데 그중 90%가 산업화된 선진국에서 생성된다.

8) 염화불화탄소

냉장고, 냉동기, 에이콘 등에서 나오는 CFC(염화불화탄소)는 오존층을 파괴하는 주범으로 알려져 있다. 지구에는 에베레스트산의 2배 높이, 제트기가 날아다니는 높이에 오존층이 베일로 덮인 성층권이 있다. 오존은 태양광선에서 특히 해로운 UV-B라는 자외선 파장을 흡수하고 있어 여전히 규제 대상이며 이를 규제 관리해야 한다.

6. 다보스 포럼의 글로벌 위기 보고서

　스위스에서 열리는 다보스 포럼에서는 매년 글로벌 위기에 대한 보고서를 내놓고 있다. 2023년 포럼이 열리기 직전인 1월 11일, '글로벌 위험 보고서 2023'을 발표하였다. 향후 10년 동안 전 지구적으로 가장 심각한 영향을 미칠 가능성이 있는 올해의 위험 10개 중 1~4위를 기후 위기로 채워졌다.

　1위는 기후변화 완화실패, 2위는 기후변화 적응 실패, 3위는 기상이변, 4위는 생태계 붕괴로 나타났다. 결국 기후변화 방지하기 위하여 화석연료를 중단시키는 완화정책과 기상이변에 따 른 각종 기상재해를 극복해 나가는 적응 정책에 대한 실패를 세계 인류는 가장 두려워하고 있다. 그리고 이로 인하여 닥치게 될 미래의 지구한경인 기상이변과 생태세 붕괴가 세계 인류의 풀리지 않는 숙제로 여기고 이를 두려워하고 있다.

　2022년 글로벌 위험에서 1위는 '기후 행동 실패', 2위는 '극단적인 날씨', 3위는 '생물 다양성 손실', 7위는 '인간이 만든 환경오염'이었다. 이들과 비교한다면 2023년의 기후 위기에 대한 인식은 좀 더 구체적이고 체계화되어 세계 인류에게 더욱 심각한 위기로 다가오고 있다는 사실을 알 수 있다.

　이런 기후 위기 이외에는 대규모 비자발적 이주(기후난민), 천연자원 위기, 사회적 양극화, 만연한 사이버 범죄, 지리 경제적 대결, 대규모 환경피해 사고 등 모든 분야가 망라돼 세계 인류의 삶은 더욱 황폐화 만들고 고달프게 만드는 일이다.

　그런데 이런 위험을 해결해 나가려는 뚜렷한 목표와 구체적인 방안도 아직도 마련되고 있지 못해 세계 인류는 불안의 늪에 빠져 우울하게 생활하고 있다.

글로벌 리스크 순위 자료: 세계경제포럼(WEF) 2001 글로벌 리스크 보고서

순위	영향력	발생 가능성
1	전염병	기상이변
2	기후변화 대응 실패	기후변화 대응 실패
3	대량살상무기	인간에 의한 환경 훼손
4	생물다양성 감소	전염병
5	천연자원 위기	생물다양성 감소
6	인간에 의한 환경 파괴	디지털 권력 집중
7	고용과 생계 위기	디지털 불평등
8	기상이변	국가 간 관계 균열
9	부채 위기	사이버보안 실패
10	정보기술 인프라 붕괴	고용과 생계 위기

 2023년도 다보스 포럼의 주제를 '분열된 세계에서의 협력'으로 내세운 것은 이런 기후 위기를 해결해 나가는 방안을 모색해 보고자 하는 의도이었다.

 요즈음 세계 인류가 다함께 '에너지 공급 위기', '생태 위기', '물가 상승', '식품 공급 위기', 그리고 '핵심 인프라에 대한 사이버 공격'이라는 위험 속에서 생활하고 있다. 그런데도 이런 위험을 해결해 나가겠다는 뚜렷한 목표도 설정되지 못한 채 세계 각국은 자국민을 보호하고 국익만을 챙기겠다는데 초점이 맞추어지고 있다.

 일부 선진국들은 '나만이 고급 요트에 타고 살 수 있다'라는 환상에 사로잡혀 자국민 보호와 국익만을 챙기기에 몰두하고 있어 사실상 지구환경을 되살려 나가겠다는 목표에 역행하고 있다는 지적이 나오고 있다.

 전 세계 인류가 지구라는 같은 운명체라는 인식 위에서 지구환경을 개선시

커 나갈 때 기후 위기는 극복될 수 있다. 그런데 자국민 보호와 국익만을 챙기겠다는 것은 지구환경 되살려야 된다는 세계 인류의 염원을 역행하는 행위이다.

요즈음 가장 크게 우려되는 세계 경제 문제는 미·중 패권전쟁이라고 할 것이다. 역사적으로 1등 국가에만 주어지는 패권을 지키기 위해서 2등 국가들의 경제성장을 용서하지 않았던 패권전쟁은 사실상 두 나라만의 문제이었다.

그렇지만 요즈음 미·중 패권전쟁은 양국 간의 싸움이 아니라 미국은 동맹국들을 안보와 경제의 공동체로 묶어 중국경제를 고립시키는 전략으로 전 세계 경제전쟁으로 확대해 나가고 있다. 이는 결국 전 세계를 전쟁의 소용돌이로 몰아넣는 일이며 지구환경을 되살려야 하는데 큰 장애물이 되고 있다.

요즈음 우크라이나 전쟁이나 이스라엘과 하마스 전쟁으로 세계 각국들은 기후 위기에 대한 관심보다는 전쟁 준비에만 열중하고 있어 세계 인류의 미래를 걱정하지 않을 수 없다.

가. 기후 위기란 지구의 난파선

기후 위기란 세계 인류가 지구라는 난파선에 함께 타고 있다는 운명의 공동체라는 인식으로부터 출발해야 진정으로 극복될 수 있는 문제이다. 그런데 너도나도 자국민을 보호하고 국익을 챙기겠다는 심산에서 염불에는 신경을 쓰지 않고 잿밥에만 온통 관심을 갖고있다.

지구가 난파 직전에 있다는 사실을 외면한 채 '나만이 화려한 요트에서 생활하겠다'는 엉뚱한 꿈이나 꾸고 있으니 세계 인류는 날이 갈수록 더욱 심각한 위기의식을 더욱 가중될 수밖에 없다.

세계적인 환경단체인 그린피스가 2023년 다보스 포럼에 참석한 글로벌리더들이 전용기를 타고 참석한 것을 지적하고 나섰다. 이번 포럼에 동원된 전용기는 1,040대나 되는데 여기에서 배출되는 탄소 배출량은 총 9,700톤이 된다. 이는 승용차 35만 대가 일주일 동안 배출하는 탄소량과 맞먹는다는 것이란다

그런데 이들 중에 53%는 기차로도 올 수 있는 750㎞ 이하의 단거리이었고 38%는 500㎞ 초단거리 비행이었다. 결국 91%가 탄소 배출량이 가장 많은 비행기를 이용하지 않고 기차나 자가용을 이용할 수 있었다는 것이다.

그런데도 글로벌 리더들은 기후 위기를 극복해 나가는 주제를 논의하는 다보스 포럼에 전용기를 타고 참석하였다. 지각이 있는 글로벌 리더라면 전용기보다도 기차나 자가용을 이용하겠다는 자세를 보여 진정으로 기후 위기를 해결해 나가는 모습을 보여야 할 것이다.

나. 공동운명체라는 인식

코로나 팬데믹으로 세계 경제가 봉쇄된 상황에서 백신 개발이 이뤄졌다. 이에 전문가들은 "코로나 팬데믹은 백신 접종률이 80% 이상 완료되면 자연스럽게 마무리될 수 있다"는 의견을 내놓았다.

만일 글로벌 리더로써 소양을 갖춘 지도자라면 코로나 팬데믹을 마무리 짓기 위해서 많은 백신 공급을 위한 대책과 개도국들이 안심하고 백신을 접종해 나갈 수 있는 방안을 모색하려고 노력해야 할 것이다. 그렇지만 선진국들은 자국민 보호와 국익을 앞세우면서 필요 이상이 백신을 확보하고도 개도국에게 백신 제공할 의지를 전혀 보이지 않았다.

이는 기후 위기를 극복해 나가는데 글로벌 리더들의 모습은 보이지 않고 있다는 비난을 하지 않을 수 없다.

지구라는 난파선이 파멸된다면 세계 인류는 다 함께 침몰 될 수밖에 없는 운명의 공동체이다. 그래서 세계 각국이 분열된 모습을 보이는 것은 바로 지구라는 공동운명체라는 인식보다도 자국민 보호와 국익을 챙기겠다는 패권주의 모

습을 버리지 못하고 있기 때문이다. 따라서 분열된 세계를 협력체제로 전환하기 위해서는 글로벌 리더들이 나와 지구라는 공동운명체라는 인식이 전제되는 기후 위기 문제를 해결해 나가는 모습을 보여야 할 것이다.

7. 세계 경제가 불확실성에 빠져드는 8가지 이유

지난 2022년 5월 22일, 세계경제포럼은 코로나19로 2년 만에 스위스의 다보스에서 대면 회의가 개최되었다. 이번 주제는 '전환점에 선 역사'로 기후 위기에 직면한 세계 경제가 안고 있는 현안 과제를 중심으로 해결 방안을 집중적으로 논의하였다.

아직도 끝나지 않은 코로나19 팬데믹, 러시아·우크라이나 전쟁으로 촉발된 식량 및 에너지 위기, 스태그플레이션에 따른 금리 인상과 긴축정책 등 세계적인 난제를 해결하지 못한 채 위험에 직면하고 있다. 이에 세계 각국에서 모여든 2,500명의 전문가들이 지혜를 모아 해결 방안을 모색해 나가고자 하는 회의이다.

여기에서는 △국제질서와 지역 협력 복원 △경제 회복과 새로운 성장 시대 구축 △건강하고 평등한 사회 건설 △기후·식량과 자연의 수호 △산업 전환 유도 △4차 산업혁명 원동력 강화 등 6가지 핵심 영역에 대해 구체적인 대안들이 제시되었다.

그렇지만 세계 경제는 코로나 펜데믹으로 봉쇄된 상황에서도 북미 지역은 대폭염, 중남미 지역은 대 가뭄, 아시아 지역은 대 태풍, 유럽 지역은 대홍수, 아프리카 지역은 대 사막화 등으로 기후 위기에 대한 홍역을 앓고 있어 국제적인 공조 체제만이 위기를 극복할 수 있는 가장 효율적인 대안이 될 수밖에 없다.

　외형상으로는 제2차 세계대전 이후 세계 경제를 이끌어 온 자본주의 시장 경제체제가 그대로 남아 있다. 그렇지만 실제로는 불확실성이 지배되고 있는 상황에서 제대로 작동되지 않고 있어 각종 부작용이 발생해 세계 경제의 혼돈은 더욱 심화 되고 있는 실정이다.

　그렇다면 "이런 불확실성이 지배하고 있는 배경은 무엇인지"부터 찾아내서 이의 해법을 모색해 나가는 것이 당연한 수순이라고 할 것이다. 여기에서 각종 연구 보고서에 나와 있는 세계 경제가 점점 불확실성에 빠져들고 있는 8가지 이유를 정리해 본다.

가. 세계 경제가 불확실성에 빠지는 8가지 원인

　첫째, 소비시장이 품질 위주에서 가치 위주로 전환되고 있다.

　전통적인 자본주의 경제학에선 합리적인 소비자를 전제로 값싸고 품질 좋은 상품을 선택할 것이라는 가설 위에서 모든 변수가 가격이라는 경쟁적인 시장 경제에서 이뤄진다고 믿고 있었다. 그래서 보다 값싸고 품질 좋은 상품을 만들어 내는 기업들이 최대 이윤을 확보할 수 있는 길이 열렸고 지속적인 기업 활동을 할 수 있는 기회가 제공되었다.

　그렇지만 기후 위기라는 세계 경제의 최대 현안 과제가 제기되면서 탄소 중립만이 세계 인류가 지속적인 생존을 할 수 있는 길이라는 사실이 밝혀졌다. 이에 따라서 세계 경제는 환경 위주의 기업경영을 해야 된다는 ESG 경영이 기업경영의 대세를 형성하게 되었다.

　이런 추세를 소비자들도 적극적으로 수용하면서 소비패턴이 품질 위주의 상품선택에서 가치 위주의 친환경 상품을 선택하는 추세로 대전환이 이뤄지고 있다. 이에 환경 위주의 ESG 경영체제가 이젠 기업경영의 요체가 되었으며 친환경 브랜드라는 가치를 중요시되는 가치 위주의 소비시장 패턴이 이뤄지고 있다.

둘째, 포크레인의 역설이 모든 첨단 기술 상품에 적용되면서 새로운 기술 출현이 경제에 미치는 영향은 전혀 예측 불가능한 상태이다.

1835년 미국의 윌리엄 오티스가 최초의 기계식 굴착기인 포크레인이 개발되었다. 그 당시 포크레인의 출현은 건설시장에서 근로자의 노동력을 대체하는 효과를 가져와 오히려 건설업종의 큰 위기를 겪게 될 것으로 전망하였다.

그렇지만 이런 전망과는 달리 포크레인을 이용한 토목 건설업이 활기를 띠면서 건설업종이 새로운 성장산업으로 등장하는 계기가 마련되었다. 이를 학계에서는 포크레인의 역설이라고 부른다.

한편 컴퓨터의 이메일이 보편화되면서 모든 업무가 전자문서 위주로 전환되기 때문에 제지업의 사양화는 불가피하다는 전망이 나왔다. 그런데 컴퓨터에 대한 일반인의 접근성이 좋아지면서 완전하지 못한 전자 데이터보나 아날로그를 선호하는 경향이 지배되어 오히려 종이 수요는
증가하는 현상이 일어났다.

이같이 기술개발이 단순하게 역작용만 나타내는 것이 아니라 오히려 순기능을 강화시켜 기존 산업체들의 매출이 더욱 증강 시키는 효과를 나타내고 있다. 더욱이 이런 효과는 새로운 산업으로 진화 발전할 수 있는 계기까지 마련되면서 첨단 기술은 실업자를 양산한다는 전망보다는 새로운 산업에 대한 창출 기대감이 높다는 것을 알 수 있다.

셋째, 컴퓨터의 인터넷, 스마트폰이 발달하면서 온라인 쇼핑과 택배 수요가 폭증하고 있다. 그리고 SNS가 일반화되면서 새로운 소통 채널이 생겨나 많은 팬 문화가 문화의 주류를 형성하고 있다. 그렇지만 이런 순기능 이외에 역기능

도 크게 나타나고 있어 사회 문제화되고 있다.

요즈음 SNS, 유튜브가 일반화되면서 이에 소몸비나 스팸 컨텐츠가 범람하여 사회 혼란을 가중시키는 부작용이 많이 늘어나고 있다.

스몸비란 스마트폰과 좀비의 합성어로 스마트폰만 보고 걷는 사람들을 뜻하고 스몸비 키즈는 스몸비와 키즈(kids)의 합성어로 휴대폰만 보고 다니는 초등학생들을 일컫는다.

최근 초등학생 경우 고학년의 스마트폰 보유율은 80%이고 횡단 보도를 건널 경우 스마트폰을 보다가 사고를 유발시키는 사례가 빈발하고 있다. 또한 유튜브 영상도 다른 나라나 다른 사람들이 제작한 영상을 1분 영상으로 전환시켜 스마트폰을 도배하고 스팸메일이 번창하고 있어 사회 혼란을 가중시키고 있다.

넷째, 현재 국제통화체제가 제대로 구축되지 않아 세계 각국은 각기 다른 시도를 하는 패권주의 성향을 보여 금융위기의 발생 가능성을 높이고 있다.

중국, 러시아 등 사회주의 국가를 중심으로 탈(脫)달러화 움직임이 빠르게 진전되고 있다. 특히 중국이 디지털 위안화를 발행하는 것을 계기로 디지털 기축통화 자리를 놓고 미국과 중국 간 또 한 차례 환율전쟁이 벌어질 가능성이 높다.

한편 유로화, 엔화 등 현존하는 달러 기축통화를 대체할 수 없는 수준이고 세계 각국은 기후 위기와 코로나19 사태를 수습하기 위해서 초저금리와 인플레이션을 통하여 많은 재정지출이 이뤄졌다.

이에 재정부채, 가계부채, 기업부채 등 거대한 부채가 쌓여 있어 금융위기라는 시한폭탄을 안고 있는 셈이다. 그런데도 중앙은행은 조정 역할을 할 수 있는 여력이 점점 약화 되고 국제통화기금(IMF), 세계은행(WB) 등과 같은 국제

경제기구가 제 역할을 못 하고 있어 글로벌 초대형 금융위기가 상존하고 있는 셈이다. 이에 각 경제 주체들은 경제활동을 자제하고 있는 분위기여서 쉽사리 침체 경기는 회복될 기미를 보이지 않고 있다.

다섯째, 세계 경제는 스태그플레이션이 만연되고 있어 세계 가치사슬이 무너질 우려가 높다.

스태그플레이션이란 국민소득이 점차 감소하고 있는데 물가가 상승하여 경제 고통지수가 크게 상승하는 경우를 말한다.

이는 지표경기와 체감경기가 더 빠르게 악화 될 수 있고 장기 침체의 늪에 빠질 우려가 높아 더욱 세계 경제의 불황을 가져올 수 있는 원인은 커지고 있다고 할 것이다.

경기 침체를 막기 위해 총수요를 늘리면 물가 상승이 더욱 가열되고 물가를 잡기 위해 총수요를 줄이면 경기가 더 침체되는 악순환이 반복하게 된다. 이에 따라서 경기변동에 따른 적응력은 더욱 악화 되고 있어 결국 세세 경세위기로 치닫게 된다.

여섯째, 공유경제가 논의가 제기되면서 가진 자와 못 가진 자와의 사회적 갈등은 노출되고 있다. 디지털 경제체제에서는 본래 승자독식주의가 적용되어 1등과 최우선 자에게 모든 부가 집중되는 특징을 갖고 있다.

그래서 일부 기업들이 이익을 독차지하고 있어 이를 완화시켜 나가는 방안으로 공유경제 개념 도입을 강력하게 제안하고 있다. 이는 곧 능력 이상 얻은 것은 거둬서 능력과 관계없이 피해를 보고 있는 경제 주체들에게 배분해 주는 새로운 사회분배제도를 도입하자는 것으로 진보주의자들의 주장이다.

그렇지만 가진 자들은 이를 반대하면서 자본주의 시장 경제체제를 그대로 유지하자는 보수주의자와 맞대결하는 갈등이 커지고 있어 사회적 분배 우선과 시장 경제 우선과의 갈등은 쉽사리 해결될 기미를 보이지 않고 있다.

일곱째, 기후 위기를 극복해 나가기 위해서 다함께 지구환경을 되살려야 된다는 사명감이 투철한 환경주의자의 입김은 더욱 강화되고 있다.

매년 기후 위기는 엄청난 기상이변을 낳고 이로 인하여 많은 기상재앙으로 세계 인류는 희생을 당하고 있다. 이젠 다 함께 기후 위기를 극복하기 위해서 탄소 중립이라는 목표를 달성해 나가야 하고 이는 모든 정책에서 환경이 우선시하는 지구환경 시대가 개막되고 있다.

마지막으로, 정부는 팬데믹으로 인해 노출된 우리 경제의 취약한 사각지대를 적절히 관리해 나가야 된다는 취약계층 관리 문제가 크게 대두되고 있다. 특히 방역시스템을 위한 보건 의료 체제를 개선시켜 치료 역량을 높이고 팬데믹에 대한 대응능력이 개선시켜 나가야 한다.

이를 위해서는 해당 분야에 대한 협업체제를 구축해야 하고 청소년들의 학습 능력을 지속적으로 강화시켜 나가야 이를 최소화할 수 있는 기반이 마련되어야 한다.

나. 절실한 국제 공조 체제 구축

세계 경제는 기후 위기와 팬데믹이라는 대변혁 시대에 놓여 있으면서 각종 불확실성이 적용되는 위험성이 상존 하고 있어 살얼음판을 걷고 있는 심정이라고 할 것이다. 때문에 최대한 위기를 피하고자 하는 노력이 지속되고 있으나 별다른 효과가 나타나지 않고 있어 국제적인 공조 체제가 필연적으로 요구된다. 그렇지만 실제로는 세계 각국은 국익이라는 범위를 벗어나지 못하는 패권주의 모습을 보여 낙관보다는 비관적인 성향이 높아지고 있는 것이 사실이다. 그래서 불확실성을 이겨내는 국제 공조 체제를 구축하기 위해서 전 세계 인류의 집단지성을 통한 지혜 모으기가 절실하게 요구되는 시점이라고 할 것이다. 결국 모든 정책에서 환경이 우선시하는 지구환경 시대가 개막되고 있다는 트렌드에 맞춰 나가는 정책이 성공할 확률이 높기 때문에 환경위주로 사회적 경제적 구조개혁에 앞장서는 그룹이 세계 경제를 선도해 나가게 될 것으로 전망된다.

제2절.
극한 기상이변

최근 세계 기상 원인 규명 네트워크(WWA)에서 발표한 보고서에 따르면 "2022년 4월 스페인, 포르투갈, 아프리카 북서부에서 관측된 기록적인 폭염의 발생 가능성은 기후변화로 인해 최소 100배 이상 커졌다."며 "이는 고기압이 돔처럼 대기를 감싸 고온의 공기가 아래로 밀려 갇히면서 근처 지역이 온도가 치솟는 '열돔 현상' 때문이다."고 밝혔다.

특히 북극의 기온은 지구 다른 지역보다 4배 이상 더 빨리 치솟고 있는데, 이로 인해 '제트기류'라고 불리는 강한 바람의 흐름을 느리게 만들면서 열돔 현상 발생 가능성이 더욱 증가하고 있다는 주장이다.

열돔 현상이란 고온의 공기가 갇혀 마치 돔처럼 열기가 빠져나가지 못하는 현상이다. 해당 지역주민들은 찜통더위에서 바람 한 점 없이 50도나 되는 무더위 속에서 오랫동안 갇혀있어야 한다. 더욱이 이런 지역에 대형 산불까지 가세하면서 불바다와 같은 지옥 현상이 세계 인류의 생명을 위협하고 있다.

지구온난화로 폭염 일수가 늘어나고 강도가 심해지면 토양이 건조해지면서 가뭄이 악화되고 있다. 이에 해당 토양 위 공기는 더 빨리 뜨거워지며 더 강한 열기로 이어지게 되면서 토양은 사막화가 가속화되고 있다.

극한의 기상이변

　더욱이 날씨가 더워지면서 농사 등에 필요한 물이 늘어나게 되어 물 부족 사태는 더욱 악화 되기 마련이다. 이에 아프리카 일부 지역에선 가뭄이 계속되면서 2,000만 명 이상이 식량부족으로 생명에 위협을 받고 있으며 폭염, 산불, 가뭄, 사막화, 열돔 현상 등으로 지구환경은 더욱 황폐화되고 극한 기상이변은 날로 심해지고 있다.

　2021년에는 전 세계 산불로 인해 17.6억 톤의 이산화탄소가 배출된 것으로 추산하고 있다. 이는 화석연료로 인한 전 세계 이산화탄소 배출량이 360억 톤의 5%에 해당되는 규모이다. 즉 우리나라의 2020년 잠정 온실가스 배출량 6.4억 톤의 거의 3배나 되는 매우 큰 규모이다.

　최근 알래스카에서 관측되는 초미세먼지의 고농도 사례가 시베리아의 산불과 밀접한 관련이 있으며 이는 북극 지역의 해빙을 더욱 가속화시키는 원인이 되고 있다.

　이로 인하여 육지나 해양에서의 이산화탄소 흡수 능력을 현저히 떨어뜨려 이산화탄소 농도를 더욱 높이는 효과를 나타내고 있는 셈이다.

캘리포니아주만 해도, 2020년에 발생한 산불이 캘리포니아주의 16년에 해당하는 온실가스 배출량 감축 목표를 무력화시킨 것으로 추정된다고 밝히고 있다.

학계에선 산불 이후 숲은 다시 자랄 수 있지만 지구온난화를 1.5℃ 이하로 유지하는데 도움이 될 만큼 빠르지는 않아 결국에는 산불이 지구온난화를 심화시키고 있다고 주장하고 있다.

사실상 산불로 인한 모든 현상이 온난화를 초래하는 것은 아니다. 연기 속 미세입자는 햇빛을 차단하고 구름을 많이 만들어 물방울을 추가로 끌어와 햇빛을 우주로 반사하기 때문에 오히려

국지적으로 온도를 하강시키는 효과를 나타내기도 한다.

최근까지 학계에선 대형 산불은 냉각 과정을 방해할 수 있을 만큼 성층권으로 연기를 밀어 올릴 수 있는 것은 화산이나 핵폭발 정도라고 여기고 있었다. 하지만 대형 산불이 적절한 기상 조건과 만나면, 먼지가 섞인 거대한 뇌우가 만들어질 수 있어 홍수 피해를 걱정하지 않을 수 없다.

뇌우란 하늘을 어둡게 만들고, 불규칙한 바람과 토네이도를 일으키며, 지표면으로부터 8~14km 상공에 거대한 산불 연기 기둥을 세운다. 이때 발생하는 '화재 적란운'을 뇌우라고 부르며 이런 뇌우는 수천 마일 떨어진 곳까지 이동할 수 있는 미세입자를 방출하고 있어 기상 피해가 클 수밖에 없다.

이런 지구온난화는 기후변화에 나비효과를 발휘하면서 나비의 날갯짓이 엄청난 후폭풍을 불러들인다는 말과 같이 극한 기상이변을 발생시켜 세계 인류의 생명을 위협하고 있다. 더 이상 지구 열대화 속으로 들어가고 있는 지구환경을 우리는 지켜보고만 있을 수 없다.

지구온난화는 화석연료를 사용한 인간 활동 때문이니 결국 세계 인류가 이를 책임지고 지구환경을 되살려내야 우리 후손들에게 평안한 삶의 터전을 물려줄 수 있지 않겠는가?

1. 일상화되는 호주의 극한 기상이변

최근 호주에서는 가뭄과 산불, 그리고 폭우로 이어지는 기상재앙이 연이어 일어나고 있다. 이런 극한 기상이변들이 발생하게 됨에 따라서 호주 지역주민들은 극한 기상이변은 어쩔 수 없는 일상생활로 받아들이고 있다.

2019년 9월부터 시작된 호주 산불 사태가 6개월간 지속돼 호주 전체 숲의 20% 이상이 불태워 잿더미로 만들었다. 이때 배출된 이산화탄소의 양은 무려 4억 3천만 톤으로 전 세계 온실가스 배출량의 1%가 넘었다.

새, 파충류, 포유류 숫자만 번적낭 계산한 수치로는 310억 마리의 야생동물이 죽음을 당하였다. 여기에 벌, 나비 등 곤충과 다른 생물들까지 합치면 약 2,400억 마리가 강제 화장을 시켰다고 호주 정부는 밝혔다. 그리고 이런 산불 피해 지역에서 약 8,000마리의 코알라가 죽었을 것으로 추정되며 이는 전 세계의 약 30%에 해당한다는 발표이다.

이어서 2021년 3월, 며칠째 기록적인 폭우가 쏟아지면서 1만 8,000명이 넘는 이재민이 발생했다. 하루에 160mm가 넘는 폭우가 쏟아지면서 주요 댐들이 붕괴 됐고 2016년 이후 5년 만에 시드니 주요 수원인 와라감바 댐의 문을 개방시켜 추가적인 댐 붕괴를 막을 수 있었다.

초여름 호주는 기온이 40도를 넘어섰고 사상 가장 무더운 12월을 보냈다. 6개월 가까이 사상 최악의 산불과 가뭄이 기승을 부리더니 이번엔 집중호우로 변하여 홍수 피해가 속출하고 있다. 이같이 지난 3년간 호주 77개 지방정부 중 53개 주가 3번 이상의 자연재해로 심각한 재앙에 시달리면서 이제 극한 기상이변은 일상화되고 있다고 여기고 있다.

사실 지난 15년간 호주에 100년 만에 최악의 가뭄이 지속되고 있다. 즉 2002년부터 가뭄으로 쌀 생산량이 매년 격감 되어 2008년에는 2001년의 100분의 1 수준인 1만 5,000톤에 그쳤다. 호주는 연간 120만 톤 이상의 쌀을 생산하여 절반 이상을 다른 나라에 수출하는 농업국이다. 그런데 2001년 164만 톤이었던 쌀 생산이 2008년에는 1만 5천 톤으로 격감하게 되었으니 정말 "기상재해가 얼마나 끔찍한지"를 우리에게 보여주고 있다.

호주 기후 인전연구소 국제 연구팀은 2000년부터 2020년까지 인도양의 위성 관측자료를 기반으로 해수면 온도변화를 분석했다. 그 결과 2019년에 이례적으로 강한 인도양의 '양의 쌍극자지수' 형태가 나타났다고 발표하였다.

양의 쌍극자지수란 초여름과 늦가을 사이 인도양 열대 해역의 수온 변화가 동부에는 작고, 서부에는 높음을 보이는 현상이다. 이로 인하여 인도양 서쪽에 위치한 동아프리카 지역에서는 강수량을 증가시키고, 인도양 동쪽 지역은 강수량을 감소시켜 가뭄 현상이 일어났다.

연구팀은 "지구온난화가 강해질수록 양의 쌍극자지수 형태도 더욱 강화된다."며 "호주의 고온 건조기후가 강화됐고, 호주 남동부 지역 산불의 장기화에 기여했다."고 설명했다.

한편 호주 산불로 나무가 타들어 가면서 에어로졸이 많이 발생하여 지역주민들의 일상생활을 어렵게 만들었다. 당시 호주 산불로 인한 에어로졸이 남동부 해안과 호주와 뉴질랜드 서부 사이의 바다인 태즈먼해를 넘어 태평양까지 퍼져있었다. 이는 미세먼지가 대기 냉각 효과를 일으켜 지면의 온도를 최대

4.4도까지 낮아졌다.

이 같은 호주의 기상이변은 전 세계 기상이변의 대표적인 사례로 기록되고 있으며 호주뿐 아니라 전 세계로 확산되고 있어 세계 인류는 지구온난화에 의한 극한 기상이변을 어떻게 대비해 나가야 할 것인지 걱정이 되지 않을 수 없다.

2. 대형 산불 발생

최근 대형 산불의 원인이 열돔이라는 찜통더위 속에서 기온이 50도까지 올라가 산불을 유발하게 된다. 이에 지역주민들을 완전히 불구덩이 속에 갇히게 되는 엄청난 기상재앙으로 다가오고 있다.

이제 세계 인류가 지구환경을 되살리지 않으면 지구생태계가 파멸될 수밖에 없다는 강력한 메시지를 전달하고 있는 것이다. 그래서 지구촌이 난파선이 되어 있음을 인지하고 여기로부터 탈피하기 위해서 세계 인류가 다 함께 공동운명체라는 인식 위에서 탄소 중립과 생태 중립을 실현시켜 지구환경을 되살려 나가야 한다.

일반적으로 특정 지역에 기온이 올라가면 상승 기류가 발생하면서 저기압이 발달하게 되어 구름이 몰려든다. 그래서 갑자기 비나 바람이 몰아쳐 뜨거운 기류를 몰아내게 된다. 그런데 발달한 고기압이 지나가다가 움직임이 잠시 멈춘 상태에서 고기압의 중심부 기온이 갑자기 올라가 버리면, 중심부에서 올라간 뜨거운 공기는 외곽 지역으로 쏟아져 내리고, 외곽 지역의 덜 뜨거운 공기는 중심부로 흘러들어오는 자체적인 대류 사이클이 만들어진다.

이런 국지적인 고기압-저기압 사이클이 완성되어 버리면, 이 지역의 공기는 다른 지역과의 상호작용이 없이 안정된 상태가 이뤄진 것이 열돔 현상이다. 그래서 찜통더위는 장기간 지속될 수밖에 없고 산불의 원인이 되고 결국 해당 지역은 불구덩이 속에 갇힌 채 많은 사람들은 지옥과 같은 생활을 해야만 한다. 더욱이 여기에서 대형 산불까지 번진다면 날벼락을 맞게 되는 셈이 된다.

가. 세계 곳곳에서 발생되는 대형 산불

호주 산불은 2019년 9월부터 2020년 2월까지, 6개월간 남한 면적의 2배에 가까운 산림을 태웠고 많은 생태계의 생명체를 죽음으로 내몰았다. 그리고 캘리포니아의 산불은 2018년, 2020년, 2023년 연이어 대형 산불이 나면서 서울의 24배를 태웠다. 이런 대형 산불들은 미국, 캐나다, 포르투갈, 그리스, 러시아, 인도네시아, 칠레, 호주 등 세계 곳곳에서 발생하고 매년 심각성을 더욱 강화되고 있다.

대형 산불이란 건조한 날씨가 이어지는 계절에 작은 불씨가 강풍을 타고 급속도로 번져 대형 산불로 번지게 된다. 이는 지구온난화가 강화되면서 기상 운행 시스템이 고장이 나서 극한 기상이변이 더욱 강화되고 있기 때문에 세계 곳곳에서 발생하고 있다.

산불은 2022년 세계 곳곳에서 발생하여 무려 64억 톤에 이르는 이산화탄소를 대기 중에 배출했다. 이는 2020년 한 해 동안 유럽연합 전역에서 화석연료 연소로 배출된 이산화탄소의 2.5배에 이르다고 한다.

EU의 '코페르니쿠스 대기 감시 서비스'(CAMS)는 "2021년 전 세계 산불로 인한 이산화탄소 배출이 유럽연합의 화석연료 사용으로 인한 배출량보다 148% 많은 총 64억 5천만t이 배출되었다"고 발표하였다.

IPCC 워킹그룹 II 6차 보고서에서는 "이미 산불위험이 증가했으며 '지구 평균온도가 2℃까지 상승하게 되면 산불 피해 면적이 지금보다도 최대 35% 늘어날 것이다"라고 전망하고 있다. 그리고 유엔 환경계획(UNEP)이 공개한 산불

보고서에서는 "대형 산불로 피해를 보는 면적이 2030년까지 14%, 2050년까지 30%, 21세기 말까지 50% 증가할 것이다"라고 전망하면서 산불이 더 빈번하고 대형화되고 있어 만반에 준비를 해야만 한다고 밝히고 있다.

나. 도시의 열섬효과로 더욱 악화

기온상승이 대기 환경을 더욱 악화시키고 도시 열섬효과 때문에 폭염이 더욱 심하게 나타나고 있다. 이런 기상이변에서는 개발도상국과 취약계층이 더 큰 피해를 보게 된다. 즉 기온이 올라가면 여름철 대기 중의 오존농도가 증가해 광화학 스모그를 발생, 식물을 말라 죽게 되고 사람에게는 두통, 호흡 곤란, 폐수종, 기관지염이나 폐렴을 유발시킨다.

그리고 빌딩 콘크리트와 도로 아스팔트 등이 열을 흡수해 나타나는 도시 열섬효과로 도시 기온은 농촌지역보다 최대 5℃ 정도 높아진다. 따라서 폭염에 대한 피해는 도시가 더 높게 나타나고 있으며 노인이나 어린이, 폐질환을 앓는 사람, 가난한 사람들에게는 특히 치명적 위험을 겪게 된다. 특히 여름철 열대야에 시달리면서 밤잠을 이루지 못하여 낮에서 항상 피곤한 상태로 생활해야 하는 어려움을 겪게 된다.

사실상 집중호우로 인한 홍수는 기상재해가 금방 나타나 크게 느껴진다. 그렇지만 가뭄은 폭염, 물 부족, 식량부족 등으로 서서히 죽음의 구렁텅이로 몰아넣는 무서운 기상재앙이다. 어찌 보면 집중호우보다도 집중가뭄이 더 많이 지구생태계의 생명을 위협하고 있다고 할 것이다. 특히 취약계층의 삶은 심각한 어려움을 겪으면서 각종 질환에 시달리게 되기 때문에 정부는 이런 취약계층의 삶에 더 많은 배려를 해야만 될 것이다.

3. 우리나라에서의 대형 산불

우리나라는 매년 3월이 되면 강원도 동해지역에 걷잡을 수 없는 대형 산불이 발생하고 있다.

즉 메마른 숲에 강풍까지 겹치면서 울진-삼척-동해-강릉 산불은 역대 최악 산불로 연이어 기록되고 있다. 이를 '양간지풍'이라고 부르는데 이는 봄철 양양과 간성(현재 고성) 혹은 양양과 강릉 사이에 부는 강한 바람을 일컫는다. 봄철 강원도 동해안을 따라 종종 발생하며 특히 이 지역에 대형 산불이 발생할 때면 어김없이 등장하게 된다.

산림청 발표에 의하면 2021년 12월 1일부터 2022년 2월 28일까지의 평균 강수량은 13.3㎜다. 평년 강수량인 89.0㎜의 14.7%에 그치는 수준이어서 적은 강수량으로 더욱 건조해진 겨울 날씨는 산불의 발화 원인으로 지목하고 있다.

2021년 3월 순식간에 불이 붙어 손 쓸 틈도 없이 번진 동해안 산불은 최장 213시간이나 산불이 지속되면서 산림 피해 24,940㏊를 기록했다. 울진 1만 8천463ha, 삼척 2천369ha, 강릉 1천900ha, 동해 2천100ha의 산림 피해에다 4643세대, 7천279명의 이재민이 발생했다. 이는 3월 4일과 5일, 이틀간 동해안 지역에 강풍 특보가 내려졌고 순간적으로 초속 20m에 이르는 '양간지풍'이 불면서 삽시간에 산불이 번진 것이다.

최근 연중 고온 현상, 낮은 강수량, 건조 일수 증가 등 기후변화와 우리 숲의 연료 물질인 낙엽과 마른 가지들은 매년 증가하여 산불에 취약한 구조를 갖고 있다. 특히 동해안 일대의 경우 강한 계절풍으로 인해 대형 산불을 진화하는 것은 더욱 어려움을 겪고 있다. 2022년, 국내에서 발생한 대형 산불인 경북 울진 및 강원 삼척 지역 산불로 131만 톤의 이산화탄소가 배출됐을 것으로 추정된다. 이는 중형차 220만 대가 서울에서 부산으로 이동할 때 배출되는 이산화탄소 규모와 맞먹는다.

산불은 온실가스 증가에 따른 지구의 표면온도 상승으로 기후가 건조해지고 건조해진 기후는 토양과 초목의 수분을 줄이기 때문에 더욱 쉽게 발생하고 더 빨리 확산하게 된다. 현재 우리나라 산림의 67%를 차지하는 사유림 관리는 지적, 지번에 기반해 파편적으로 이뤄지고 있다. 하나의 유역에 있는 산림은 수백 또는 수천 개의 지번으로 쪼개져 있으며, 그 소유가 분산, 파편화됐고, 면적도 소규모다. 이런 상황에서는 아무리 좋은 산림정책이더라도 현장에서는 그에 부합되는 산림 관리를 할 수 없게 된다.

우리나라는 산림복구에 성공한 나라로 인식되고 있으나 지번을 넘는 지역단위의 복구 정책이 뒷받침되어야 한다. 즉 반세기의 복구 성공으로 성숙해진 우리의 산림 관리도 지번 중심이 아닌 유역 또는 지역 중심으로 옮겨질 때 기초지자체가 주도적으로 산림을 관리할 수 있는 영역이 마련되고 이에 대한 혜택은 고스란히 지역주민들에게 되돌아갈 수 있다. 이런 산림관리정책이 이뤄질 수 있도록 제도적인 장치가 마련되어야 한다.

실제로 2018년 한반도 폭염의 경우는 열돔이 너무 강력한 탓에, 태풍 3개(마리아, 암필, 종다리)의 경로를 바꿔 버렸고, 하나(리피)는 아예 소멸시켜 버렸다. 이런 열돔이 파괴되기 위해서는 그보다 더 강한 냉기가 유입되어야 하는데, 이 정도 냉기를 몰고 올 슈퍼 태풍이 발생하게 되면 오히려 국가 재난을 걱정할 수밖에 없다.

4. 극심한 가뭄과 산불

2010년, 유럽 전역은 무려 섭씨 40도가 넘는 폭염으로 4만 명이나 고열에 시달리다 사망했다. 그리고 극심한 가뭄으로 작물 재배가 평소 수확량의 10%에 그쳤다. 이런 폭염 및 가뭄은 날이 갈수록 심화되고 있어 이에 대한 대비책을 마련해야만 한다.

폭염은 대부분 심혈관, 뇌혈관, 호흡기질환과 관련되어 있어 기저 질환자와 영유아나 노인들에게는 심각한 건강에 위험 요소가 된다. 이에 반해 홍수는 과도한 곰팡이의 증식으로 호흡기계 증상이 더 유발되고 가정환경의 훼손, 경제적 상실 등으로 인해 불안과 우울증 같은 정신질환 및 자살률도 증가시킨다. 특히 소아에서는 행동 장애까지도 영향을 미치게 된다.

가뭄은 식량 생산에 악영향을 끼치는 것은 물론 인류 건강에 영향을 줄 뿐만 아니라, 물의 공동 사용으로 공중위생에 큰 영향을 줄 수 있다. 특히 말라리아와 같은 매개체 감염 질환이 급격하게 증가할 수 있다. 이같이 지구환경이 오염되면 결국에는 인류에게 재앙으로 되돌아와 많은 고통을 받게 되는 것이다.

가난한 사람들에게는 가뭄으로 인한 피해는 태풍이나 집중호우보다도 훨씬 더 큰 재앙이며 생활을 더욱 궁핍하게 만든다. 그렇지만 우리들은 흔히 가뭄이 허리케인이나 지진보다 덜 중요하다고 여기는 것은 도시 생활을 하고 있기 때문이다.

가뭄은 일반적으로 습지 지역을 건조한 상태로 만드는 바람의 움직임, 화산폭발, 또는 태양 에너지의 변화와 같은 기상변화의 한 부분이라고 할 수 있다. 하지만 인간의 활동이 이를 더 악화시키고 있다. 즉 과도한 가축의 방목, 농경지의 경작, 숲의 파괴 그리고 용수 부족은 모두 땅의 수분 흡수 및 유지 능력에 영향을 미치고 결국에는 장기간 반복적으로 일어나면 사막화를 초래했다. 이같이 초목의 감소는 비옥한 표토 온도와 공기의 습도를 바꿔 대기물질의 움직임과 강우량에 영향을 끼쳐서 가뭄을 일으키는 요인이 된다.

지구온난화는 이런 가뭄을 더욱 강화시키고 확산시켜 우리들의 삶을 황폐하게 만들고 있다.

가. 러시아의 산불

2010년, 러시아 산불은 숲속에 퇴적되어 있던 이탄(泥炭)(햇수가 오래지 않아 완전히 탄화하지 못한 석탄의 일종)이 40℃에 육박하는 폭염을 만나 불이 붙으면서 시작되었다.

러시아의 여름 평균온도가 23℃인데 연일 40℃를 넘나드는 혹서가 재앙의 씨앗이 된 셈이다.

주로 러시아 서부 지역에서 불이 났는데, 약 550군데의 산불이 전국에서 130년 만에 가장 강렬한 산불이 발생하였다.

독한 스모그가 6일 연속으로 모스크바를 뒤덮고, 응축된 일산화탄소와 다른 독성 가스가 안전한 수치보다 2, 3배가 더 많아지면서 공기 중의 오염물질이 안전 수치를 거의 7배나 넘어섰다. 곳곳에 넘쳐나는 시신으로 모스크바 영안실은 거의 다 차버려 생지옥과 같은 현상이 일어났다.

한편 너무나 더워 물에 뛰어들었다가 목숨을 잃은 익사자는 3,472명에 이르고 50년 만에 최악으로 기록되고 있는 가뭄이 찾아와 23개 주가 비상사태를 선포하였다. 더욱이 러시아의 밀 생산은 예년의 3분의 1 수준에 머물러 곡물 수출을 전면 금지시켰다.

세계 3위 곡물 수출국인 러시아가 곡물 금수 조치를 발표하면서 러시아 밀에 의존하던 나라들은 빵 가격은 치솟았다.

이에 밀이 수요를 충족시키지 못하면서 세계 각국에서는 먹을 빵이 없어 큰 소동이 벌어지기도 하였다. 특히 이집트를 중심으로 하는 중동지역에서는 이를 계기로 정권퇴진 운동으로 번져 걷잡을 수 없는 혼란에 빠지게 되었다.

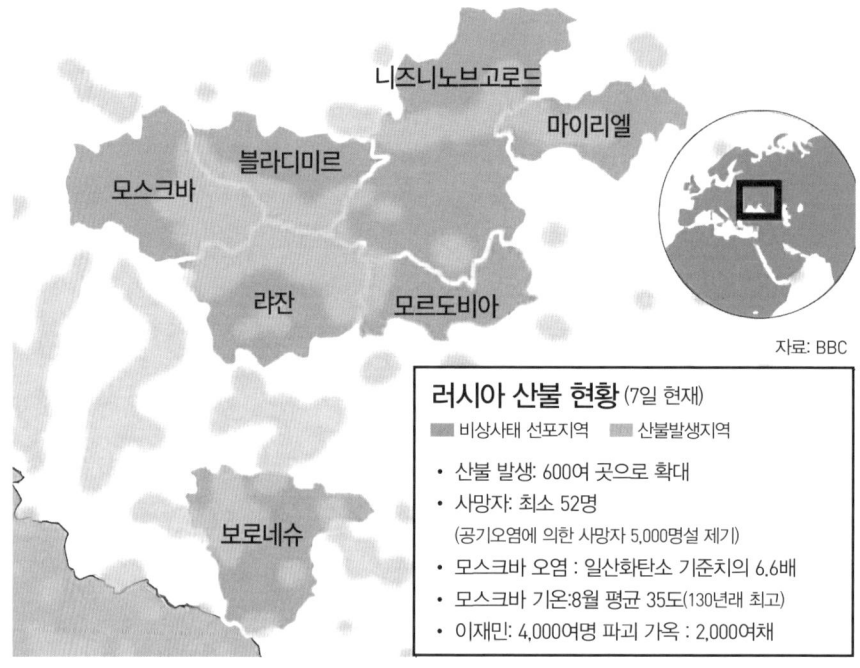

이는 또한 전 세계에 곡물 파동으로 파급되면서 곡물 가격이 2배나 급상승하였고 세계 각국은 식량부족으로 아우성을 치는 큰 재앙이 발생하였다.

나. 가뭄의 확산

영국의 해들리 기후 예측연구소에서는 "21세기에는 지구의 절반이 가뭄 지역으로 변할 것이라며, 3분의 1은 극심한 가뭄 때문에 현재는 비옥하더라도 점차 농사를 지을 수 없게 될 것이다."라는 보고서를 내놓았다.

기온상승이 대기 환경을 더욱 악화시키고 도시 열섬효과 때문에 폭염이 더욱 심하게 나타나며 개발도상국과 취약계층이 더 많은 피해를 입게 된다. 즉 기온이 올라가면 여름철 대기 중의 오존농도가 증가해 광화학 스모그를 발생, 식물을 말라 죽게 되고 사람에게는 두통, 호흡 곤란, 폐수종, 기관지염이나 폐렴을 유발시킨다.

도시에서는 빌딩 콘크리트와 도로 아스팔트 등이 열을 흡수해 나타나는 도시 열섬효과로 도시 기온은 농촌지역보다 최대 5℃ 정도 높아진다. 따라서 폭염에 대한 피해는 도시가 더 높게 나타나고 있으며 노인이나 어린이, 폐질환을 가진 사람, 가난한 사람들에게는 특히 치명적이다.

5. 대형 산불에 대한 대책

기후변화로 인해서 과거에는 봄철과 가을철에만 산불이 발생하였는데 최근 들어서는 여름, 장마철, 비 오는 날 빼놓으면 연중 산불이 계속 발생하고 있고 대형화되고 있다. 그래서 산불방지가 국가재난방지에 핵심 당면과제로 부각되면서 '산불재난으로부터 안전한 대한민국을 실현하자'는 비전으로 산불 예방 대책을 강구하고 있다. 인명 피해를 제로화하고, 피해 면적을 최소화하기 위한 다각적인 대책을 강구하는데 초점을 맞춰 나가면서 다음과 같은 5가지 대책을 수립했다.

첫째, ICT 기반의 산불 예방 대책 강구.
둘째, 국가 중요시설에 대한 예방 대책, 선제적 대응
셋째, 대형 산불 취약지역에 대한 대응 역량 강화.
넷째, 산불 인력, 장비를 확충하는 안전 관리 대책 마련
마지막으로는 산불 피해지에 대한 복원 · 복구 대책 마련 등이다.

산불에 있어서 ICT 기반의 산불 예방, 감시 체제를 강화해 나가고 있으며 특히 산불 발생이 큰 강원도와 경북 동해안 지역은 ICT 플랫폼을 설치하고 ICT 기반으로 완전히 센서가 부착돼 연기뿐만 아니라 여러 가지 정황을 즉시

상황실에서 포착될 수 있도록 하고 있다. 그래서 연기하고 불씨까지 감지가 되어 즉시 초동 대처할 수 있는 24시간 산불 감시 체제를 구축하겠다는 방침이다.

산림 인접 지역에 대한 시설물에 대한 산불 취약 정도를 빅데이터를 확보하여 이것의 시뮬레이션을 통해서 산불 예방 대책을 강구토록 한다는 계획이다. 특히, 산불이 많이 나는 지역에 대한 숲 관리를 철저히 해나가겠다는 방침이다.

인화물질 제거반을 운영해서 산불 취약지역에 대해서는 집중적으로 인화물질을 사전에 제거하는 것으로 상시 감시 체제를 구축한다는 것이다. 특히, 시골에서 논·밭두렁을 태워야 영농에 도움이 된다고 여기고 있으나 논·밭두렁을 태우면 해충도 죽지만 익충도 죽고 산불위험이 있어 이를 근절시켜 나가도록 하겠다는 방침이다.

소나무재선충병 피해 훈증목이 바짝 말라서 굉장히 불쏘시개 역할을 하고 있는데 이를 전부 제거하여 나가겠다는 방침이다. 특히 원전, LNG, 그다음에 송전선로, 문화재 등 산불이 나면 큰 재난이 발생할 소지가 있는 시설물들을 ICT 기반의 산불 상황 관제시스템에 등재하여 공유하고 철저한 실시간 상황 관제를 하여 나가겠다는 계획이다.

재난방송, 주관 방송사를 중심으로 해서 언론사에 산불 진화 상황, 그다음에 확산 예측, 그다음에 위험 시설의 여러 가지 문제 이런 것들을 실시간으로 전파 시켜 나가겠다는 방침이다.

복구계획은 산주, 지역주민, 지자체, 임업단체, 관련 전문가가 산불 피해복원추진협의회를 구성해서 면적별로 연차적으로 복원 또는 인공 복구를 추진하여 나가겠다는 방침이다.

가. 기온상승이 산불 기상지수 상승

국립산림과학원 발표에 따르면 "기온이 1.5도 높아지면 산불 기상지수가 8.6% 상승하고 2.0도 오르면 상승 폭이 13.5%로 키진다"고 밝혔다. 이는 지구온난화라는 기후변화가 다양한 영역에 직·간접적으로 영향을 미치고 있기 때문이다.

물론 지역별 차이는 있겠지만 강우량과 가뭄 빈도는 증가하였고, 폭우는 점점 강해지고 한파, 온난화 현상은 더욱 가중되고 있어 결국 대형 산불을 가중시키는 가장 큰 원인이 되고 있다.

대형 산불은 나무가 그동안 흡수원으로 안고 있던 이산화탄소를 태워 일시적으로 배출되는 것으로 이산화탄소의 폭탄과 같은 역할을 한다. 그리고 흡수원인 나무가 소멸 되기 때문에 자연스럽게 이산화탄소 배출량이 급증하여 지구온난화를 가중시키게 된다.

나. 산불에 대비하는 각종 장비 마련

산불이 나면 불시에 정전이나 기지국 파손으로 인한 통신이 마비된다. 그래서 대피 방송을 할 수 없어 주민 대피에 어려움이 발생한다. 야간 시간대는 진화 헬기가 동원되기 어려워 산불 확산의 가능성이 커질 수 있다. 진화 인력이 직접 산에 올라가 물을 뿌리고, 연장으로 잔불을 제거하는 방법밖에 할 수가 없다.

산불 피해를 최소화하기 위해서는 많은 양의 물을 집중적으로 투하할 수 있는 소방헬기가 필요하고 소방 당국이 보유한 대형 소방헬기는 부족한 상황이다. 중소형 헬기의 담수량은 1천 리터 정도이지만, 대형 소방헬기의 담수량은 3천 리터로 집중 투하가 가능하다.

소방 당국 대형 헬기(담수 용량 2,700ℓ 이상 기준) 보유 현황은 중앙 119, 대구 소방, 울산 소방, 경기 소방, 경북 소방이 각 1대씩 보유하여 전국에 총 5대뿐이다.

헬기 1대당 200억 원이 넘고 유지관리에도 큰 비용이 들어 소방 지휘통솔권을 가진 지자체가 부담하기에는 어려움이 있다.

그렇지만 현재 진화 헬기는 184대를 보유하고 있으며, 산불이 확산할 경우, 군·경·소방 등의 관계기관으로부터 67대를 지원받아 공동으로 진화 업무를 수행하고 있다. 또한, 산불 특수진화대, 공중진화대, 산불 전문진화대 등 산불 진화에 특화된 지상 인력이 투입되고 있다.

6. 황사 바람과 모래폭풍

우리나라는 지난 20년 동안 우리나라에 유입된 황사 중 81%가 고비, 타클라마칸, 내몽골 지역에서 발생한 것이라고 국립기상과학원이 발표하였다. 동서 6,400km, 남북 600km에 이르는 광활한 이 지역이 전부 중국에 속한 것은 아니라 상당한 부분이 몽골의 영토다. 올봄에도 우리나라와 일본을 뒤덮은 황사는 몽골의 영토에 속하는 건조지대에서 시작될 것이다. 이같이 우리나라에 영향을 주는 황사는 대부분 고비, 타클라마칸 사막과 내몽골(네이멍구자치구)의 건조지대에서 발생한다.

이밖에 장강(長江) 상류의 황토 고원에서 발생하는 황사도 있고, 만주 지역의 황무지에서 발원하는 황사도 있다. 그렇지만 우리나라로 유입되는 경로도 요동반도, 황토고원, 만주 등을 대체로 거치게 된다.

국경을 넘어오는 것은 황사뿐만 아니라 사하라 사막에서 발생하는 모래폭풍도 있다. 이들은 아프리카뿐만 아니라 유럽 남부에도 영향을 주고, 심지어 미국의 플로리다까지 날아간다.

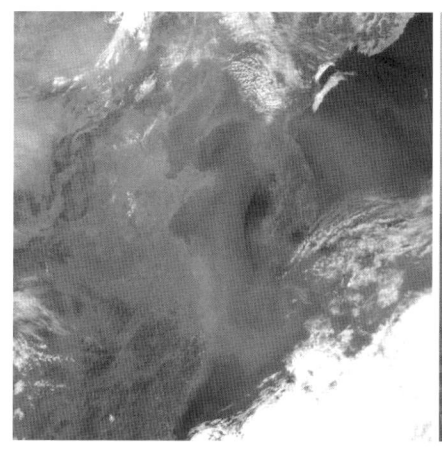

황사 　　　　　　　　　　　미세먼지

　사하라 사막에서 발원한 모래폭풍에는 미스트랄, 캄심, 하부브, 시로코, 시문 등의 다양한 이름이 사용된다.

　건조지대 주민들이 과도한 목축 활동으로 사막화를 부추겨서 모래폭풍이 더욱 심해지고 있다는 주장도 있다. 그러나 사막화와 모래폭풍은 인간이 지구상에 등장하기 훨씬 전부터 진행되고 있는 도도한 자연의 변화라고 할 수 있다.

　사막화, 건조지대화는 대륙의 중앙부에서 식물의 생장에 필요한 영양물질이 물에 녹아 빠져나가면서 생기는 일이다. 영양물질이 완전히 사라져 버린 사막에서 시도하는 녹화 사업은 성공을 기대하기는 어려워 이런 황사 바람은 쉽사리 사라지기 어렵다.

　습도가 매우 낮은 건조지대에서는 수증기에 의한 온실효과를 기대할 수 없다. 결과적으로 건조지대에서 대기의 특성은 시시각각 돌변할 수밖에 없다. 수시로 고기압과 저기압이 만들어지고 사라지는 불안정한 상태가 반복된다. 그런 과정에서 미국의 토네이도와 같은 강한 상승 기류를 동반하는 엄청난 규모의 회오리바람도 수시로 발생한다.

모래폭풍이 발생하는 지역의 상황은 참혹하다. 상승 기류를 따라 올라간 모래 먼지의 절반 정도는 중력에 의해 인근 지역에 내려앉아 거대한 모래 언덕(砂丘)을 만든다. 마을, 가옥, 가축이 통째로 모래 언덕에 묻혀버린다. 물론 인명 피해도 발생하며 베이징도 끔찍한 모래폭풍에 시달리고 있다.

최근에는 베이징의 서북쪽 70km까지 모래 언덕이 접근하고 있다. 지표면에서 5km 이상 올라간 가벼운 미세먼지(PM10)가 강력한 편서풍을 따라 이동하는 과정에서 강력한 하강 기류를 만나 지표면으로 떨어지는 것이 황사다. 그래서 황사는 언제나 강한 바람과 함께 찾아오기 마련이다.

가. 황사 바람

황사는 그런 과정에서 등장하는 지극히 자연적인 기상 현상이다. 황사의 발원과 이동은 물론 우리에게 영향을 주는 모든 과정에 기상학적 요인이 작용한다. 그런 황사의 예보는 당연히 일기예보를 전담하는 기상청의 업무일 수밖에 없다.

황사의 화학적 조성은 발원지의 토양에 의해 결정된다. 황사는 주성분인 실리카, 알루미나에 마그네슘, 철, 타이타늄, 망가니즈, 납 등의 금속 산화물과 탄산칼슘 등의 탄산염이 불순물로 포함되어 있다.

황사의 입자가 중국의 산업지대에서 배출되는 다이옥신, 중금속과 같은 독성 오염물질에 의해 오염될 수 있다는 주장도 나오고 있다. 그렇지만 산업지대에서 배출되는 오염물질은 지상에서 고작 1km 범위의 대류권을 벗어나지 못하기 때문에 크게 염려할 필요는 없다.

미세먼지인 황사가 우리에게 직접적인 피해를 주는 것이 사실이다. 미세먼지가 시정(視程)을 악화시키고, 햇빛을 차단해서 기온을 떨어뜨린다. 식물의 잎에 달라붙은 황사는 광합성을 방해하고, 잎의 기공을 막아서 식물의 생장에 장애를 일으킨다. 인체 건강에도 악영향을 미치고, 정밀 기계도 손상 시킨다.

그렇지만 황사가 생태계에 피해만 주는 것은 아니다. 매년 한반도에 떨어지는 황사의 양이 무려 8만 톤에 이르는 것으로 추정한다. 그런 황사가 농작물의 생장에 필요한 광물질을 공급해 주고, 황사에 포함된 염기성의 석회, 산화마그네슘, 탄산칼슘이 표토층의 산성화를 막아준다.

실제로 황사가 밀려올 때 내리는 빗물은 pH 7.3으로 평소보다 더 염기성이다. 황사가 적조(赤潮)를 해소 시켜주고, 해양 생물에게 필요한 무기물과 유기물을 공급해 주기도 한다.

나. 국제협력의 대표적 모델로 평가받는 한·몽골 산림 협력사업

산림청은 2021년 9월, 몽골 울란바토르에서 몽골 환경관광부와 '한·몽골 사막화·황사 방지 협력 양해각서'를 체결했다. 양해각서는 같은 달 양국 대통령의 정상회담 뒤 발표한 '한·몽 전략적 동반자 관계 발전을 위한 공동선언'을 이행하고 2007년부터 시작한 한·몽 간 산림 협력사업을 한 단계 발전시키기로 하였다.

이어서 산림청은 2026년까지 803만 달러를 투입해 몽골에 한국형 산림 관리 모델(K 산림복원)을 전수한다고 발표했다. 즉 2007년부터 시작한 몽골 사막화·황사 방지를 위한 그린벨트 조성 계획에 따라 몽골 3,000㏊에 숲을 조성한 산림청이 이제 나무 심기에 이어 혼농임업, 생태관광 등 주민소득 증대 프로그램을 전수한다는 것이다.

2007년, 한·몽 그린벨트 사업단을 설립했고 1단계 사업은 2007~2016년까지 사막화 방지 조림에 초점을 맞췄다. 그리고 춥고 건조한 날씨, 방목 가축 피해 등 쉽지 않은 현지 여건을 극복하고 사막화 지역에 3,046㏊의 숲을 성공적으로 조성했다. 산림청 관계자는 "몽골의 척박하고 건조한 토양 특성상 조림에 어려움이 많았다"며 "한·몽 그린벨트 사업단의 적극적인 노력과 사업 과정에서 주민들의 요구를 충분히 사업에 반영해 현지화에 성공했다"고 말했다.

2단계 사업은 2017~2021년까지 조림지 이관 및 도시 숲을 조성하는 계획이었다. 5년간 추진한 도시 숲 조성 사업을 통해 울란바토르에 도시민들이 즐길 수 있는 산림휴양 공간으로 '한·몽 우호의 숲'(40㏊)을 조성했다. 도시 숲에는 방문자 안내센터, 놀이터, 체육시설, 자생수목원, 바닥분수 등을 설치했다.

이어서 산림청은 2021년 9월 후렐수흐 몽골 대통령의 '10억 그루 나무 심기 선언'을 이끌어 냈다. 산림청은 1·2단계로 추진한 한·몽 양자 산림 협력사업의 성과를 이어받아 2022년부터 3단계 산림 협력사업을 본격 추진하기로 했다.

3단계 한·몽 산림 협력사업은 기존 사막화 방지 조림에서 나아가 산불 등 산림 재해관리 협력과 혼농임업 및 생태관광, 민관 협력을 통한 도시 숲 조성 등을 추진한다.

몽골의 10억 그루 나무 심기 목표 달성을 위한 첫 관문은 우수한 산림 종자와 묘목의 공급이다. 이를 위해 몽골 정부는 제2 도시인 에르데네트에 산림 유전 자원센터를 설립하는 등 나름의 노력을 펼치고 있다. 그러나 우수 종자 선별과 보급 등에 경험이 있는 전문 인력을 확보하지 못해 한국의 산림 종자 전문가 파견 및 경험 공유를 요청했다.

우리 녹화 기술로 황량한 사막이 푸른 숲으로 바뀌자, 현지 반응이 뜨겁다. 이 사업이 단지 나무를 심는 데 그치지 않고 몽골 정부와 국민에게 한국의 녹화 성공 사례를 나누고, 사막에서 나무를 심고 자라게 할 수 있다는 '녹화 희망'

을 심었다는 데 큰 의미를 부여했다.

국제사회에서도 사막화 방지 국제협력의 대표적 모델로 일자리 창출과 환경 개선 등 몽골에 실질적 도움을 준 공적개발원조 사업으로 평가받고 있다.

다. 몽골녹화 사업에 참여하는 우리나라 사람들

몽골 국토의 76.8%에서 사막화가 진행되고 있는데 이는 과도한 방목과 가뭄 현상 때문이며 각각 절반씩 영향이 미치고 있다고 한다.

몽골 목축가구수는 16만 가구(31만 명)네 가구당 평균 383마리의 가축(소, 말, 양, 염소, 낙타 등)을 사육하고 있다. 그런데 가축 수는 전체 6천 마리인데 이 중에 양이 2,790만 마리, 염소가 2,560만 마리여서 90%를 차지하고 있다. 이들의 털로 질 좋은 캐시미어를 생산하고 있기 때문이다. 그렇지만 양이나 염소는 풀만 뜯는 것이 아니라 뿌리째 뽑아 먹고 있으며 지역주민들의 80%가 나무를 땔감으로 사용하고 있기 때문에 산림녹화 사업의 진척은 쉽지 않다.

몽골 정부는 2005년부터 2035년까지 30년간 700㎢의 그린벨트 계획을 수립, 추진하고 있다. 여기에 우리나라 지자체(서울시, 인천시, 수원시, 경남 등), 기업체(코이카, KB국민은행, 삼성물산, 대한항공 등 시민단체인 푸른 아시아 네트워크가 적극적으로 참여하여 사막화 방지를 통하여 우리나라 황사 바람을 극복하는데 크게 기여하고 있다는 국제적인 평가를 받고 있다.

7. 해양폭염, 해양오염 등으로 위기를 겪는 해양생태계

세계적으로 가장 추운 지역인 시베리아까지도 최근 영상 40도에 육박하는 폭염으로 시달리고 있다. 더욱이 세계 곳곳에 폭염이 발생되면서 인간이 도저히 견디어 낼 수 없는 50도를 넘어서는 경우도 종종 발생하고 있다.

이런 폭염은 매년 심화 되고 있으며 육지뿐 아니라 바다에서 일어나고 있어 지구촌 전체가 기후 위기로 심각한 위기에 빠져 있다.

2023년 여름, 동해 곳곳에서 해양 열파가 발생한 일수의 평균은 54.1일이었고 2022년엔 129일을 기록했다. 그런데 관측 첫해인 1982년엔 1.6일에 불과했고 10년 전엔 연간 50일 안팎에 불과했다. 이같이 해양 열파 현상이 무서운 속도로 심화 되고 있어 해양생태계를 멸종위기에 놓여 있다.

미국 동부 앞 대서양은 2023년 여름 38.4도라는 기록적 수온이 측정되었다. 이는 무엇보다도 초대형 해수 순환시스템에 문제가 생겼기 때문이다. 즉 적도의 따뜻한 물을 북쪽으로, 북극의 찬물을 남쪽으로 보내는 '대서양 자오선 역전 순환류'(AMOC)가 점점 느려지고 있기 때문이다. 이런 글로벌 해양 컨베이어 벨트가 제대로 작동되지 않아 바다의 열은 물론 각 지역 해양생물이 필요로 하는 영양소를 운반하는 역할을 담당하던 것이 제대로 이뤄지지 않고 있다.

최근에는 덴마크 코펜하겐대학 연구팀은 "(전 세계 탄소 배출량이 감소하지 않으면) '대서양 자오선 역전 순환류'(AMOC)가 2025년부터 붕괴하기 시작해 금세기 안에 사라질 것"이라는 연구 결과를 내놓았다.

현재까지의 연구 결과에 따르면 열대 지방에서 북쪽으로 흐르는 열에너지의 25%가 AMOC를 통해 교류되는데 AMOC가 통상 적도에서 극지방으로 열을 전달하는 속도는 1페타와트(1,000테라와트) 로 인류가 공장, 발전소, 자동차 등 화석연료를 태워 열에너지를 생산하는 속도의 약 60배에 달한다.

만일 AMOC가 멈추면 북쪽으로 이동하는 열의 절반 이상이 감소할 것으로 추산돼 전 지구에 광범위한 영향을 미쳐 각 지역의 기후대를 극한 기상이변으로 바뀌게 될 것이다. 이는 농업의 타격, 태풍, 허리케인 등 열대 저기압 현상의 심화, 유럽 한파, 북미 동부 해안 해수면 상승 등이 발생 되면서 더욱 심각한 기후 위기로 세계 인류를 위험에 빠뜨리게 될 것이다.

스테판 람스토프 독일 포츠담 대학 교수는 "AMOC의 티핑포인트가 어디인지는 아직 불확실하지만, 이번 (코펜하겐팀의) 연구는 우리가 생각했던 것보다 티핑포인트가 훨씬 가깝다는 증거를 추가했다"고 평가했다.

미국 해양대기청(NOAA)은 위성의 동해 수온 데이터(1982~2023년)를 분석한 결과, "2023년 여름 해양 열파 현상이 가장 많이 발생한 것으로 확인됐으며 해양 열파는 평년의 상위 10%에 해당하는 고수온이 지속하는 현상으로 '바다의 폭염'이다. 이런 폭염으로 세계 곳곳에서 극한 고수온 현상으로 인한 피해가 더욱 커지고 있다."고 밝혔다.

가. 급격히 증가하는 해양 산성화

요즈음 해양은 산성화로 수소이온 농도가 급격히 증가하면서 해양생태계에 비상이 걸렸다.

보통 대기 중 이산화탄소의 약 4분의 1 이상이 해양으로 흡수되면서 해수의 수소이온 농도가 증가하게 된다.

우린 해수의 pH가 낮아지게 되는 현상을 통상적으로 "해양 산성화(Ocean acidification)"라 부른다. 그렇지만 실제로 해수의 pH가 7 이하로 내려가는 건 현실적으로 거의 불가능하기 때문이다. 해양 산성화가 일어나더라도 해수의 염기성은 줄어들겠지만, 산성으로는 절대 변하지 않는다. 즉 "해양 산성화"는 해수의 pH 감소 과정과 이에 파생되는 영향을 말한다.

해수로 흡수된 이산화탄소는 물(H_2O)과 반응하여 중탄산염(HCO_3-)과 수소이온($H+$)을 만들어 낸다. 이때 발생한 수소이온은 산호 등과 같은 해양생물이 탄산칼슘($CaCO_3$) 골격을 만드는 데 필요한 탄산 이온($CO_3 2-$)과 반응하여 중탄산염을 형성한다.

이에 따라 해수 중 탄산 농도 평형이 이동하며 탄산칼슘의 형성이 어려워지게 된다. 그리하여 해양의 가장 중요한 화학적 특성 중 하나인 화학적 완충능력이 저하된다. 그리고 해양의 이산화탄소 흡수량은 해수온과 반비례하므로 해수온이 낮은 극지방이나 심층수가 표층으로 용승하는 해역에서의 산성화는 더욱 심각할 수 있다.

아직 대기 중의 이산화탄소 증가로 인한 기후변화 영향에 대해서는 많은 것들이 불확실하지만, 이러한 대기 중 이산화탄소 증가로 인한 해수의 산성화는 빨라지고 있다.또한 해양 산성화는 해양의 대기 이산화탄소 흡수 능력을 저하시켜 대기 중 이산화탄소 농도 안정화를 더 어렵게 할 것이다.

해양의 산성도는 산업혁명 이후 약 30% 증가하였으며 지금과 같은 추세로 대기 이산화탄소 농도가 지속해서 증가한다면 21세기 말에는 pH가 0.2-0.4정도 낮아질 것으로 추정되고 있다. 지질학적 기록에 따르면 해양 산성화는 이미 과거에 수차례 발생되었다. 지금으로부터 5천 5백만 년 전에 발생했던 산성화는 탄산칼슘을 골격으로 하는 해양 생물종들의 대량 멸종되었다.

이런 산성화는 수백만 년에 걸쳐 서서히 진행되었음에도 불구하고, 산호초가 이로부터 회복하는 데에는 수백만 년 이상이 걸렸다.

지금의 산성화는 산업혁명 이후 약 250년 동안 pH가 0.1 정도 낮아져 과거의 산성화보다 약 100배 이상 빠르게 진행되고 있다. 현재와 같은 속도로 산성화가 진행된다면 몇 세기 안에 열대 해역에서는 산호가 사라지고 대부분의 극지 해역에서도 탄산칼슘 골격을 가진 해양생물의 골격이 녹기 시작할 것이라고 한다.

이같이 해양 변화는 궁극적으로 먹이사슬과 생물 다양성, 수산자원에도 심각한 영향을 미치게 된다.

나. 우리나라 해양생태계의 해양 산성화 현상

우리나라 동해는 북쪽의 차가운 물과 남쪽의 따뜻한 물의 경계가 이뤄지는 곳이라서 온난화로 인해서 더 데워진 남쪽의 따뜻한 물이 강하게 유입되면서 해양 열파의 증가 현상이 다른 곳보다도 더욱 뚜렷하게 나타나고 있다.

해양수산부는 2021년 해양생태계 보고서를 통하여 "이산화탄소의 배출로 산업화 이전에는 평균 8.2였던 해수의 pH는 현재 8.1 아래로 낮아졌으며 이는 산업화 이전 해수의 pH보다 무려 100배가량 산성화된 것이다"라고 밝혔다.

그리고 한국해양과학기술원은 "현재 속도로 산성화가 진행된다면 21세기 안에 산호 등 탄산칼슘 골격 형성 생물들이 사라질 것이며 먹이사슬과 생물 다양성이 무너져 수산자원에도 심각한 위기를 맞이하게 될 것이다"라고 밝혔다.

실제로 국립수산과학원 연구팀이 최근 3년간(2018~2020년) 동해에서 식물플랑크톤을 채취해 분석한 결과, "식물플랑크톤의 크기가 과거보다 소형화된 것으로 나타났다. 이는 식물플랑크톤은 빛을 이용해 광합성을 해야 하므로 표층에 있어야 하고, 먹이가 되는 저층의 영양염이 올라와야 한다. 그런데 영양염 공급이 줄면서 상대적으로 불리한 조건에서 생존할 수 있는 초미세 식물플랑크톤이 많아진 것으로 보인다"고 밝혔다.

다. 어획고 20~30% 감소

최근 해양생태계에서 가장 중요한 에너지 공급원인 식물플랑크톤의 소형화는 먹이사슬에 따라 동물플랑크톤과 어류까지 영향을 미치면서 바다의 생산성을 크게 떨어뜨리고 있다.

국립수산과학원은 "최근 5년간 동해의 기초생산력은 20~30년 전보다 38%가량 하락했으며 기후변화가 이대로 가속화되면 동해 속에 눈에 보이지 않는 플랑크톤이나 영양염이 적어지면서 마치 적도 지방의 열대 바다처럼 동해가 비어가고, 더 투명해질 수 있다."고 전망하였다.

해양 열파의 위협은 열을 흡수한 바닷물은 팽창하면서 해수면 상승 속도를 높인다. 최근 30년 동안 울릉도·독도의 해수면은 해마다 6.17㎜씩 올랐는데, 이는 전체 평균(서·남·동해)보다 두 배 정도 빠른 추세다. 그리고 따뜻해진 바닷물이 더 많은 수증기와 에너지를 공급하면서 태풍과 집중호우 등 극한 기상의 피해도 커지게 된다.

울릉도에 있는 사동항에는 3년 전 태풍 마이삭으로 인해 19.5m라는 관측 이래 최대 파고가 덮치면서 무너진 방파제의 흔적이 여전히 남아 있었다.

이같이 바다 생태계도 임계점을 벗어나면 그때부터는 붕괴가 시작되는데 해양 열파는 그 임계점에 도달했다는 신호이다. 이에 따라서 "태풍 같은 극한 기상에 따른 재난도 섬과 연안 지방을 중심으로 굉장히 가속화될 것이다"고 우려하고 있다.

라. 해수 고온 현상으로 어획고 감소

알래스카 남부 해안에 서식하는 대구가 1억 마리 이상 사망했고, 혹등고래의 개체 수가 30% 감소했다. 캐나다 브리티시 컬럼비아주의 프레이저강으로 돌아오는 수백만 마리의 연어들이 높은 해양 온도 때문에 돌아오지 못했다.

미국의 가뭄까지 겹치면서 연어의 95%가 사라졌다. 따뜻해진 바다는 더 많은 에너지를 요구하면서 물고기의 신진대사를 가속화 했으며, 동시에 따뜻한 물이 유입되면서 플랑크톤이 희박해지고 크릴은 감소하였다.

크릴이라는 플랑크톤을 먹고 사는 어린 물고기부터 사라지고 뒤를 이어 상위 포식자들이 사라지면서 알래스카 만의 어획량이 급감했다. 서부 해안을 따라 정어리와 성게가 사라지면서 어업재해 선언이 발효되었다. 크릴, 새우, 기타 해양 동물이 급속도로 줄어들었고, 바다사자 새끼들이 굶어 죽는 경우도 평소보다 10배 늘어났다.

더욱이 해조류가 독성을 띠기 시작하면서 미국 서부 지역의 조개 채취가 금지되고 꽃게어장이 문을 닫으면서 수백만 달러의 피해를 입고 있다. 이를 먹고 살던 물개, 바다사자가 대량으로 죽었다. 바닷새들이 50만 마리 이상이 사망했고, 28마리의 혹등고래와 17마리의 고래들의 사체가 알래스카와 캐나다의 브리티시 컬럼비아 해변으로 밀려왔다.

이같이 해양생태계가 해양 열 파 현상으로 급격히 악화되면서 어족들이 멸종위기에 놓여 있어 심각한 위기를 맞고 있다. 결국 해양생태계를 되살려 나가야 지구환경도 되살릴 수 있는 악순환 고리에 빠져들고 있다고 할 것이다.

제3절.
갈수록 심화되는 기상재앙

요즈음 기상이변으로 전혀 예측 못 하는 각종 큰 사태들이 일어나고 있다. 가뭄, 폭염, 산불, 폭우, 태풍, 지진, 쓰나미 등 기상이변 이외 우리들이 예상할 수 없는 일들이 일어나서 우리들을 놀라게 한다.

가장 추운 러시아의 시베리아 지역이 고온과 폭염지역으로 바뀌는 이변이 일어났고 수십 년 만에 최대 메뚜기떼의 습격을 받은 인도, 동남아 국가들을 볼 수 있다. 그리고 광대한 먼지구름에 갇힌 미국, 속수무책으로 대형 산불까지 겪게 되는 어려움을 겪고 있다. 그리고 브라질의 아마존 열대우림지역은 불법 개발로 무너지고 있어 탄소흡수원이 사라지고 있어 지구온난화에 대한 우려감은 더욱 높아지고 있다.

지구상에서 가장 추운 곳으로 꼽히는 시베리아의 북위 67.5도에 있는 베르호얀스크에서 요즈음 여름철 날씨가 최고 38도까지 상승하였다. 이는 과거보다도 시베리아 평균 기온보다 17도나 높은 이상고온 현상이 나타나고 있는 것이다.

이런 따뜻한 날씨로 시베리아의 눈과 얼음이 평소보다 빨리 녹고, 이로 인해 바싹 마른 식물과 토양에 산불이 쉽게 번진다. 그래서 시베리아의 대형 산불이 일어나 세상을 놀래게 만들고 있다.

 지구 곳곳에 동시다발적으로 메뚜기떼가 창궐하고 있다. 케냐와 예멘 등 동아프리카에는 70년 만에 최악의 메뚜기떼가 엄습해 농작물 등에 심각한 피해를 입히고 있다.
 인도와 파키스탄 등 남아시아도 메뚜기떼의 습격으로 비상이 걸렸다. 인도 당국은 지역주민들에게 외출 자제령을 내렸고 하늘을 새까맣게 뒤덮은 메뚜기떼 사진과 영상이 연일 소셜미디어를 장식하고 있다.
 메뚜기떼는 5월에도 인도 서북부 지역을 휩쓸면서 27년 만에 최악의 피해를 안겼다.
 과학자들은 메뚜기떼의 창궐이 인도양의 바다 온도가 높아진 데 원인이 있다고 분석한다. 인도양 상공의 대기 온도가 높아져 주변 대륙에 사이클론과 폭우를 몰고 오고 그 결과 메뚜기떼가 번식하기 좋은 다습하고 비옥한 환경이 만들어졌기 때문이라고 한다.

 아프리카의 사하라 사막에서 발원한 거대한 먼지구름이 대서양을 가로질러 카리브해 나라들과 멕시코, 미국 남부까지 뒤덮었다.
 '고질라 먼지구름'이라는 이름이 붙은 거대한 먼지층이 도착한 나라들마다 대기질이 급격히 나빠지면서 호흡기 질환자들이 속출하고 있다. 그렇지 않아도 코로나19로 환자들이 급증하고 있는데 먼지구름이 엎친 데 덮친 격으로 상황이다.
 사하라 사막에서 불어오는 먼지구름은 봄철 한반도의 황사처럼 특이한 현상은 아니다. 하지만 그 규모가 매우 광범위해 대서양을 넘어오는 거대한 먼지구름 사진을 보고 미국 항공우주국(NASA) 과학자들조차 깜짝 놀라고 있다.

지구의 허파로 불리는 아마존강의 열대우림 60%가 브라질에 있다. 그런데 불법 벌목업자와 농장주들이 삼림에 일부러 불을 질러 경작지를 넓히고 나무를 베어내고 있다. 브라질 정부는 이들을 단속하기 위해 아마존 열대우림 일대에 군대까지 배치했지만, 큰 효과를 보지 못하고 있다. 매년 사라진 열대우림 면적은 이미 서울시 면적의 3배가량인 1천843㎢나 되고 있다.

1. 많은 사상자를 내는 지진

2011년 3월, 동일본 대지진이 발생하였다. 일본 관측역사상 최대 지진인 규모 9.0이다. 지진 직후에 10m 넘는 대형 쓰나미(지진해일)가 발생하면서 이와테, 미야기, 후쿠시마 3현의 연안 지역에는 큰 피해가 발생하였다. 사망자는 1만 5,899명, 행방불명 2,527명, 주택 피해는 12만 1,996채가 전파, 28만 2,920채가 반파되었고, 피난자 수는 최대 47만 명에 달했다.

한편, 후쿠시마 제1원자력발전소에 쓰나미가 덮치는 바람에 멜트다운(원자로 우라늄 용해로 인해 노심부가 녹아버리는 사고)이 발생하고, 두 차례의 수소폭발로 방사성 물질이 대기 중에 방출되어 주민 16만 명이 대피했다. 10년 이상이 지난 지금도 원전 반경 20㎞ 내의 3개 지자체는 '귀환 곤란 지역'으로 지정되어 사람의 출입이 금지되고 있다.

지금까지 투입된 피해 복구 예산은 총 32조 엔으로 2020년 기준의 국가 예산의 3분의 1에 해당되는 막대한 금액이다. 그리고 투입 예산의 3분의 1 이상이 방파제, 도로, 주택 건설 등 복구 비용에 투입되었다. 이렇게 지진은 한순간에 발생되어 막대한 경제적 손실은 물론 많은 인명 피해를 가져오는 기상재앙 중에서 가장 큰 재앙이라고 할 수 있다.

가. 지진 발생원인

전 지구에서 연평균 50만 번의 크고 작은 지진이 일어난다. 이중 사람이 느낄 수 있는 3.0 규모 이상의 지진은 약 10만 건이나 된다.

지진발생 원인으로는 탄성반발설과 판구조론으로 설명된다. 탄성반발설은 '지면에 존재하는 단층에 가해지는 힘(탄성력)에 어느 부분이 견딜 수 없을 때 순간 급격한 파괴를 일으킨다'고 설명하고 있다. 즉 지표로부터 70km 이하에서 발생하는 지진(천발지진)에 대한 메커니즘을 설명하는 이론으로 많이 활용되고 있다.

이에 반해 판구조론은 전 지구의 표면이 두께 100km 정도의 조각들이 판으로 나누어졌으며 이 판들이 그 하부의 맨틀에서 발생하는 대류 현상에 의해 매년 수 cm 정도 대규모 수평 이동을 하고 있다. 그런데 판 간에 상대 운동에 따라 지층이 변형되다가 깨어지면서 크게 흔들리게 된다. 이 흔들림이 누적(스트레스)되어 판의 경계에서 지진이 발생한다는 것이다.

전 세계적으로 대부분 지진 활동이 판 경계에서 일어나며 판의 내부에서는 소규모 지진이 발생하고 있다.

우리나라는 유라시아판의 오른쪽 끝부분에 놓여 있으며 판 내부에서 발생하는 소규모 지진만 일어나고 있다고 여기고 있다. 그러나 일본의 경우 4개의 판(유라시아판, 북 아메리카판, 태평양판, 필리핀 판)의 경계에 있어 대규모 지진이 자주 발생하고 있다.

오랜 세월에 걸쳐 지구의 판이 태풍이나 쓰나미에 의해서 흔들리게 되고 여기에서 축적된 스트레스가 균형을 잃게 된다. 그러면서 지각이 튕겨 나가거나 서로 어긋나면서 균열을 일으켜 지진이 발생한다.

그런데 지구 전체에서 발생하는 지진의 90% 이상은 불의 고리(Ring of fire)라고 불리는 환태평양 조산대에서 발생한다.

나. 지진대

세계적으로 가장 지진이 자주 일어나는 지진대에는 환태평양 지진대와 지중해 지진대가 있다. 환태평양 지진대는 캄차카, 알래스카, 북아메리카의 연안을 통과하여 남아메리카에 뻗어 있고, 거기서 오스트레일리아 쪽으로 방향을 돌려 인도네시아, 중국 연안을 통과하여 일본에 이르고 캄차카에서 끝난다.

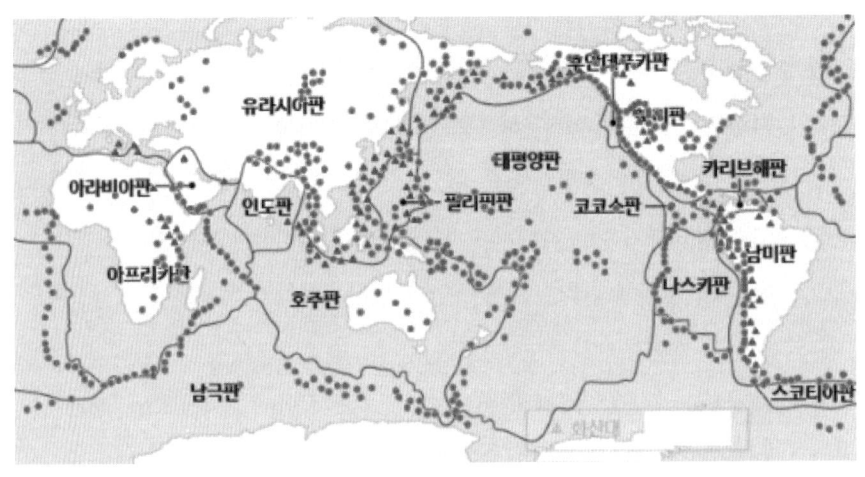

☑ 지진대 표시

지중해 지진대는 포르투갈과 스페인에서 이탈리아를 거쳐 발칸 반도, 그리스, 터키, 코카서스, 소아시아와 러시아의 중앙아시아공화국을 거쳐서 바이칼 지방에 이른다. 그 후 태평양 연안에서 환태평양 지진대와 합류한다.

환태평양 지진대와 지중해 지진대에 들어 있는 지역 중에서 격렬한 지진이 가장 자주 일어나는 곳은 일본이며 이와 어깨를 나란히 할 수 있는 나라는 칠레이다.

과학자들의 계산에 따르면 칠레의 수도 산티아고에 대지진이 일어날 확률을

90%에 달하고 전 세계에서 일어나는 대지진의 40%가 이 광대한 지진대에서 발생하고 있다고 한다.

다. 일본 침몰설

일부 과학자들은 일본열도의 침몰설을 제기하고 있다. 일본은 유라시아판, 필리핀 판, 태평양판, 북미판이 겹치는 곳에 자리 잡고 있다. 이 4판 중 어느 한 영역이 갈라지거나 밀리게 되면 일본이라는 섬이 가라앉을 수도 있다고 한다.

그리고 기후변화에 따른 해수면 상승으로 일본열도의 몇 개 섬이 침몰할 수 있다고 주장하는 전문가들도 있다. 그런데 일본은 지진이 자주 발생하는 지진 대에 자리 잡고 있으면서도 핵발전소를 54기나 보유하고 있다.

지진, 쓰나미, 핵폭발로 일본 국민은 불안해하지 않을 수 없고 전 세계가 핵 공포로 위협을 느끼지 않을 수 없다. 일본의 땅덩어리가 지진으로 요동을 치고 쓰나미로 침몰 되고 핵발선소가 폭발하는데 경제 대국이 무슨 소용이 있겠는가?

라. 우리나라의 지진

우리나라에서도 경주와 울산지역에 5.8 규모의 강진이 발생하고 있다. 인근에 원자력 발전소가 집중적으로 입주해 있어 지진에 의한 핵 유출 위험성을 안고 있다.

지진은 많은 사상자를 내고 막대한 경제적 손실을 가져다주는 무서운 기상재해이다. 그런데 우리나라는 지진 안전지대라는 인식 아래 아무런 대책을 마련하지 않았다.

국내 건축물 중 내진설계가 적용된 건물의 비율이 30%에 불과하며 지진에 특화된 지진 방재보험에도 아무도 가입하지 않고 있다. 따라서 신축 건물에 대한 내진설계 기준을 강화하고 지진 방재보험도 개발하여야 할 것이다.

무엇보다도 국민들에게 지진에 안전 대피할 수 있는 국민 안전교육을 강화하고 지진에 대한 조기경보체제를 갖춰 만일에 대비하여 나가야 할 것이다.

사고란 만일에 대비하여 예방하는 길이 가장 효율적이고 저비용으로 해결될 수 있다는 사실을 명심하고 건물에 대한 내진설계 기준을 강화하고 지진 방재보험도 개발하여 가입도록 해야 할 것이다.

2. 더욱 강해지는 태풍

2002년 8월 30일에 태풍 '루사'가 강릉지방에 하루에 870.5mm라는 가장 많은 강수량과 함께 5조 2천억 원에 달하는 재산 피해를 기록하였다. 이어서 2003년 9월, 태풍 '매미'가 발생하여 연 2년간 엄청난 태풍피해가 우리를 놀라게 하였다.

그런데 2013년 11월 필리핀에서 발생하여 약 12,000명의 사상자를 낸 태풍 '하이옌'이 등장함에 따라서 우리나라에도 슈퍼 태풍이 올 가능성을 전문가들은 예고하고 있다.

우리나라 국가태풍센터가 분석한 결과 '한반도로 오는 태풍 중 이제껏 재산피해를 많이 낸 태풍 10개 가운데 5개가 2000년 이후 발생했고, 한반도 태풍이 더욱 강해지고 있다'고 발표하였다.

즉 지구온난화로 중위도 지역이 급속하게 더워지고 있어 한국이 있는 중위도에서도 풍속이 거세지고 있고 실제 한반도 연안의 해수온은 1969년에서 2004년 사이 1.1도 올라 지구 평균(0.5도)보다 2배 이상 높아 슈퍼 태풍이 발생할 가능성이 높다고 한다.

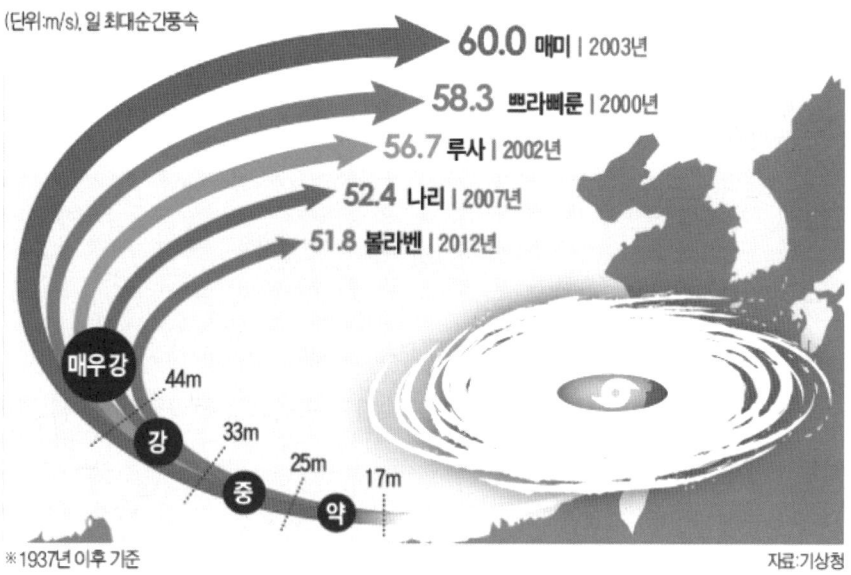

가. 태풍 발생원인

태풍이란 중심의 최대 풍속이 초속 17m 이상인 열대성 저기압을 말한다. 북위 5~20도, 해수면 온도가 26℃ 이상일 때 태풍이 발달하게 되는 데 지구온난화로 기온이 상승함에 태풍이 더 많이 발생하고 있다.

따뜻한 저위도 바다에서는 수분이 많이 증발하고 증발한 수분은 대기 중에 수증기로 머물다가 일정 고도에서 빗방울이나 비구름의 액체 상태로 변하게 돼 태풍과 폭우는 일반적으로 동반하게 된다.

일반적으로 기체에서 액체로 바뀔 때 열이 방출하게 되는데 이 열이 태풍의 에너지원이 된다. 따라서 태풍은 기온이 상승하여 수증기가 많이 발생하게 되고 더 많이 수증기를 머금을수록 태풍은 더욱 강해지고 폭우도 역시 심해지는 법이다.

이제껏 중위도 지역에서는 해수 온도가 낮아서 저위도에서 생긴 태풍이 북상하다가 소멸하는 경우가 허다했다.

이는 에너지의 원천인 수증기를 제대로 공급받지 못하기 때문인데 지구온난화로 중위도의 해수 온도가 오르면서 그만큼 증발한 수증기가 많아져 태풍이 더욱 강해지게 된다.

나. 한반도에서의 대규모 태풍

우리나라에서 일어난 대규모 태풍은 모두 2000년 이후에 발생하였다. 이는 지구온난화로 태풍이 더욱 강해지고 빈도수가 지속적으로 증가하고 있다는 사실을 쉽게 알 수 있다.

지난 2003년 9월, 태풍 '매미'가 제주 고산 지역을 덮쳤을 때 순간 최대 풍속이 초속 60m, 시속 216km로 우리나라에서 가장 강한 태풍이었다. 이어서 2위는 2000년의 태풍 '프라피룬'이 시속 210km, 3위는 2002년의 태풍 '루사'가 시속 204km, 4위는 2010년에 수도권을 강타한 태풍 '곤파스'가 시속 189km, 그리고 5위는 2007년의 태풍 '나리'가 시속 187km를 기록했다.

우리나라에서 가장 큰 피해를 입힌 태풍은 1959년 9월 추석 무렵에 나타난 태풍 '사라'다. 이 때 사망과 실종 849명, 이재민 373,459명이라는 엄청난 피해를 줬다. 그 후 1987년 7월의 태풍 '셀마'가 사망과 실종 345명, 이재민 99,516명의 피해를 줬다.

한국도 태풍으로 인한 기상재해의 안전지대라고 볼 수 없게 되었다. 정부간 기후변화 협력 기구(IPCC)는 2100년경 해수의 수온이 2~4℃ 오를 것으로 보고 있어, 한반도에 상륙하는 태풍의 위력은 더욱 커져 슈퍼 태풍으로 변해가고 있다고 한다.

한반도에 영향을 미치는 태풍은 북태평양 남서부에서 발생한 열대 태풍으로 연평균 26개, 최소 15개에서 최대 39개의 태풍이 발생한다. 이 중 10.5%가 한반도에 접근하여 영향을 주며, 연평균 3개의 태풍이 한국을 통과하고 있다. 이런 태풍이 앞으로 얼마나 더 거세게 몰아칠지 알 수 없는 일이어서 태풍과 폭우를 철저하게 대비해야 할 것이다.

다. 슈퍼 태풍 사례

2013년 11월, 필리핀과 베트남을 강타한 슈퍼 태풍 '하이옌'은 초당 105m이었다. 당시 7,000명이 넘는 인명을 앗아가고 가옥 110만 채, 이재민이 400만 명에 이르는 피해를 보았다.

2005년, 미국을 강타한 허리케인 '카트리나'는 초속 78m이었다. 당시 피해를 당한 미국 뉴올리언스 지역의 80% 이상이 해수면보다 낮은 지대 이어서 제방이 붕괴되면서 2만 명 이상이 실종되었다.

그리고 구조된 8만 이상의 사람들은 수용시설에서 전기가 끊기고 물마저도 제대로 공급되지 않아 시가지에서 약딜, 총격전, 방화, 강간 등 각종 범죄가 연이어 일어났다. 더욱이 이재민 대부분이 흑인들이어서 인종차별을 항의하면서 군 병력까지 투입되는 어려움을 겪었다.

2003년, 우리나라를 강타했던 태풍 '매미'도 한 때 초속 74m이었다. 태풍과 함께 쏟아지는 폭우로 130명의 인명 피해와 4조 2천억여 원의 재산 손실을 입혔다.

이같이 태풍은 폭우와 함께 동반하기 때문에 큰 재난 재해의 원인이 되고 있다.

라. 슈퍼 태풍 가능성

태풍의 세기는 수증기가 응결할 때 나오는 잠열(potential heat)에서 결정된다. 잠열은 숨은 열이라는 뜻으로 액체에서 기체로 바뀔 때 주변의 잠열을 흡수하고, 반대로 기체에서 액체로 변할 때는 잠열을 밖으로 방출하게 된다.

 적도 부근의 무더운 날씨는 태풍 발생 지역의 바닷물을 공기 중으로 증발시킨다. 이때 습도 높은 공기는 기온이 상승하면서 구름이 생성하게 되어 많은 잠열이 밖으로 방출하게 된다.

 이런 과정에서 강력한 태풍 에너지가 발생하게 되고 폭우도 동반하게 된다. 이런 태풍의 에너지는 1945년 일본 나가사키에 투하된 원자폭탄의 약 만 배의 크기를 갖고 있다고 한다.

 이같이 점점 기온이 상승하여 태풍의 강도가 심해지고 있으니 지구의 기상이변을 걱정하지 않을 수 없다.

 제주대 태풍연구센터 문일주 센터장은 "태풍은 저위도의 열에너지를 극지방 등 고위도로 옮겨 에너지 균형을 맞추는 역할을 담당하고 있다. 따라서 지구온난화로 저위도와 고위도 간 에너지 격차를 현격히 커지면서 태풍의 강도도 심해지고 있어 가까운 미래에 한반도 주변에도 슈퍼 태풍이 출현할 우려가 있다"고 경고하였다.

 한편 포항공과대학 환경공학부 민승기 교수팀은 태풍의 발생 원인이 되는 웜풀(warm pool)의 크기를 컴퓨터 시뮬레이션을 통해 분석하였다. 그 결과 1953년부터 2012년까지 60년간 웜풀의 크기는 33%나 확대됐고 해수면 온도는 섭씨 1.4도 상승했다고 발표하였다. 즉 60년 전인 1953년 3,600만㎢였던 웜풀의 면적은 2012년 4,800만㎢로 늘어났다. 그래서 태평양 인도 부근에서 태풍이 발생하는 웜풀의 크기가 한반도 면적의 200배가 넘게 확대되었다고 한다. 또한 해수면이 28℃ 이상으로 데워지면서 태풍의 강도는 더욱 심해져 지구환경은 해일, 태풍. 폭염과 혹한 등 극단적인 기상이변이 점점 확대되고 있다.

마. 폭우를 동반하는 태풍

한반도를 통과하는 태풍은 7, 8월이 각각 33%, 36%로 거의 70%가 2개월에 집중되어 있다. 그다음은 9월이 19%, 6월이 7%의 순이다. 그리고 북태평양 남서부에서 발생한 태풍 가운데 반 정도가 전향하며 한반도에 접근하는 태풍의 80%가 전향한 태풍이다. 특히 7월을 제외한 다른 달에 한반도에 접근하는 태풍의 90~100%가 전향한 태풍이다.

한반도에 발생하는 기상재해는 호우가 28%, 폭풍이 26.8%, 태풍이 19.4%, 폭설이 11.2%로 나타나고 있다.

그렇지만 태풍에 의해 부가적으로 발생하는 호우, 폭풍, 해일 등의 간접 피해까지 감안 한다면 대규모 재해는 태풍에서 발생한다고 할 수 있다. 이러한 태풍피해를 줄이기 위해서는 우선 태풍의 진로를 정확하게 파악하여 이에 대비하는 효율적인 경보 체제를 구축하여야 태풍으로 인한 재해를 최소화 시킬 수 있다.

3. 게릴라성 집중호우가 쏟아지는 한반도

한반도는 여름철이 되면 '게릴라성 집중호우'와 '국지성 집중호우'가 쏟아져 우리들을 무섭게 만든다. 국지성 집중호우란 특정한 지점에 집중적으로 내리는 폭우이다. 이에 반해 게릴라성 집중호우는 여러 지점 또는 한 지점의 호우가 끝나면 다른 지점으로 옮겨 장대비를 쏟아붓는 현상을 말한다. 마치 전쟁터에서 소규모 게릴라부대가 '동에 번쩍, 서에 번쩍'하듯이 미처 예상치 못하는 지점에 나타나 많은 폭우를 쏟아붓는다.

게릴라성 집중호우는 장마전선이나 태풍, 저기압이나 고기압의 가장자리에서 나타나는 대기 불안정 등으로 형성된 상승 기류에 의해 만들어진 적란운(積

亂雲)이 원인이다.

적란운이란 1천만~1천 500만t의 물주머니를 갖고 있는 '자이언트 구름대'이다. 따라서 돌발적으로 폭우가 쏟아져 30분에서 1시간 이내에 상황이 종료된다.

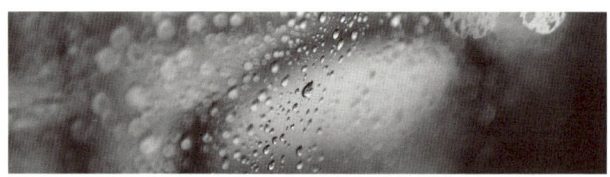

중대본 "게릴라성 집중호우대비"

중앙재난안전대책본부는 수도권과 중부지방에 기습적 폭우로 피해가 속출할 것으로 예상됨에 따라 3일 오후 6시를 기해 풍수해 위기경보 '경계'에서 '심각'으로 격상했디고 밝혔습니다.

중대본은 현재 호우는 예측하기 어려운 게릴라성 패턴을 보이며 이미 전국적으로 많은 비가 내려 지반이 약해저 적은 비로도 큰 피해가 발생할 수 있다고 전했습니다.

우리나라에서도 이런 집중호우 예측을 위해 수치예보 모형뿐만 아니라 레이더, 기상위성, 무인 자동 기상관측기 및 기타 계측 장비들을 이용하고 있다.

그리고 수자원 분야 역시 홍수 예 경보 시스템 및 범람 해석 시스템을 구축하여 운영하고 있다. 그렇지만 신뢰성이 낮아 보다 정확한 기후예측 시스템을 새롭게 구축해야 된다는 주장이 지속적으로 제기되고 있다.

가. 서울지역의 집중호우

최근 서울이 다른 지역보다 집중호우가 많아지고 있다는 연구 결과가 발표되었다. 이는 열섬효과 때문이라고 밝혀졌다.

지난 40년 동안 서울은 인구가 집중되고 아파트나 빌딩들이 집중적으로 개발되어 지표가 콘크리트로 덮였다. 이로 인해 열섬효과가 나타나 상층기류의 구름 생성을 촉진하여 집중호우가 많이 내린다.

기상연구소 김연희 박사는 연구논문을 통하여 '서울에 시간당 20mm 이상의 집중호우가 내린 시간은 △60년대 연평균 9시간 △70년대 15시간 △80년대 24시간 △ 90년대 이후에는 61시간으로 급증세를 보였다'는 사실을 밝혔다.

시간대별로는 새벽 1시에서 6시에 몰렸던 집중호우가 90년대 이후에는 도시의 인적, 물적 활동이 활발한 오전 7시에서 낮 12시 사이 그리고 오후 1시에 많았다. 이처럼 도시화의 진행으로 집중호우 빈도가 높아졌다.

이는 도시화에 따른 '열섬현상'으로 도시의 기온이 높아짐에 따라 상승 기류와 구름이 생성돼 강우도 잦아졌기 때문이다. 더욱이 고층 건물 등으로 인해 풍속이 감소하면서 바람이 지표면에 깔린 후 상승 기류로 변해 구름이 형성되고, 도시 상공의 대기오염 물질도 구름의 생성을 촉진시키고 있다. 특히 미세먼지는 비의 씨앗 역할을 하기 때문이다.

이런 열섬현상은 녹지가 적고, 건물과 도로 포장률이 높을수록 심해진다. 따라서 바람길을 만들어 풍속을 높이고, 옥상 녹화 사업 등으로 콘크리트 피복률을 크게 낮춰야 열섬현상을 줄일 수 있다.

나. 여름에 집중되는 호우

우리나라는 아시아 몬순 기후로 가뭄과 홍수기의 강수량 차이(하상계수)가 무려 200~300배에 달한다. 이는 유럽 지역의 10~20배보다 20배나 큰 것으로 물 관리에 특별한 대책이 요구된다고 할 것이다.

우리나라는 기후 특성 때문에 여름철인 6월~9월 사이에 전체 강수량의 70%가 집중적으로 쏟아진다. 그리고 수자원 총량 중 27%만 용수로 이용될 뿐 42%는 증발 등에 의해 손실되고 31%는 홍수의 형태로 그냥 유실되고 있는 실정이다. 따라서 물그릇을 키워 바다로 유실되는 물 중 10%만 활용하더라도 우리나라 물 부족 걱정은 사라지게 된다.

홍수기에 물그릇 확보는 홍수 침수량을 저감시키고 홍수 발생 시기를 지연시킴으로써 홍수 피해를 저감 시키거나 억제할 수 있는 능력이 증대된다. 물그릇 확보 사업으로는 중소 규모의 다목적 댐 건설, 하천 준설, 보 설치 등이 있다. 그 외에 저류 시설, 빗물 저장시설, 지하 방수로, 슈퍼 제방 등도 최근에는 많이 활용되고 있다.

우리나라는 2015년 이후 현재까지 댐 유역에는 371개의 수문관측 시설이 설치, 운영되고 있다. 이를 통해 총 555개의 관측자료를 수집, 관리하고 있다. 특히 남북 접경지역(북한강. 평화의 댐, 임진강, 군남댐, 등)에 대하여 실시간 하천 수위 모니터링 및 자동 위기 경보시스템을 운영하고 있다.

이에 관련기관(한강 홍수통제소, 지자체, 군부대, 소방방재청, 수자원공사) 간 시스템 연결을 통해 재난 대응에 적극 활용하고 있다.

기상재해는 예고 없이 닥치기 마련이기 때문에 완벽한 예방 대책만이 재해를 최소화시킬 수 있다. 따라서 매년 되풀이되는 태풍, 홍수, 가뭄 등 기상재해에 대한 대책을 마련하여 농어민, 지역주민들이 큰 재해의 피해를 최소화하여 편안한 생활을 할 수 있도록 대책을 마련해야 할 것이다.

4. 북극권과 남극권의 지구온난화

2014년에 발표한 IPCC 제5차 평가보고서에 의하면 21세기 말, 전 지구 평균 기온은 온실가스 배출 정도에 따라 현재 대비 +1.9~5.2℃ 상승할 전망이라고 밝혔다. 그런데 기온상승 폭은 육지가 해양보다 크며, 특히 북극의 기온상승은 육지에 비해 2배 정도 클 것으로 전망된다고 밝혔다. 즉 21세기 말, 육지의 기온 상승(+2.5~6.9℃)은 해양의 기온상승(+1.6~4.3℃)보다 빠르고 크게 나타난다. 그리고 북극 지역의 기온상승(+6.1~13.1℃)은 육지의 2~2.5배, 해양의 3~4배 정도 크게 나타나고 있다.

권역별 기온상승은 온실가스를 가장 많이 배출하는 유럽, 동아시아, 북아메리카는 21세기 말 평균 기온이 현재 대비 +2.4~7.8℃ 상승하며 온실가스를 가장 적게 배출하는 아프리카와 호주, 남아메리카 지역은 +1.7~6.0℃ 정도의 기온상승이 전망된다고 발표하였다.

이같이 지구온난화의 정도도 지역 사정에 따라서 차별적인 현상이 나타나고 있다.

지구온난화의 직접적인 영향을 미치는 지역으로는 남극과 북극의 극지이다. 그렇지만, 해수면 상승의 위협을 받는 곳은 방글라데시 해안 저지대나 태평양 저지대 섬들뿐 아니라 해안지역에서의 쓰나미 현상으로 적도 부근지역도 많은 위협을 받고 있다.

IPCC 보고서에서는 북극의 온난화에 대한 많은 자료들을 제시하고 있다. 이들 지역의 극한 기후변화는 사실상 선진국의 온실가스 배출 때문에 이뤄지고 있다. 그렇지만 그 피해는 고스란히 이들 지역주민이 받고 있어 많은 사람은 기후변화의 불평등 문제가 제기하고 있다.

세계 인류는 대부분 복위권에 살고 있으며 양극 지역이나 적도 지역과 같은 극단 지역의 기후변화 지역에서는 극소수 인구만이 살아가고 있다. 그렇지만 지구생태계는 상호작용하면서 기후변화가 이뤄지기 때문에 극단적 기후변화 지역인 양극 지역이나 적도 지역과 같은 극단적인 기후변화 지역의 기후변화를 이해해야 정확한 기후 변화추세를 이해할 수 있다. 따라서 IPCC의 각종 보고서에서는 양극 지역과 적도 지역에 대한 기후변화 자료를 내놓고 있어 이를 제대로 파악해야 세계 기후변화를 이해할 수 있다.

가. 3개의 지역으로 구분되는 북극권

북극권은 대체로 3개 지역으로 구분된다. 즉 캐나다 북극 권역과 러시아 북극 권역, 그리고 유럽 북극 권역으로 나눌 수 있다.

캐나다 북극 권역과 러시아 북극 권역은 본격적인 해빙이 진행되고 있다. 그렇지만 유럽 북극 권역의 스칸디나비아와 아이슬란드 빙하는 오히려 빙하량이 증가하고 있어 상반된 모습을 보이고 있다.

이는 북극의 해빙에 따른 바다의 염도가 낮아짐에 따라서 대서양의 해류교류 현상이 중단되었기 때문이다. 즉 아프리카 지역의 난류를 북쪽으로 이동시키는 북극 컨베이어가 형성되어 지금까지의 기후변화가 조정되어 왔다. 그러나 북극의 해빙으로 바다의 염도가 크게 낮아져 북극 컨베이어시스템이 중단되면서 오히려 유럽 북극권은 냉각 조짐을 나타내고 있어 지구온난화와 정반대 모습을 보이고 있다.

나. 해빙의 속도

인공위성을 이용하여 모니터링을 해보면 해빙 범위는 10년 단위로 약 4%씩 감소했다. 그러나 최근 10년 동안에는 이의 2배에 이르는 8%의 해빙이 이뤄져 급진적으로 확산되고 있음을 알 수 있다.

빙하가 80%의 높은 알베도(albedo)를 가지고 있어 태양 에너지 복사율이 높게 나타나고 있다. 그런데 이런 빙하가 해빙되면서 빙하의 알베도도 사라지게 되면서 태양 복사율이 오히려 가속화되어 지구온난화는 더욱 심화시키는 추세를 보이고 있다.

해빙이란 기온이 약 1.5℃보다 높고, 파도와 바람이 얼음층을 파괴하지 않는 곳에서 형성된다. 해빙은 바람, 조류 및 파랑에 의해 수 킬로미터에 이르는 판들이나 유빙들로 쪼개질 수 있고 유빙은 작은 도랑이나 큰 폴리냐(큰 바다와 연결되어 개방된 곳)에 의해서 분리된다.

이런 해빙의 손실은 물개, 북극곰, 물고기 등이 서식지를 잃게 되지만 수온이 높아짐에 따라 대구와 청어 같은 난류성 어종은 오히려 늘어나고 있다.

북극에는 약 4백만 명의 인구가 살고 있다. 그런데 이누잇족과 같은 북극의 원주민 공동체 중 일부는 아직도 생존을 위한 사냥을 계속하고 있다. 하지만 기후변화는 그들의 사냥 수확이 크게 줄어들게 함으로써 어업이나 농업으로 전환하는 인구들이 크게 늘어나고 있다.

이제 시베리아에서 농사를 짓는다든지 고기를 잡아 생업에 영위하는 지역주민들을 흔히 볼 수 있다.

다. 툰드라 지역 영구동토층의 지구온난화

북극의 가장 추운 곳에서 나타나는 영구동토층은 그 두께가 수백 m에 달하고 있어 아직도 북극의 남쪽 가장자리에서는 수 미터 두께의 동토층이 여전히 존재한다. 영구동토 지대의 남부에서는 여름철에 지표면에서 약간의 해빙이 일어나는데, 그 깊이는 지면으로부터 약 1m 정도이다. 이같이 여름철에 해빙되는 층을 활동층이라고 부르지만, 그 아래 존재하는 영구동토층은 해를 거듭해도 얼어붙어 있으며, 곳곳에 수백만 년 동안 얼어붙어 있는 곳도 있어 아직까지 영구동토는 그대로 보전되고 있다.

　세계 육지의 20~25% 면적 아래에는 영구동토층이 아직도 존재하며, 캐나다와 러시아에서는 국토의 50% 이상의 지역에 영구동토층으로 되어 있다. 이런 나라들에서는 영구동토층이 토목 공사가 사실상 어려워 건물들이 제대로 건축할 수 없어 정상적인 농업 활동도 불가능하다.
　한편 기온이 1℃만 상승한다고 해도 캐나다 중부의 일부 지역에서는 해빙률이 3배나 증가하기 때문에 해빙이 점차 널리 확산 되고있는 추세이다.

　영구동토층이 해빙될 경우 유기탄소의 방출은 지구온난화를 더욱 가속화시키기 때문에 세계 각국들이 큰 관심을 갖고있다. 영구동토층의 토양은 일반적으로 덜 분해되고 비교적 잘 보존된 유기물인 나뭇잎, 나뭇가지, 뿌리 등과 같은 형태로 꽉 채워져 있다.
　이는 엄청난 양의 탄소 저장고가 땅속에 얼어붙어 불활성 상태로 유지되고 있기 때문에 해빙이 될 경우 많은 탄소 방출은 불가피할 것으로 보인다.
　만일 땅이 녹고 유기물이 부패하기 시작하면 여기에 유기물들이 이산화탄소 또는 메탄으로 방출될 경우 더 많은 영구동토층이 녹게 된다. 이는 많은 온실가스가 배출되어 이들이 지구온난화의 되먹임 순환을 통해서 지구온난화를 더욱 촉진시키는 역할을 담당하게 된다. 결국 이럴 경우 지구를 되살릴 수 있는 기회는 영원히 사라지게 될 것이다.

　북극에는 약 900기가톤(Gt)의 탄소가 함유 되어 있는 것으로 추정된다. 인간은 매년 화석연료와 삼림 벌채로 약 9기가톤(Gt)의 탄소를 방출하는데 만일 1년에 북극 영구동토층으로부터 탄소 1%가 방출된다면, 그 결과는 엄청난 지구온난화로 급진전될 것이다.

특히 메탄과 같은 온실가스 배출이 두 배가 될 것이라고 하며 메탄의 지구온난화 지수가 21이나 되니 상상을 초월하게 된다. 이에 많은 과학자들은 북극의 토양에서 탄소 방출을 측정하기 위해 모니터링 네트워크를 구축하고 이를 관심 있게 관찰하고 있다.

대부분 과학자들은 2100년까지 예상되는 영구동토층의 손실이 60%에서 90%에 이를 것으로 예측하고 있다. 이는 엄청난 지구온난화를 촉진 시키는 결과가 되기 때문에 이를 미연에 방지하지 않으면 지구생태계의 파괴는 급진적으로 이뤄질 수 있는 것이다.

라. 남극권의 지구온난화

남극 대륙은 95%를 넘는 지역이 평균 2,450m 두께의 얼음으로 덮여 있는 빙상이다. 얼음으로 덮여 있는 면적만으로도 1,205㎢나 되므로 가히 '얼음의 대륙'이라고 할 수 있다.

육지를 덮고 있는 이 거대한 얼음덩어리는 얼마든지 냉각될 수 있고 남극 대륙에서 관측된 최저 기온은 영하 80℃를 넘으며, 이런 저온은 거대한 빙괴를 만드는 원인이 되고 있다.

남극 빙상은 미국 면적의 두 배 이상에 달하며, 그 두께는 4km에 이르고 있어 남극 빙상이 녹을 경우, 전 세계 해수면은 65m까지 상승할 것이라는 전망도 나오고 있다.

기온이 몇도 상승해도 여전히 매우 춥기 때문에 빙상 표면은 녹지 않아서 체적이 줄어들지 않고 있다. 만약에 기온이 수십도 오른다면 거대한 용융이 일어나기 시작하여 남극권의 해빙이 본격적으로 이뤄지게 될 것이다.

지난 30년 동안 남극 대류권 기온측정 결과, 겨울철 기온이 0.5~0.7℃/10 yr 온난화 경향을 나타냈다. 남극 대륙의 서쪽에 있는 해양에서의 모니터링 결과는 1950년대 이래로 1℃의 온난화가 감지되었다.

가장 두드러진 영향은 남극 반도의 몇몇 빙붕이 붕괴되고 있는데 바다의 따뜻한 공기가 빙붕 표면을 녹여서 결국에는 붕괴에 이르렀다.

최근 항공사진과 위성영상을 이용한 연구 결과, 측정이 시작된 이래로 남극 반도 빙하의 거의 90%가 후퇴하고 있어 남극 반도를 덮고 있는 빙상의 표면이 녹고 있다는 것을 알 수 있다.

5. 적도 지역의 지구온난화

아프리카는 지구온난화에 가장 적게 기여한 대륙이지만 기후변화에 가장 취약한 대륙이나. 이는 아프리카 대륙에 사는 대부분 사람은 물이나 생태계와 같이 기후에 민감한 자원들에 의존하여 살고 있기 때문이다. 그런데도 불구하고 가난하기 때문에 이런 기후변화에 적응할 능력이 부족해서 기상재앙에 가장 많이 노출되고 있다.

아프리카 사람들의 생활은 물에 대한 의존성이 높다. 그들은 주로 농사를 짓거나 목축으로 생활을 영위하고 있으며 전력 생산도 대부분 수력 발전에 의존하고 있다. 특히 아프리카 대륙을 흐르는 대부분 하천은 나일강과 같이 여러 나라를 통과하여 흐르는 국제 하천이다. 때문에 이들의 물 부족 현상은 국가 간 분쟁으로 비화될 가능성이 높다.

아프리카 대륙의 대부분 지역에서는 이용 가능한 물의 양은 충분한데도 불구하고, 수요량이 공급량보다 훨씬 많다. 더욱이 빈곤 때문에 안전하고 신뢰할 수 있는 물을 확보하기 어려워 국제적인 지원이 요청되고 있다.

물 부족 이외에도 기후변화의 영향으로 아프리카 대륙에서는 앞으로 식량부족, 생물종의 다양성 훼손, 전염병 확산, 사막화, 해안 저지대 침수 등 기상이변에 따른 각종 재앙이 일상화 되고 있다. 따라서 지속적으로 국제적인 구호가 요청되는 지역이라고 할 수 있다.

가. 사바나 지역의 지구온난화

사바나 기후는 아프리카의 방대한 지역에서 나타나고 있다. 특히 적도 지역의 열대우림을 북쪽과 남쪽에 둘러싸고 있어 이들의 기후의 특징은 사바나 기후이다.

사바나 기후란 본질적으로 적도에 근접한 지점에서는 건기가 매우 짧고 적도로부터 위도가 높아짐에 따라 건기가 길어지는 특성을 갖고 있다. 그리고 상당히 기후변화가 극심하게 이뤄져 날씨를 알 수 없다는 특징을 갖고 있다.

대부분 사바나 지역에서는 2050년까지 약 1.5℃의 기온상승이 일어날 것으로 전망되고 적도에 가까운 사바나 지대 내에서는 강수량이 전반적으로 약 15% 증가할 것으로 보인다.

그렇지만, '아프리카의 뿔'이라고 불리는 아프리카 북동부와 같은 사바나 지대의 남부와 북부 변두리에서는 실제로 10% 정도 강수량이 감소할 수도 있어 물 부족 현상이 심각한 위기를 초래하게 될 것이다.

사하라 사막이 대서양보다 더 많이 가열되어 우기 동안 더 많은 수분을 바다에서 끌어들이게 되어 기후대 내에서 강수량의 변동 폭이 크게 나타나 가뭄과 홍수가 빈번하게 발생하게 된다.

특히 우기에도 25~50% 이상의 강수량이 감소할 것으로 예상되며 잦은 가뭄은 특히 사바나 생물군계의 최외곽 가장자리를 따라 사막화를 진전시켜 더욱 생태계가 생존하기 어려운 환경으로 변화되고 있다.

자급자족 농민들인 만큼 강우에 매달려 살아가야 하기 때문에 물 부족은 심각한 수준에 이르게 될 것이다. 이는 기후변화의 영향을 덜 받는 유목인들에게도 위험한 수준이 될 것이다.

2050년까지 약 25cm의 해수면 상승이 예측되므로 연안의 저지대에서는 연안 침식과 홍수가 빈발할 것이다.

그리고 아프리카 동해안의 산호초가 사라질 수도 있어 바다가 따뜻해짐에 따라 산호는 스트레스를 받고 황록공생조류는 사라지게 될 것이다. 이들은 색채와 먹이를 제공하는 조류이므로, 산호는 희게 변하거나 탈색되는 백화현상으로 죽게 된다.

아프리카인의 60%가 해안지역에 살고 있어 많은 기상재앙으로 심각한 위기에 직면하게 될 것이다. 더욱이 기후변화의 영향으로 배수가 되지 않아서 웅덩이에 많은 물이 고여 말라리아와 같은 진드기 매개 질병이나 설사와 같은 수인성 전염병이 많이 창궐하고 있다.

나. 남아메리카 아마존 분지의 지구온난화

열대우림으로 덮여 있는 남아메리카의 아마존 분지는 적도기후 지역에 위치하고 있다. 브라질을 중심으로 약 8,200,000㎢ 지역에 걸쳐 아마존강은 안데스 산맥의 고산지대에서 발원하여 아마존 분지를 거쳐 대서양으로 유입한다.

아마존강은 지구상 최대 담수 유출원으로서 전 세계 하천 유출량의 15~20%를 차지한다. 현재, 아마존 열대우림은 탄소흡수원(온실가스 흡수원)으로서 연간 세계 배출 이산화탄소 약 35%를 흡수하고, 세계 산소 약 20%를 생산한다.

아마존 열대우림은 지구상에서 가장 다양한 생물이 서식하는 곳으로서, 이곳에는 지구 전체 약 1,000만 종의 식물, 동물과 곤충 중에서 절반 이상이 살고 있다.

2050년까지 기온이 2~3℃ 상승한다면, 아마존 분지에서는 증발 산률이 증가하여 더욱 활발한 물순환이 일어날 것이다. 특히 태평양 지역에서도 해수 온도가 상승하면서 남미의 적도 일대 육지와 바다의 기온까지 상승하여 연쇄적으로 엘니뇨-남방 진동이 일어날 가능성이 높다.

엘니뇨가 나타나면 강수량 감소와 장기간의 가뭄이 나타나게 된다. 이러한 현상이 더 자주 반복하면서 우기에는 더 많은 폭우가 쏟아질 확률도 높아지기 때문에 가뭄과 폭우 등이 반복되는 극심한 기상이변이 일어나게 될 것이다.

현재 아마존 삼각주를 따라 해수면이 약 5mm/yr 상승하고 있다. 이에 따른 실질적으로 아마존 삼각주 저지대에서는 침식과 범람이 증가하여 해안 맹그로브 숲을 파괴할 수 있다. 이에 따라서 2080년까지는 식물 종의 40% 이상이 아마존 열대우림에서 생존할 수 없게 된다. 상록 열대우림으로 덮여 있는 넓은 지역이 혼합림과 사바나 초지로 바뀌게 될 것이다.

건기기 길이질수록 나무는 더 많이 말라 버릴 것이며 자연발생적인 산불이 증가할 가능성이 높다. 이는 또한 이산화탄소 배출도 증가하게 되는 지구온난화의 되먹임 현상이 일어나게 될 것이다.

이런 식물생태계가 변화하고 산불이 발생하여 산림이 축소되면서 2050년 이후에는 아마존 지역이 탄소흡수원이 아닌 이산화탄소의 공급원으로 탈바꿈하게 되면서 지구온난화를 가속화시킬 것이다.

그리고 안데스 산지의 빙하는 아마존강 상류 지역 수원의 50% 이상을 차지하고 있는데 지난 30년 동안 페루빙하는 20% 정도 줄어들었다. 2050년까지 페루에서는 해발고도 6,000m 이하의 모든 빙하가 소멸할 것으로 예측됨에 따라 아마존의 물순환에도 큰 영향이 미칠 것이다. 이는 지역주민들에게 심각한 물부족 현상을 안겨줘 살 수 없는 지역으로 변화하게 될 것이다.

다. 사라지는 열대우림

열대우림은 지구의 푸른 허파와도 같다. 즉 적도를 따라 거대한 숲 지대가 형성되어 있는 열대우림은 아주 따뜻한 기후를 필요로 한다. 가장 커다란 열대우림은 브라질의 아마존강 유역에 있다. 그리고 열대우림은 아프리카, 아시아, 심지어 오스트레일리아처럼 남쪽까지 넓게 퍼져있다.

열대우림은 수백만의 식물, 동물, 새와 곤충의 고향이다. 그러나 열대우림이 마구 벌채되어 없어지기 때문에 해마다 줄어들고 있다. 이곳에 사는 동식물 역시 갈수록 줄어들거나 몇몇 희귀종은 지구상에서 사라질 위기를 맞이하고 있다.

여기에는 몇 가지 이유가 있다. 다국적 기업들이 열대우림지역의 목재를 고급 가구로 만들어 팔고 있으며 경작지나 목초지를 확보하기 위하여 끊임없이 불태워 없애고 있다. 그리고 국토건설사업으로 개간이 이뤄지고 있다. 이런 이유로 현재, 매년 전 세계에서 152헥타르의 원시림이 죽어가고 있다. 이 넓이는 72,000개의 축구장 면적과 같다.

브라질에서 이 같은 추세로 나간다면 30년 내에는 아마존강 유역의 거대한 아름드리나무들이 더 이상 존재하지 않게 될 것이다. 그렇지만 탄소 배출권 거래에 대한 국제 체제는 아프리카에 어떤 기회를 가져다줄 것으로 예상된다. 아프리카가 전 세계 방출량의 20%를 차지하는 삼림 파괴도 탄소 배출권의 혜택으로 어느 정도 예방될 수 있을 거라는 기대감을 갖게 한다.

라. 방글라데시의 지구온난화

방글라데시는 열대 습윤 몬순 기후가 나타나는 지구온난화 지대 내에 있다. 유엔 인구추계에 따르면, 방글라데시 인구는 2008년에 1억 5천만 명을 초과하였으며, 인구밀도는 약 1,102명/km^2로 세계에서 높은 국가 중의 하나이다.

세계에서 가난한 국가 중 하나이면서 높은 인구와 인구밀도를 가진 방글라데시는 기후변화에 가장 취약한 국가 중에 하나라고 할 수 있다.

벵골만의 해수가 점점 따뜻해지면서 2050년까지 매년 강우량이 10~15% 증가할 것이며, 우기에는 강우빈도와 사이클론 강도도 높아질 것이다. 이에 하천 유출량이 20% 증가할 것이며 더욱이 브라마푸트라강, 메그나강 및 갠지스강의 수원인 히말라야 고산 빙하가 녹아내리기 때문에 일시적으로 많은 물이 크게 불어날 것이다.

이는 무수한 작은 하천으로 이어져 있는 해안선과 내륙지역을 따라 해수면이 크게 상승시키는 요인이 될 것이다.

2001년, 세계은행은 3mm/yr의 해수면 상승이 일어났음을 보고했으며 (세계 평균은 2mm/yr였음), 2050년까지 예방 조치가 취해지지 않는다면 해수면 상승은 1m가 될 것으로 예측했다.

만약 이 같은 추세라면 방글라데시 총 토지 면적의 15%가 해수면 가까이에 위치하기 때문에 염수에 침수될 것이다.

이는 1억 3천만~3천만 명의 사람들이 영구적으로 물에 잠겨 집을 떠나야 할 것이며, 논이 물에 잠겨 연간 쌀 수확량이 30% 이상 떨어질 수 있다. 이러한 대규모의 토지 손실은 인도 북동부 지역으로의 대량 이주로 이어질 가능성이 있으며, 내부 정치적 불안정성 이외에도 양국 간의 국제적 분쟁으로 비화될 가능성이 높다고 할 것이다.

6. 태평양 저지대 섬들의 지구온난화

지구온난화가 진전됨에 따라 저지대 섬들은 이미 해수면 변화의 영향을 겪고 있어 태평양에 있는 섬들과 같은 섬들은 공통적인 취약성을 지니고 있다.

이곳의 대부분 섬들은 해발고도가 낮고 해수면은 상승하고 있어 규모가 작은 섬들에 사는 사람들은 이동하거나 대피할 곳이 없는 실정이다.

열대성 폭풍이 불게 되면 해수면 상승을 증폭시키게 되어 더욱 큰 피해가 우려된다. 더욱이 급속한 도시화가 진전되고 있는 몇몇 섬에서는 인구가 증가하여 인구밀도가 높아 해수면 상승에 더욱 취약하다. 이곳의 섬들은 대부분 산호초로 이루어져 있거나 환초를 형성하고 있는데 해양 산성화의 영향으로 점차 퇴화하고 있다. 또한 해수면이 상승하게 됨에 따라 지하수가 염수화되어 식수원이 고갈되고 있으며, 바다와 관광 이외에는 이용 가능한 자원이 매우 한정적이다.

투발루는 해수면이 상승함에 따라 직접적으로 위협받는 이곳 섬 중 하나이다. 투발루는 오스트레일리아와 하와이 사이의 태평양에 있다. 11,000명의 인구가 9개의 섬에 분포하는데, 9개 섬 중 어느 것도 해발 9m 위에 있는 곳이 없다. 투발루가 대규모 관광에 너무 멀리 떨어져 있어서, 경제는 농업, 어업 및 외국 원조에 의존한다. 해수면이 1년에 1~2mm 상승하면 저지대에 있는 섬은 만조와 열대성 폭풍에 더 자주 범람한다. 다공질의 산호섬은 수위가 올라감에 따라 아래에서부터 물에 잠기고, 다공질 산호로 스며든 바닷물이 수많은 작은 샘을 땅 위로 솟아오른다. 이러한 염수는 산호섬에 사는 사람들의 중요한 식량작물인 구근작물이 재배되는 구덩이를 포함하여 농업지역에 해를 끼친다. 빈약한 해안관리와 건축용 자재 공급을 위해 해변을 파헤치는 환경 악화로 소중한 식물생태계가 사라지면서 거주할 수 없는 지역으로 변하게 될 것이다.

가. 탄소 중립을 외치는 수몰 국가들

지구온난화로 해수면이 상승하여 가난한 남태평양 도서국인 키리바시, 투발루, 몰디브 등은 수몰 위기에 직면해 있어 기후변화의 가장 큰 피해자들이다. 세계적으로 아름다운 여행지로 알려진 몰디브 섬이 이미 물에 잠겼으며 남태평양의 섬나라인 투발루도 역시 9개 섬 중 2개 섬이 바다에 잠겼다. 그래서 2002년부터 뉴질랜드로 순차적 이주를 진행해 오고 있다.

투발루의 인근 섬인 키리바시 공화국에 사는 사람들은 언제 바닷물이 섬을 집어삼킬지 몰라 머리맡에 구명조끼를 두고 잠을 자야 한다.

지상 최대의 휴양지인 몰디브, 해가 가장 먼저 뜨는 나라로 잘 알려진 키리바시 섬, 이를 포함한 44개의 섬나라가 수몰될 위기에 놓여 기후난민이 될 수밖에 없는 운명이다.

키리바시 공화국의 아노테 통 대통령은 '태평양 해양경관 관리협의회'를 결성하여 태평양 23개국 도서 국가들이 2050년 무렵 국가 전체가 바다에 가라앉을 위기에 놓인 자국의 상황을 세계에 알리고자 노력하고 있다. 또한 태평양 해양 환경 보호를 위한 국제적 기획을 추진하고 '존엄한 이주' 프로그램을 실행하며 자국민이 존엄성을 잃지 않고 이주하도록 돕는 정책도 펴고 있다.

키리바시의 아노테 통 대통령은 전 세계를 돌며 기후변화를 막기 위해 지금 당장 행동할 것을 촉구하고 있다. 즉 "우리는 살만하니까, 저 나라 사람들이 불쌍해서 도와준다고 생각하면 안 된다. 기후변화는 저들의 이야기가 아니라 지금, 우리들의 이야기이기도 하다. 기후변화로 인한 폭염, 한파의 영향이 우리 주변에 살고 있는 취약계층에는 생명과 직결되는 문제이고 우리 사회의 '에너지 빈곤' 문제에 관해서도 관심을 가져야 한다."고 주장한다. 그리고 "어디에서나 기후변화 이야기를 하고 있지만 행동은 하고 있지 않다.

기후변화를 중단시키기 위해서는 '석탄 사용량 줄이기, 탄광 확장 반대'하는데 왜 우리들은 이를 지켜내지 못하는가?"라는 구체적인 메시지를 우리에게 전달하고 있다.

이같이 해수면 상승은 위기에 처한 나라 입장에서는 국가 안보를 위협하는 중차대한 도전을 받고 있다.

나. 몰디브의 침몰과 인공섬 이야기

몰디브는 앞으로 50년 이내에 지상에서 사라지게 될 것이라고 대부분 전문가가 전망하고 있다. 1,200개가 섬들로 이뤄진 몰디브는 산호로 둘러싸인 아름다운 섬나라이다. 이 중에 189개 섬에서 사람들이 살고 있으며 인구는 55만 명이나 된다.

2004년 쓰나미가 몰디브의 수도인 말레 시내를 강타하여 3분의 2가 침수되었고, 100명 이상이 목숨을 잃었다. 그 이후 몰디브 정부는 기후 위기에 대한 섬의 복원력을 키우기 위해 인공섬 건설 등을 포함한 대대적인 투자를 국가의 가장 큰 현안 과제로 삼고 있다.

그 후 몰디브는 대대적인 인공섬 프로젝트를 추진하고 있으며 몰디브는 2020년대 중반까지 인구 55만 명 중 24만 명을 인공섬으로 이주할 것이라는 계획을 수립하고 있다. '희망의 도시'로 불리는 훌후말레는 수도 말레의 인구를 분산시키는 동시에 해수면 상승에 대비하고자 탄생한 인공섬이다.

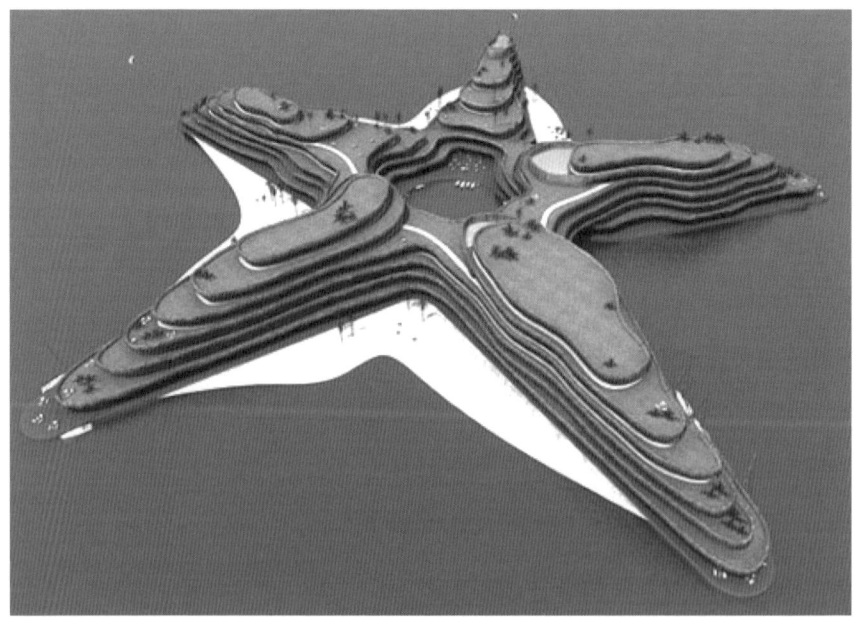

몰디브는 국제공항 주변의 산호 지대 위에 모래를 쌓아 해발 2m 높이의 인공섬을 만들기 시작했고, 그 위에 도시를 조성했다. 현재 이 섬은 4㎢ 이상으로 넓어져서 몰디브에서 네 번째로 큰 섬이 됐다. 이는 여의도(2.9㎢)의 1.4배에 이르는 크기다.

1997년 프로젝트가 시작된 이후 5년에 걸쳐 1차 매립이 이뤄졌고, 2년 뒤 1,000명의 주민이 처음으로 인공섬에 이주했다.

이어 2015년 추가 매립이 완료됐고, 현재는 섬 인구가 5만 명 이상으로 불어났다. 두 차례의 간척 사업과 도시 인프라 구축에만 2,160억 원(1억 9,200만 달러)이 투입됐다.

몰디브는 해수면 상승 등 기후변화에 대비하기 위해 국제공항 주변의 산호 지대 위에 모래를 쌓아 해발 2m 높이의 인공 섬을 만들고 도시를 조성했다. 현재 이 섬에는 5만여 명이 이주해 살고 있다.

지난 2021년 5월 18일, 아미나스 쇼나 몰디브 환경부 장관은 CNBC 방송에서 "2100년이 오기 전에 몰디브는 바다 밑으로 가라앉고, 국민은 사라질 위기에 처했다"며 "지구상에서 몰디브가 기후변화의 피해를 가장 많이 입고 있으며 점점 높아지고 있는 해수면을 더 이상 피할 곳이 없다"고 호소했다.

또한 그는 "몰디브는 이미 전 국토의 90%에서 조수 범람으로 인한 홍수 피해와 97%에서 해안 침식 피해 등을 겪고 있을 정도로 심각한 상황에 처해 있다"고 심각성을 전했다. 추가적인 인공섬 도시 계획이 마무리되면 24만 명이 이 섬으로 이주할 것으로 예상된다.

제4절.
기상이변에 따른 생활환경의 변화

    기후 재난을 생생하게 그려낸 영화 '투모로우'는 2004년에 개봉되었다. 대서양 해류교류 현상이 멈춰 기온이 급격히 떨어져 빙하기가 도래한다는 배경을 내용으로 하고 있다. 이는 영국 국립해양학연구소의 해리 브리든 박사 연구진은 미국 동부 플로리다에서 서아프리카까지 대서양의 해류를 관측한 결과 대서양의 멕시코 만류의 양이 지난 50년간 약 30% 감소한 충격적인 사실을 보고한 내용으로 영화화한 것이라고 한다.

    그로부터 20년이 지난 지금 기상재난은 해결 방안을 찾아내서 이를 해결해 나가기는커녕 아직까지도 겉돌고 있다. 지금이라도 '바다의 동맥'인 '열염 컨베이어 벨트'가 고장 나지 않도록 이산화탄소 배출 등을 줄이고 녹색 재생에너지를 개발하여 지구온난화가 심화 되는 것을 막아야 할 텐데 세계 인류는 아직까지도 먼 나라 이야기로만 들리는 모양이다.

    기상학자 잭홀 박사는 남극의 빙하 코어를 파내어 빙하의 성분 분석을 통해 과거의 기후를 알아내고 미래의 기후를 예측하는 연구를 진행 중이다. 잭홀 박사는 UN 대책 회의에 참가하여 지구온난화로 북극 빙하가 녹고 바닷물이 차가워지면서 해류의 흐름이 바뀌어 지구 전체에 빙하가 뒤덮이는 거대한 재앙이 올 것이라는 예견하고 이를 경고하였다.

하지만 그의 주장은 비웃음만 당하고 부통령은 교토의정서의 비용을 문제 삼아 홀 박사의 의견을 무시한다. 그렇지만 스코틀랜드 허드랜더 기상센터에서 해류에 관한 연구를 하는 테리 랩슨 교수는 그의 이론에 관심을 보인다.

한편 일본에서 거대한 우박으로 인해 엄청난 피해가 일어나는 등 지구 곳곳에서 잭홀 박사가 예견한 이상 기후 증상들이 나타난다.

헤드랜더 기상센터에서도 해류의 온도가 10도 이상 떨어지는 것을 관측하게 되고 지구 밖 우주센터에서도 슈퍼 태풍을 출현을 관찰하게 된다. 이제 빙하기의 징후들이 본격적으로 나타나기 시작한다.

홀 박사는 동료들과 함께 해류의 교류 모델 데이터를 통해 폭풍우가 지난 7일~10일 후에 빙하기가 시작한다는 결론에 이른다. 잭은 백악관에서 브리핑을 통해 지구 북부에 있는 사람들은 너무 늦었으므로 포기하고 우선 중부지역 사람들을 멕시코 국경 아래인 남쪽으로 이동시켜야 한다고 주장한다.

뉴욕이 빙하가 녹은 물에 잠기고 기온은 뚝 떨어지고 잭의 우려가 현실화 된다. 기온이 영하 65도까지 내려가고 고위도 지방부터 눈으로 덮이기 시작하면서 허드랜더 기상센터에서 끝까지 데이터를 관측하던 연구원들은 죽음을 맞이한다.

사람들은 살기 위해 남쪽으로 대이동을 벌이며 일대 혼란에 휩싸이게 되고 잭은 뉴욕에 있는 아들을 구하기 위해 위험을 무릅쓰고 뉴욕으로 향한다. 이 같은 영화 내용이 현실화될 가능성은 없는지 많은 사람들은 궁금해한다.

지구환경은 인간의 힘으로 도저히 감당할 수 없는 일이다. 따라서 어떤 조짐이 나타나면 다른 무엇보다도 먼저 해결해 나가야 될 것인데 아직도 세계 인류는 지구환경의 심각성에 대한 인식이 되어 있지 않다.

기온상승으로 북극의 빙하가 해빙되면서 해수면이 상승하고 바다의 염도가 낮아져 '바다의 동맥'인 '열염 컨베이어 벨트'가 고장이 난다면 앞으로 기후변화는 어떻게 극한 기상이변으로 치닫게 될지를 알 수 없다.

지구상의 기후조절역할을 담당하던 '열염 컨베이어 벨트'가 고장이 나면 결국 혹한과 폭염이 엇갈리는 현상이 일어나게 될 것이다. 그리고 이에 따른 극한 기상이변은 더 이상 지구에 생물체가 살 수 없는 곳으로 변하게 될 것이다. 이에 우린 지구환경을 되살릴 수 있는 특단의 조치들을 강구해 나가야 될텐데 아직도 먼 나라 이야기로 듣고 있으니 걱정이 되지 않을 수 없다.

1. 아프리카 주민들의 참혹한 기상재난

진 세계적으로 20억 명 이상의 사람들이 극한의 빈곤 상태에서 생활하고 있다. 사하라 남부 남아프리카 지역에만 2명 중 1명에 해당하는 3억 1천4백만 명의 사람들이 하루 1달러 미만으로 생활하고 있다. 아프리카인들의 3분의 1이 영양부족에 시달리고 있고 절반에도 못 미치는 사람들만 의료서비스를 받을 수 있고 3억 명 이상의 사람들이 안전한 물을 구할 수 없는 상황이다.

아프리카에서 전기의 혜택을 받는 가구는 4분의 1에도 못 미친다. 기후변화로 인해 이러한 빈곤과 취약함은 더욱 악화되고 있으며 특히 천연자원에 대한 의존 비중이 높은 국가들이 더욱 그러하다.

기후변화에 관한 정부간 패널(IPCC)에서는 "아프리카에서는 농업 생산물이 2050년까지 50%나 감소할 것이며 2억 5천만 명의 인구가 증가 되어 물 부족 스트레스에 노출될 것이다. 그리고 7천만 명의 사람들이 2080년까지 해수면이 상승함에 따라 해안 범람의 위험에 직면하게 될 것이다."라고 밝히고 있다.

사하라 전반에 가뭄과 폭염이 지속되면서 당장 마실 물이 문제다. 연일 50도가 넘는 날씨에 가축들은 하루에도 몇 마리씩 눈앞에서 쓰러져 죽어간다. 그렇지만 취수원인 사하라의 호수들이 사라져 달리 방도를 찾을 수가 없다.

가축들의 수난은 사하라 남부의 니제르에서도 계속된다. 니제르는 가축이 죽자, 곡물값이 폭등해 대부분 주민이 외부 원조가 없으면 굶거나 나뭇잎을 먹거나 풀죽을 쑤어 먹어야 한다. 그러다 보니 가장 약한 아이들부터 탈이 난다.

오늘도 니제르의 영유아 집중치료소에는 영양결핍과 풀 독성에 위장이 망가져 설사와 구토 증세를 보이는 뼈만 앙상해진 아이들의 행렬이 끊이지 않고 있다.

가. 탄소 배출량은 3%에 불과

아프리카는 기후변화로 큰 자연재해를 겪고 있다. 그렇지만 아프리카에서 배출되는 이산화탄소량은 전 세계의 단지 3%만 차지할 정도로 미미한 수준이다.

전 세계 인구의 단지 20%밖에 안 되는 선진국들이 선제 탄소 배출량의 60%를 차지하고 있다. 더욱이 아프리카 최대 산업국인 남아공은 아프리카의 전체 이산화탄소 배출량의 절반을 차지하고 있다. 이는 남아공의 에너지 부문이 주로 온실가스 배출을 주도하는 석탄이나 석유를 사용하고 있기 때문이다. 따라서 나머지 국가들은 대부분 온실가스 배출을 하지 않고 있다.

남아공은 신흥공업국가들 중 중국과 인도에 이어 세 번째로 많은 탄소를 배출하고 있다. 특히 남아공 기업인 SASOL의 세쿤다 공장의 경우 단일 공장 중에서는 세계에서 가장 많은 온실가스를 배출하는 것으로 알려져 있다.

한편 기후변화는 현재 물 부족에 직면하고 있는 일부 국가들에 있어서 물 부족을 더욱 악화시키고 있다. 동시에 현재 물 부족을 경험하고 있지 않은 일부 국가들도 물 부족 리스크에 노출될 가능성이 상당히 높아 기상재난에 대한 생명 위협을 받고 있는 실정이다.

나. 심각한 물 부족

아프리카 인구의 약 25%(대략 2억 명)가 현재 심각한 물 부족을 경험하고 있다. 2050년대까지 6억 명의 사람들이 물 부족으로 고통을 받게 될 것으로 전망하고 있다. 현지 조사에 의하면 사하라 남부 아프리카 국립공원의 포유류 종의 25%에서 40%가 사라질 위기이다.

아프리카의 도시들은 급격하게 늘어나 도시 거주 인구가 1950년에서 2000년 사이에 3천70만 명에서 3억 960만 명으로 10배가 증가하였다.

2025년까지 아프리카 대륙의 절반 이상의 인구가 중소 도시에 거주하게 될 것이다. 도시로의 이동은 대부분 생존을 위한 희망을 좇아서 이뤄지나 농촌지역에서 경험할 수 있는 기후변화의 영향이 증가함에 따라 이러한 경향은 확실히 더 커지고 있다.

도시지역의 빈곤층은 일반적으로 제대로 갖추어지지 않은 거주환경에서 생활하고 있다. 깨끗한 물, 적절한 주택시설 및 전기를 구하기 힘들어서 종종 환경적으로 가장 심하게 퇴락하고 불안한 지역에서 머물게 된다. 특히 빈번한 하천 범람, 질병의 확산에 시달리고 어떤 지역에서는 화재의 위험에 취약하게 노출되어 있다.

다. 농업 위기

많은 지역의 낙후된 생산성은 아프리카 노동력의 60% 이상을 차지하는 농업에 크게 관련이 있다. 기후의 다양성은 아프리카에서 매우 심하며, 아프리카의 농업은 아직도 압도적으로 천수에 의존하고 있어서 더욱 취약하다.

농경은 아프리카에서 경제활동의 약 60%를 차지하며, 어떤 국가들에서는 GDP의 50% 이상을 차지하는 가장 큰 단일 경제 활동이다. 기후변화는 다른 세계의 많은 지역들의 수준을 넘어 즉각적이며 직접적인 영향을 갖고 있다. 온도가 상승하면서 모기가 증가할 것이고 이에 따라서 말라리아도 번창하여 주민들을 괴롭힌다.

또한 해수면의 상승은 해안 연안 주민들이나 저지대 주민들에게 재해의 위험성을 더욱 높여준다. 홍수가 빈발하게 되고 침수 가능성도 높아진다. 현재 대부분이 비포장인 도로체계이기 때문에 홍수의 피해는 더욱 심하게 나타나고 있다.

2. 농수산물을 변화시키는 기후변화

지난 10년간 우리나라의 주요 농작물 재배면적 변화 추이를 살펴보면 기후변화에 따라 농수산물이 얼마나 변하고 있는지를 실감하지 않을 수 없다. 즉 제주 특산품이던 감귤이 전남 완도, 여수, 경남 거창으로 북상했고 한라봉도 서귀포에서 전남 보성, 담양, 순천, 나주로 재배면적이 내륙지방으로 확대되고 있다. 사과의 경우도 겨울철 기온이 상승하면서 주 재배지는 대구에서 예산으로, 안동 및 충주에서 강원도 평창, 정선, 영월로 북상했다.

해산물의 경우도 빠르게 변하고 있다. 명태가 사라진 동해바다에는 난류성 어종인 오징어가 대신하고 있다. 최근에는 희귀한 아열대성 생물들이 종종 출현하고 있으며 대표적 온수성 어종인 고등어와 멸치의 어획량도 증가하는 추세다.

이같이 한반도 연근해 어장에서는 해수온 변화로 살오징어, 멸치, 고등어, 참다랑어 등 난류성 어종은 생산이 증가하는 반면 명태, 도루묵, 참조기 등 냉수성 어종은 생산이 감소하거나 사라지고 있다.

이외에도 해수 온도변화로 인해 최근 맹독성 대형 해파리의 출현이 증가하여 어업과 해수욕장에 큰 피해를 입고 있다. 국내 연안 어장의 23%가 갯녹음 피해를 입고 있으며 양식생물의 생식 주기가 변동하는 등 어업 농가들은 큰 피해를 보고 있다.

가. 이상 기온 현상

매년 열렸던 제주 눈꽃 축제는 적은 강설량 탓에 이미 문을 닫았고, 1999년부터 매년 4월에 열리던 강원 원주의 치악산 복사꽃 축제는 복숭아나무가 줄고 개화 시기를 맞추기 힘들어 2008년을 끝으로 폐지됐다.

명태의 주산지로 알려진 강원 고성군은 '명태 없는 명태 축제'를 개최한 지 벌써 수년째이다. 강원도 지역의 빙어 축제는 안전을 보장할 만한 얼음 두께가 만들어지지 않아 폐지하였다. 반면 기후 온난화로 제주를 대표했던 유채꽃 축제는 전국 각지로 확산되고 있다.

최근 제주도 서귀포에서는 아열대 지방의 풍토병인 '뎅기열'을 전파시키는 '흰 줄 숲모기' 유충이 발견되었다. 뎅기열 바이러스를 가진 '흰 줄 숲모기'에 물리면 발열, 두통, 근육통이 나타나고 출혈과 순환장애 등 증상이 악화될 경우 사망에 이를 수 있다. 사실상 뎅기열은 지난 1991년부터 아시아태평양지역을 휩쓸어 35만 명의 환자를 발생시킨 무서운 전염병인 것이다.

한편 2018년 4월 8일, 경남 거창 일대에 눈이 내렸다. 따뜻해야 될 봄인데 새벽녘에 영하 7.5℃까지 기온이 내려가 눈까지 내린 것이다. 개화기에 접어든 과수원의 사과꽃은 90% 이상이 냉해 피해를 입어 사과 농사를 망쳤다. 사과꽃의 암술과 수술이 갈색으로 죽어있어 수정을 할 수 없는 상태를 바라보면서 망연자실하는 과수농가를 우리들은 지켜보아야 했다.

한편 양봉업자들은 2017년 겨울, 너무 추워서 기르던 꿀벌의 25%가 냉해로 얼어 죽었다. 이어서 2018년 5월에는 아침 최저 기온이 5도, 낮 최고기온이 31

도로 일교차가 20도를 넘나드는 이상기온이 지속되었다. 이 때문에 아카시아 꽃이 개화기에 들어서면서 피자마자 시들어 버렸다. 국내산 꿀 생산량의 70%를 차지하는 아카시아가 대부분 시들어비려 양봉업자들에겐 심각한 생계 위기에 직면하게 되었다.

나. 벌 떼의 습격

지난 2007년에는 서울지역에서만 2,846건에 불과했던 벌 떼 습격이 연평균 50%씩 증가해 최근 연간 5천 건을 넘어섰다. 아파트 발코니, 주택 처마 등 장소를 가리지 않고 벌집을 지어 그 피해가 속출하고 있다. 특히 벌집이 축구공보다 커지기 시작하는 7월부터 왕성하게 활동하고 10월까지는 소방서에 벌집 신고가 빗발친다.

주로 도심에 출몰하는 벌은 꿀벌이 아닌 말벌류다. 말벌은 여러 번에 걸쳐 침을 쏠 수 있으며, 독의 양이 꿀벌보다 30배에서 많게는 100배에 달한다. 맹독성이 강한 말벌의 독은 살못 쏘이면 구토, 설사, 근육통 심지어 쇼크로 사망하는 경우까지 이르게 되어 인간에게 치명적이다.

장마가 끝나고 이상고온으로 벌의 번식기가 왕성하게 이루어져 산란철이 한참 지났는데도 죽기는커녕 평소보다 7배나 늘어나고 있다. 동남아시아에서 서식하던 등검정말벌이 아열대성 기후로 변하기 시작한 부산에 급격히 증가하기 시작했다.

도심지의 풍부한 녹지도 도시 말벌 출현 원인 중 하나로 추정된다. 실제로 공원과 산을 끼고 있는 도심 지역일수록 높은 출동 빈도수를 나타낸다. 청량음료, 아이스크림 등 인간의 음식도 말벌에게 훌륭한 먹이로 말벌의 도시 서식을 유리하게 하고 있다.

한편 요즈음 우리 주위에서 '중국 매미'라 불리는 '꽃매미'가 대규모로 출현하여 많은 사람들을 놀라게 하고 있다. 2006년 국내 피해가 처음 보고된 이후, 중국 원산지 꽃매미는 해마다 그 수가 폭발적으로 늘어 2010년에는 2009년보다 30배 이상 증가하였다. 이렇게 늘어나는 꽃매미는 산림을 제외하고도 전국적으로 3천여 ha의 포도밭에 피해를 입혀 전국에 꽃매미 발생 주의보가 내려졌다.

다. 벌 떼 폐사 장애(CCD)

양봉협회 집계에 의하면 국내 벌꿀 생산량은 2010년대 들어 꾸준히 2만 4천t 안팎을 오갔으나 2016년 이후 1만 4천t으로 급락하였다. 그리고 2018년도에는 냉해로 예년에 비해서 10분의 1 수준으로 감소할 것으로 전망하고 있다. 그래서 과수농가나 양봉 농가들은 기상이변에 직접적인 피해자로서 앞으로 얼마나 많은 피해를 가져올지 걱정하지 않을 수 없다.

2006년 11월, 미국에서는 '벌 떼 폐사 장애(CCD)'란 새로운 현상으로 벌의 4분의 1이 멸종되었다고 발표하였다. 멸종원인을 찾고자 꿀벌들의 게놈을 분석

한 결과 이들이 체내에 침투한 독성을 배출하거나 많은 면역성 질환을 이겨내는 유전자를 상실했기 때문이라고 한다. 이에 반해 과실 파리나 모기는 독성물질을 이겨내는 게놈을 2배나 많이 갖고 있어 앞으로 과수농가들에게는 큰 위험이 직면하게 될 것이라고 한다.

미국 농무부에 따르면 인간의 먹거리 가운데 3분의 1은 곤충이 수분을 매개하는 작물이고 이중 꿀벌은 수분의 80%를 담당하고 있다고 밝혔다. 결국 꿀벌이 없으면 열매를 맺지 못하는 충매화의 경우 멸종위기에 직면하게 될 것이라니 지구생태계의 멸종을 우려하지 않을 수 없다. 이같이 지구촌은 기후변화에 따른 기상이변뿐 아니라 독성물질에 의한 생물체의 멸종까지 겹쳐 지구생태계는 위기에 직면하고 있다.

라. 외래 5종의 기습

우리나라 생태계는 외래 5종으로부터 기습을 당하고 있는 실정이어서 큰 혼란을 겪고 있다. 뉴트리아, 큰 입 배스, 블루길, 황소개구리, 붉은 귀 거북이 등은 퇴치해야 할 외래종인 것이다.

우리나라 창녕 우포늪에는 생태계의 박물관처럼 많은 종류의 생물 어종들이 살아가고 있다. 이곳에 뉴트리아라는 무법자가 나타나 생태계를 교란 시키고 농작물을 해치고 있다.

뉴트리아는 본래 모피 동물인 밍크보다도 더 좋고 고기 감으로도 뛰어나다고 해서 남미로부터 수입하여 사육 농가들이 늘어갔다. 그러나 기대했던 것과 다르게 상업적 효용이 떨어져 뉴트리아 사육 농가들은 도산하게 되었고, 이들을 자연 생태계로 무단 방류한 결과 창녕 숲의 무법자로 군림하면서 생태계를 교란 시키고 있다.

단백질 공급용으로 일본이나 미국에서 도입한 큰입배스나 블루길도 그대로 방치되어 생태계의 절반이나 차지하는 교란을 일으키고 있다. 그동안 황소개구리와 붉은 귀 거북이가 생태계를 교란시켜 많은 어려움을 겪었는데 퇴치 외래종들이 5가지로 늘어났다.

이같이 우리나라도 기온이 상승함에 따라서 생태계가 큰 변화를 일으키고 있다. 지금까지 우리 국토를 지켜왔던 생물체들이 외래종에 의해서 점령당하는 것부터 기온상승으로 이상 산란 현상이 발생하여 생물 숫자가 많이 늘어나 부작용을 일으키고 있다.

여하튼 우리 땅에 살아가는 생태계를 주의 깊게 살펴서 보전시켜 나가는 것은 우리들의 중요한 의무이며 과제라고 할 것이다. 우리 생태계에 대한 보다 깊이 있는 조사, 연구가 뒷받침되고 여기에서 문제점이 발견되면 대책을 마련, 시행할 수 있는 행정 체세가 구축되어야 힐 것이다.

지역주민들의 일상에서 가장 큰 영향이 미치는 것은 생태계의 변화인 점을 감안하여 지방정부에서는 각별히 관심을 두고 대안을 마련해 나가야 할 것이다.

마. 구제역에 의한 살처분

2010년 구제역 발생 이후 2018년까지 8차례의 구제역으로 38만 마리의 소와 돼지가, 7차례의 조류인플루엔자로 6,900만 마리의 닭과 오리가 살처분되었다.

2019년에는 아프리카돼지열병으로 살처분된 돼지 47만 마리까지 더하면 지난 10년간 7,000만 마리의 생명을 가축 전염병 예방이라는 목적으로 생매장된 것이다. 이러한 살처분에는 농가 보상비용 외에도 살처분하고 가축의 사체와 오염물을 소각·매몰하는 등에 엄청난 세금이 쓰인다.

2010년 이후 10년간 가축 전염병으로 인한 살처분 비용에 든 세금이 4조 원에 육박한다. 게다가 가축 전염병 발생지역의 소독과 매립지 관리 등에도 예산이 필요해 살처구제역 주요 증상 분을 책임지고 있는 기초지자체의 파산이 걱정될 지경이다.

대부분의 매몰지가 3년이 지나도 여전히 악취를 내뿜고 있고 돼지 뼈와 곰팡이가 가득한 매몰지에서는 농사를 시작하여 농작물이 자라고 있다.
2010년부터 가축 전염병으로 조성된 매몰지가 4,000~5,000곳에 이르고 이 중 2,304곳은 매몰지 관리지침에 따라 관리 대상에서 해제됐다.
한 축협에서 일하던 직원은 살처분 트라우마로 인해 자살하는 사건이 벌어졌다. 갓 태어난 어린 가축을 포함한 소, 돼지를 산 채로 구덩이에 파묻어 죽여야 했던 그는 극심한 정신적 충격을 받았다.
이젠 '닭 공장'과 같은 비위생적이고 동물복지를 고려하지 않는 현재의 축산방식에서 벗어나 동물복지 농장을 지원하고 사육 제한 직불제 등에 살처분 비용을 쓰는 것이 가축 전염병 예방과 축산 농가 지원에 더 효과적이라고 여겨진다.
이 같은 환경재앙은 지구환경의 역습으로 바이러스의 변이가 극성을 부리고 있으면서 모든 생물체가 환경오염에 따른 면역력이 저하되었기 때문이다. 결국 21세기 지구환경 시대에 환경문제를 극복하지 않으면 지구생태계는 멸종위기에서 벗어날 수 없다.

3. 해수면 상승에 따른 빛과 그림자

전 세계 인구의 41%는 해안가에 살고 있고, 인구 1천만 이상의 대도시 3분의 2가 바다와 인접한 저지대에 자리 잡고 있다. 해수면이 상승하면 이런 저지대 도시들은 각종 재해에 시달리게 되고 결국에는 바닷물에 침수당하게 된다.

해수면 상승은 남극과 그린란드의 빙하가 녹아서 바다로 흘러 들어가기 때문에 발생한다. 북극해의 빙하는 얼음이 바다에 떠 있으므로 녹아도 해수면 상승에 큰 영향을 미치지 않는다. 그렇지만 육상 빙하가 녹으면 해수면 상승에 직접 영향을 준다.

기후에 관한 정부 간 패널(IPCC) 4차 보고서는 2090년까지 30~60cm가량 해수면이 상승할 것으로 예측했다. 이 수치는 지구 전체를 대상으로 산출한 평균치이기 때문에 다양한 지형학적인 특성을 고려하면 해수면이 몇 미터 넘게 상승하는 곳도 나올 수 있다.

뉴욕 타임스지에 따르면 전 세계 인구의 절반가량은 현재 해안가에서 100km 이내에 거주하고 있고, 10%는 해안선 10km 이내에 살고 있다. 인도는 육지의 10%기 해수면보다 낮아 수천만 명이 이동해야 할 가능성이 있고 더욱이 방글라데시는 기후난민 유입에 대비해 국경 지대에 4,100km에 달하는 철조망을 설치했다.

한편 언제나 1km 두께의 얼음에 덮여 있던 북극 항로가 열리며 가열된 주변국들의 자원 경쟁은 온난화가 일으킨 새로운 갈등 양상이라고 할 것이다.

우리나라에서도 목포의 경우 해안가 방조제 건설 등으로 1960년 이후 해수면이 약 60cm가량 상승했으며, 밀물에는 침수되는 저지대가 속출하고 있는 실정이다. 해안 도시들이 물에 잠기게 되면 그 피해는 엄청날 수밖에 없다. 따라서 많은 나라에서는 해수면 상승 속도를 정확하게 예측하기 위해 많은 노력을 기울이고 있으나 사실상 불가능하다.

여하튼 해수면 상승에 대비하여 각종 쓰나미와 저지대 침수 등을 대비하여 나가야 할 것이다.

가. 북극 빙하의 해빙

요즈음 한 해 동안에 남극과 그린란드의 빙봉이 100만 제곱마일(천억 톤)이나 사라지고 있다. 이는 알래스카, 텍사스, 워싱턴의 면적을 합한 규모라고 하니 얼마나 어마어마한지 알 수 있다. 이미 그린란드의 빙 봉은 4분의 1이 사라졌고 앞으로 몇 년 후에는 그린란드의 빙봉은 볼 수 없고 푸른 북극 바다로 변해 있을 것이라고 한다.

한편 툰드라 지방의 땅을 1m만 파보면 아직도 얼음으로 쌓인 영구동토가 남아 있다. 그런데 이 영구동토가 급속하게 녹아 많은 물이 생겨나서 폭포와 호수가 만들어지고 있다.

툰드라의 생태계를 연구하는 캠벨 박사는 "어느 날 갑자기 늘어난 물이 남김없이 사라질 수도 있다. 얼어있던 툰드라의 땅속마저 녹아서 물이 생기고 고여 있던 물이 다 빠져나가면 툰드라는 사막이 된다."고 했다.

툰드라가 사막으로 변한다면 이끼를 먹고 사는 순록이나 사향수는 더 이상 살 수 없게 될 것이다. 결국 영구동토의 땅 툰드라는 모든 생물체가 살 수 없는 죽음의 땅으로 변해가고 있다고 할 수 있다.

나. 히말라야의 해빙

세계에서 가장 높은 히말라야에는 7,600m의 높이에 30개 봉우리가 두꺼운 빙하로 둘러싸여 있다. 히말라야의 빙하는 갠지스강, 인더스강, 메콩강, 양쯔강, 브라마푸트라강, 황하의 수원이 되고 있으며 이들 강은 20억 인구에 식수를 공급해 주고 있다.

히말라야산맥은 서쪽의 아프가니스탄에서 동쪽의 중국과 미얀마까지 4,000km에 이르고 있다. 약 15,000개의 빙하는 3만 3천 평방킬로미터의 면적을 뒤덮고 있으며 부탄, 네팔, 파키스탄, 중국과 인도의 일부 강 유역을 합한 면적에 해당된다.

이런 거대한 히말라야산맥의 빙하가 녹으면서 주변 주민들은 홍수와 물 부족이라는 2가지 자연 재앙에 시달리고 있다.

빙하가 녹으면서 빙하호의 물이 엄청나게 빠른 속도로 불어나고 있다. 네팔의 임자쇼호는 44m, 쇼롤파호의 경우에는 66m나 물이 불어나 비가 올 경우 홍수 피해에서 벗어날 수 없다.

네팔과 부탄의 44개 빙하호는 제방이 무너질 위험에 처해 있으며 수백만 인구가 홍수로부터 위협을 받고 있다. 더욱이 산 아래 거주하는 주민들은 산악 쓰나미로 수백만 인구가 목숨이 위태롭게 살아가고 있다.

히말라야 산봉우리의 해빙과 같이 세계 곳곳에 있는 높은 산봉우리에 있는 빙하가 해빙되고 있다. 이로 인하여 주변 생태계에 심각한 위기에 직면해 있으며 이는 결국에 지구생태계를 멸종을 가속화 시키는 요인이 될 것이다.

4. 우려되는 취약계층의 삶과 기후난민

우리들은 기후변화라면 야위어가는 흰 북극곰, 녹아내리는 빙하, 가라앉는 아름다운 섬을 연상한다. 그렇지만 선진국 사람들은 에어컨이 나오는 곳에서 풍족하게 살아가기 때문에 기후변화란 먼 나라 사람들의 이야기처럼 들린다.

여름철 땡볕에서도 일해야 하는 건실노동자들, 열섬효과로 잠을 못 이루는 저소득층, 거리에서의 노숙자 등 가난한 사람들에겐 기후변화를 온몸으로 느끼면서 고통스럽게 생활하고 있다. 이같이 기후변화란 가상의 이야기가 아니고 먼 나라만이 처해 있는 현실도 아니다.

사실 선진국들의 산업화로 배출한 탄소를 작은 도서국가들이 묵묵히 떠안고 살기 위한 몸부림을 치는 광경을 우리들은 지켜보고 있다.

　전 세계 국가들이 이를 지원하고 응원해서 새로운 삶의 터전을 일구어 나갈 수 있도록 이들을 도와주어야 한다. 그리고 지난날 많은 화석연료를 사용하여 탄소를 배출했던 것에 대해 반성하고 진정으로 기후난민들을 보호하자는 캠페인을 벌여 나가야 할 것이다.

　2009년 12월, 덴마크 코펜하겐에서 열린 제15차 기후변화 정상회의에서는 오는 2050년 기후변화에 따른 자연재해로 최대 10억 명의 난민이 발생할 것이라는 전망이 나왔다.
　전 세계 인구 중 28억 명은 기후변화가 초래한 홍수, 폭풍우, 가뭄 등에 노출된 지역에 살고 있으며 2020년에는 최대 2억 명 이상이 물 부족에 시달리게 될 것이라고 한다.
　이런 기후변화는 거의 모든 나라에 영향을 미치고 있지만 기후변화 위기에 가장 신음하고 있는 나라들은 인도양과 태평양의 수많은 섬나라다.
　섬나라와 저지대 국가들이 주로 기후변화로 인한 수몰이나 침수를 걱정해야 한다. 그리고 대부분의 아프리카 국가들은 극심한 물 부족 위기에 직면해 있다.

저지대 침수는 삶의 터전을 잃게 되어 다른 곳으로 이민을 가지 않으면 안 된다. 그리고 물 없이는 생존할 수 없으므로 물 부족도 역시 난민 형태로 마실 물을 찾아 다른 지역으로 옮겨 다닐 수밖에 없다.

가. 엄청나게 늘어나는 기후난민

소말리아의 기후난민들이 강을 건너 케냐로 이동하고 있는 것과 같은 현상이 앞으로 더욱 심하게 나타날 것이다.

대표적인 기후 위기 국가인 투발루는 기후변화 정상회의에서 '투발루 의정서'를 발표하였다. '지구 평균 기온상승 폭을 2도에서 1.5도로 제한해야 하며 선진국들이 개도국들을 위해 제정한 온실가스 배출 감축 법안들을 빨리 실행에 옮겨야 한다'고 주장하고 나서 세계 각국의 관심을 모았다.

기후변화로 인한 자연재해 난민들은 국제법상 아직 공식적인 인정을 받지 못하고 있다. 국제적으로 아직은 기후변화 난민들에 대한 논의 자체가 금지되고 있는 실정이다.

실제로 유엔난민기구(UNHCR)에서도 종교적, 정치적 이유로 국외로 도망을 가거나 국가에서 전쟁이 발생해 어쩔 수 없이 도망가는 사람들만을 난민으로 취급하고 있다.

기후난민들은 각국에서 엄청나게 발생 되지만 이들은 법적으로도 경제적으로도 보호받지 못한 채 위기 상황을 겪고있는 것이다. 그렇지만 앞으로 점점 늘어나는 기후난민을 보호하기 위한 대책이 마련되어 이들에게도 삶의 터전을 마련해 주어야 한다.

이런 기후변화에 공동으로 대응해야 할 선진국들이 온실가스 배출 감축 등에 대해 자국의 상업적 이익 때문에 소극적인 자세를 보이고 있다.

사실 선진국들은 기후변화의 원인을 제공해 놓고 환경재앙으로 각종 고통을 받는 국가들에 대한 배려가 너무나 없다는 비난을 받지 않을 수 없다. 따라서 기후변화는 지구적인 공동문제로 인식하고 이로 인하여 각종 고통을 받는 많은 인류를 구제해 줄 책임을 전 세계 각국이 부담해야 되는 일이다.

나. 난민이 인정되지 않는 수몰 국가들

남서태평양 솔로몬제도와 뉴질랜드 사이에 있는 작은 섬나라, 바누아투 사람들은 지구에서 가장 행복한 사람이라고 한다.

러시아 문학가 막심 고리키는 "손안에 놓인 행복은 언제나 작아 보이지만 손에서 일단 놓쳤을 때는 그 행복이 얼마나 크고 값진 것이었는지 깨닫게 된다."고 하였다. 아마 이들은 바로 손안의 작은 행복에 만족하고 이것이 크고 값진 것이라는 사실을 깨닫고 살아가는 사람들이다.

그런데 매년 해수면이 3mm씩 상승하고 있고 이는 매년 더 빠른 속도로 상승하고 있다. 더욱이 해수면이 상승하면서 홍수, 태풍, 쓰나미 등의 재해는 매년 크게 늘어나고 있다.

이들은 오염물질을 거의 배출하지 않고 순박하게 살아왔다. 그런데 선진국들이 많은 오염물질을 방출한 것이 원인이 되어 섬 전체가 침몰할 위기에 처했다.

국제법상에서도 오염물질은 원인 제공자가 책임을 지게 되어 있다. 그렇다면 당연히 많은 화석연료를 사용하고 있는 선진국들이 이에 대한 책임을 져야 마땅한 일이다. 그런데 세계 최대의 경제 대국인 미국이 저개발국가들이 참여하지 않는 온실가스 감축은 효과를 거둘 수 없다고 참여하기를 거부해 왔다.

더욱이 전 트럼프 미국 대통령은 새로운 기후 체제에서도 화석연료 중심의 에너지 정책을 추진하기 위해서 파리협정의 탈퇴를 주장하고 있으니 국제적인 비난을 모면할 수 없다.

이같이 화석연료를 많이 사용한 선진국들이 자국민 보호와 국익만 부르짖고 있으니 '2050 탄소중립'을 성공적으로 추진될 수 없는 노릇이다.

난파선이 지구를 다함께 구출하겠다는 다짐으로 화석연료를 많이 사용한 국가들이 앞서 그 책임을 통감하고 다함께 기후 위기를 극복해 나갈 수 있는 방안을 마련해야만 할 것이다.

5. 중국발 환경위기 우려

세계적인 환경연구소로 알려진 월드워치(World Watch)에서는 매년 지구환경보고서를 내놓고 있다. 최근 보고서에서는 "지구환경이 전쟁 상황이나 다름이 없다." 세계 경제는 지구온난화로 인하여 에너지, 원자재난을 겪게 되었으며 경기침체에도 불구하고 물가가 치솟는 스태그플레이션 현상을 보이고 있다.

이런 가운데에서도 북극의 빙하는 거의 사라지고 해수면은 상승하고 있어 집중호우, 집중 한파, 대풍, 대지진 등으로 지구의 재앙을 만들어내고 있다. 이같이 세계 경제는 심각한 경기침체 현상과 기후 위기를 겪고 있으며 이런 지구온난화는 세계 인류의 서민 생활은 더욱 힘들게 하고 있다고 설명하고 있다. 특히 1990년 중반부터 지금까지 중국발 환경위기는 세계 인류에게 환경문제가 생명을 위협하고 있다는 사실을 확인시켜 주는 계기가 되고 있다.

중국 내륙에서 사육되는 3억 마리의 양과 염소들이 목초를 닥치는 대로 먹어 치우며 사막화를 앞당기고 있다. 이에 따른 중국의 황사현상은 주변 국가인 한국만의 문제가 아니라 이미 미국 서부에까지 영향을 미치고 있어 전 세계적인 핵심이슈가 되고 있다. 그런데도 불구하고 중국경제는 매년 고도성장만을 고집하고 있어 만일 2030년, 1인당 국민소득이 지금 미국 수준으로 도달한다면 중국에 4명당 3명꼴로 자가용을 갖게 된다.

이렇게 되면 모두 11억 대의 자동차가 굴러다니게 되고 이는 곧 매일 9,800만 배럴의 석유가 필요하게 되어 현재 전 세계 석유 사용량 8,500만 배럴보다 많은 양이 된다.

물의 소비량도 현재 사용량의 2배로 늘어나게 되는데 중국 북쪽 지방에서는 이미 물 부족 현상이 일어나 300m가 넘는 지하에서 펌프로 물을 끌어 올려 식수로 사용하고 있다. 더욱이 종이 사용량도 2030년이 되면 현재 전 세계 소비량의 두 배가 되어 산림 벌목이 불가피하게 되어 지구온난화를 가중시키게 될 것이란다. 이같이 중국경제의 고도성장은 세계 경제의 블랙홀로서 경기침체의 원인이 되는 것은 물론 환경오염을 급진전시킬 가능성이 높아 우려하지 않을 수 없다.

지금 시장에서 거래되고 있는 각종 제품의 가격에는 대기오염, 산성비, 지구온난화에 대한 비용이 반영되어 있지 않고 있다. 만일 이런 간접비용이 제대로 반영된다면 중국과 같이 고도성장을 고집할 수 없게 만들어야 기존의 소비문화가 환경 중심의 소비문화로 패턴이 전환될 것이다. 그래서 일부 환경단체에서는 휘발유 가격이 지금의 5배를 올려야 된다는 주장까지 나오고 있다. 여하튼 지구온난화를 극복하기 위해서는 화석연료 시대를 빨리 마무리 짓고 새로운 청정에너지 시대를 열어나가야 한다.

가. 심각한 대기오염

2013년 12월에 대규모 스모그가 중국 동부를 또다시 뒤덮어 비상이 걸렸다. 대기권 미세먼지 농도는 국제 기준의 24배일 정도로 심각한데, 이 스모그가 주요 도시를 비롯한 동부 지역 전역을 1주일 넘게 덮었다. 그리고 호흡기질환도 점점 늘어나서 중국인들도 점차 대기오염에 공포를 느끼고 공기청정기를 마구 사재기하고 있다. 이에 중국 정부가 본격적으로 대기오염에 대한 규제 방안을 마련하는 등 비상이 걸렸다.

2014년 2월에 또다시 중국 전역의 15%를 덮는 스모그가 일어나서 비상이 걸렸다. 이런 와중에 중국 공군 장성 출신은 "미국의 레이저 무기는 스모그를 통과하지 못한다. 스모그야말로 최고의 레이저 방어막이다"라는 망언을 해서 중국 내에서 논란이 일었다.

2015년 2월에는 "중국의 극심한 대기오염으로 인한 사망자가 흡연으로 인한 사망자보다 더 많다"라는 연구 결과가 나왔다.

2016년 중국발 스모그와 그로 인한 미세먼지가 한반도는 물론, 일본과 심지어 미국까지 날아가 대기 환경에 악영향을 끼치고 있다. 한편 NASA가 2005년부터 2014년 사이에 관측한 대기오염 지표를 발표했다. 환경 규제가 점점 강화되는 세계적인 추세와는 달리, 중국은 거의 모든 지역에서 오염물질 배출이 크게 증가했다. 예외가 되는 지역으로 베이징, 상하이 등의 대도시가 있지만, 나머지 지역들의 큰 증가에 비하면 미미한 수준이다.

중국 정부가 2020년까지 파리 기후변화협정 발효에 맞춰 탄소배출을 18%까지 감축하기로 했고 환경보호부가 스모그의 원인을 헤이룽장성으로 지목하여 헤이룽장성에서 거센 반발이 이어지기도 했다.

나. 심각한 수질 오염

해외로도 널리 알려져서 내셔널 지오그래픽은 2008년 5월의 특집 기사로 '오염된 수질'이라는 중국의 극심한 수질 오염 실태를 보도했다. 그 이후 중국은 환경에 관한 관심이 높아지고 있다. 환경오염이 심한 지방에서 주민들이 시위를 벌이거나 지방정부를 상대로 소송을 벌이는 일이 일어나고 있다.

중국 도시들의 하천들은 상당수가 공해산업으로 인한 오폐수와 나날이 늘어나 생활 하수의 오염이 심각한 상황이다. 황허강의 경우, 2004년 기준으로 본류의 38.7%, 지류의 54.4%의 수질이 5급수였다. 온갖 쓰레기가 수면을 뒤덮고, 물고기는 물론 더러운 물에서도 살 수 있는 3~4급수 생명체들조차 생존하지 못할 정도로 오염이 심각했다.

중국 정부가 1980년대와 1990년대에는 경제개발이 우선이니 오폐수 무단방류를 불법화하기는 했지만, 지방정부에서 대부분 단속을 하지 않았다. 더욱이 오염업체들은 각종 정화 장치나 시설에 드는 비용 때문에 가공 과정에서 발생하는 각종 유독 물질을 모르게 주변에 방출하곤 했다.

황허강은 본래 흙탕물이라 식수로는 절대 사용되지 못하고 농업용수로 사용되었다. 게다가 중국에 있는 거의 모든 물이 석회수라서 굉장히 치명적이다. 이 때문에 물을 최내한 적게 사용해야 하므로 중국 요리는 만두 같은 찜 요리나 고추잡채 같은 볶음 요리들이 발달했다.

대한민국이 화강암 지형이라 물이 대부분 깨끗하게 정화되어 수질이 좋은 것과 대조된다.

다. 심각한 물부족국가

중국 인구가 14억 명으로 매우 많은데, 기후와 지형은 지역마다 천차만별이라 지역별 물 부족 문제가 심각하다. 그리고 세계에서 가장 많은 이산화탄소를 배출하고 있는 나라로 세계 전체의 4분의 1을 차지하고 있으면서 탄소배출 증가세는 여전히 유지하고 있다.

급격한 온난화는 중국에서 심각하게 나타나고 있으며 중국 서부의(특히 히말라야 같은 지대의) 빙하가 급격하게 녹아내리고 있다. 중국 서부 식수원의 대부분 이 빙하로부터 물을 공급받는데, 빙하가 녹아내림으로써 당장은 많은 양의 물이 공급 되지만 다시 얼지는 않고 있으므로, 지속적으로 중국 서부 전체가 메말라가고 있다.

중국 인구의 대부분 살고있는 동부의 강들도 모두 메말라가기 시작했다. 공급되는 양을 훨씬 넘는 양의 물이 매일 소모되고 있기 때문이다.

도시에서는 강이 그 바닥을 드러낼 정도로 어마어마한 양의 물이 소비되고 있어 강줄기들은 지난 반세기 동안 대규모 공사와 댐 건설 등으로 인해 엉망진창으로 변해가고 있다.

급증하는 물 수요로 인해 황하의 많은 강줄기는 황해까지 온전히 흐르지 못한 채 끊어져 있다. 그러기 때문에 물은 부족분을 지하수로 충당해 왔으나 이제는 지하수들마저 점점 고갈되어 가고 있다.

현재 중국에 있는 대도시 660개 중에서 400곳 이상이 심각한 물 부족 현상을 겪고 있으며, 조만간 배급제로 전환한다고 한다. 게다가 지하수의 오염도 심각한데, 2016년 중국 정부의 조사에 의하면 중국 내 지하수의 47.3%가 5급수, 32.9%가 4급수 수질인 것으로 조사되었다. 더욱이 이런 통계도 중국의 치부를 드러내는 통계인 만큼 조작되었을 가능성이 높다고 보아야 한다는 것이다.

6. 푸른 북극에서의 새로운 경제권 부상

북극권에는 기온상승으로 눈과 얼음이 90% 정도로 녹아서 푸른 북극으로 변했다. 이런 푸른 북극에는 막대한 자원 보고이면서 북극 항로가 개설되면 미래의 신천지가 될 것이라는 부푼 기대를 갖고 있다. 이에 세계 각국은 푸른 북극 경제권에 참여하기 위한 치열한 경쟁을 벌이고 있다.

우리나라에서도 지난 2021년 11월, 해양수산부는 중장기 북극 활동 방향을 정립하고 북극 활동 역량을 강화하기 위한 '2050 북극 활동 전략'을 수립, 발표하였다. 이에 따라서 북극 신사업에 본격적으로 추진해 나갈 만반의 준비 체제를 갖추고 있다.

사실 향후 10년 후 동남아의 20억 명 인구가 저소득층에서 중산층으로 이동할 것이라는 전망이다. 이를 바탕으로 우리나라는 북극해로의 주요한 교통 요지로서의 역할을 담당해 나갈 수 있게 될 것으로 기대된다. 즉 북극이 가지고 있는 풍부한 자원, 인프라, 해상운송 등을 기반으로 우리나라의 조선업, IT 인프라 구축에 대한 경험을 살려 새로운 잠재성을 살려 푸른 북극 경제의 주도권을 차지할 수 있게 될 것이라는 부푼 기대감을 갖게 한다.

세계경제포럼(WEF)에서는 2018년에 전 세계 200여 개국을 대상으로 북극권 신사업에 대한 주요 협력 아젠다와 경쟁력을 평가한 보고서를 내놓았다. 여기에서 우리나라가 세계에서 가장 잠재력이 큰 국가로 선정되었으며 북극 신산업 진출을 위한 비즈니스 모델 수립 및 자원, 북극권과 공동연구 및 기술협력 추진, 북극 동향 지속 파악, 점진적 R&D 추진 등을 내용으로 하는 중장기 전략을 마련할 것을 주문하고 있다.

사실상 북극은 남극과 달리 단일의 통일된 국제조약이 없다. 그래서 바다의 헌법이라 불리는 UN 해양법협약의 그대로 적용을 받고 있다. 즉 북극점 주변의 일부 지역을 제외하고는 총면적의 약 82%가 연안국의 영해 및 배타적 경제수역으로 인정되고 있어 먼저 차지하는 곳이 임자라고 할 수 있는 곳이다.

북극에는 전 세계 미발굴 에너지 자원의 25%(석유 900억 배럴 즉 세계 13%, 천연가스 1,670T cf 즉 세계 30%) 가 매장되어 있을 것으로 추정된다(2008. USGS). 그리고 스발바르 군도를 포함하는 북극해 연안 지역에는 구리, 철, 아연 등이 있고, 그린란드 희토류, 아연, 동, 몰리브덴, 백금, 금, 니켈, 지르코늄, 우라늄 등 4차산업에 요구되는 자원 소재가 풍부하게 매장되어 있어 선진국 간에 치열한 경쟁이 예상된다.

〈가스 부피 단위는 Tcf(Trillion cubic feet), Bcf(Billion cubic feet), MMcf(Million cubic feet), Mcf(Thousand cubic feet), Tcm(Trillion cubic meter), Bcm(Billion cubic meter), MMcm(Million cubic meter) 등이 있다. Tcf는 조 평방 피드임〉.

가. 북극 항로 개설

북극권을 통과하는 항로는 크게 북동항로(NEP), 북서항로(NWP), 북극 통과 항로 등 세 가지로 나뉜다.

한국에서 동해를 지나 일본 홋카이도와 러시아 사할린 사이 해협을 거쳐 북극해 입구 베링해협까지는 모든 항로가 공통이다. 이후 북동항로는 베링해협에서 서진해 러시아 시베리아 연안 북극해와 노르웨이 북쪽을 지나 서유럽까지 이어진다. 반면 북서항로는 베링해협에서 동진해 캐나다 북쪽 북극해를 지나 미국 동부의 대서양으로 향한다. 문제는 북동항로와 북서항로 모두 크고 작은 섬과 얕고 좁은 해협이 산재해 있어 안전이 늘 위협받을 수밖에 없다는 위험성을 안고 있다.

북동항로는 최저 수심 6.7m에 폭 60㎞인 드미트리랍테프 해협 등을 지나야 하고 북서항로도 캐나다 북부에서 최저 수심 13.3m에 길이 161㎞, 폭 32~64 ㎞의 좁고 얕은 해협을 통과해야 한다. 이에 비해 북극을 곧장 통과하는 항로는 좁은 해협을 지날 필요 없이 북극의 넓은 바다로 항해할 수 있다는 게 장점이다. 이런 북극 항로는 한국과 일본, 중국, 대만 등 동아시아와 유럽을 잇는 최단 뱃길이란 점에서 더욱 주목을 모으고 있다.

수에즈 운하를 지나는 기존 항로에 비해서도 거리가 9,000㎞ 이상 짧기 때문에 물류비용이 20~40% 줄일 수 있어 한국 등 수출을 많이 하는 국가에 유리한 항로다.

요즈음 러시아가 우크라이나 전쟁을 일으키게 된 원인도 이런 북극 항로에 연유되어 있다고 할 수 있다. 즉 러시아와 발트해를 공유해온 핀란드가 북대서양조약기구(NATO)에 전격 가입하고 스웨덴도 가입이 확실시되면서 발트해 대부분이 사실상 나토 관할 영역이 되면서 러시아는 제해권을 상실할 위기에 직면했다.

최근 크림반도와 우크라이나 남부를 잇는 다리가 우크라이나의 미사일 공격으로 잇따라 파손되면서 러시아군의 보급로가 끊길 위험이 커진 것은 물론 부동항의 안전도 보장할 수 없게 되면서 우크라이나 전쟁에서 유리한 고지를 선점하겠다는 전략을 갖고 있다. 그래서 러시아는 2021년부터 서태평양 지역에서 중국과의 연합훈련을 강화해 왔다.

나. 자원개발 가능성

지구온난화로 북극 지방의 해빙이 크게 줄면서 북극 항로 개설과 자원개발 가능성이 커진 것도 러시아가 북극에 관심을 쏟게 된 배경이라고 할 수 있다. 이에 러시아는 북극해의 상당 부분을 배타적 경제수역(EEZ)으로 선포하고 북극해 연안의 시베리아 지역에 군대도 집중 배치하고 나섰다.

세계 각국이 신 물류 항로로 각광받는 북극 항로의 개척, 에너지·자원 개발 등 새로운 경제적 이익을 창출할 기회를 제공받을 수 있다. 이를 위해서 연안국과의 협력관계 구축이 무엇보다 중요하며 이를 기반으로 우리에게 필요한 비즈니스 모델을 발굴하고 추진해 나가는 전략적 접근이 중요시되고 있다.

지난 2014년에 북극 경제이사회(AEC)는 설립되어 해운, 통신, IT, 항공 등 분야별 인프라 구축, 석유, 가스, 재생에너지 등 에너지 자원 개발, 광물자원 개발, 관광, 수산 등을 주요 비즈니스 영역으로 선정하고 작업반을 운영하고 있다. 북극 경제이사회는 북극권 기업뿐만 아니라 비 북극권 기업들도 참여가 가능하므로 우리나라 기업들은 북극 경제이사회에 참여를 통해 북극이 제공하는 비즈니스 기회를 모색할 필요가 있다.

미국, 러시아를 비롯한 북극권 국가뿐만 아니라 중국, 일본 등 세계 각국은 북극에 대한 영향력 확보와 해빙 가속화 등을 선제적으로 대응하기 위한 과학 연구 투자를 확대하고 있다.

미국은 21년 신 북극 탐사 프로젝트에 480억 원, 중국은 극지·우주·심해 등 7대 분야 R&D 투자 연 7% 이상 확대, 일본은 북극 대형 융복합 연구 450억 원 투자계획을 발표하였다.

다. 우리나라의 북극 진출

우리나라도 1999년 최초의 북극 탐사를 시작으로 다산 북극 과학기지(02년)와 극지연구소(04년)를 설립하고 쇄빙연구선 '아라온호'를 투입(09년)하는 등 연구인프라를 기반으로 북극 연구에 동참하고 있다. 그리고 2013년에는 북극이사회의 정식 옵서버로 가입하여, 북극권 파트너 국가로 발돋움하였으며 2015년에는 북극 해빙이 우리나라를 비롯한 동아시아 지역의 한파와 폭설의 주요 원인이라는 점을 세계 최초로 규명하는 등 세계 수준의 연구 성과도 거두고 있다.

먼저, 2026년까지 2,774억 원을 투입하여 건조할 차세대 쇄빙연구선, 큐브 위성과 고위도 관측센터 등을 활용하여 북극권 종합 관측망과 극지 데이터 댐을 구축할 계획이다. 이를 통해 북극 기후 위기에 대응하기 위한 국제적인 공동연구를 주도하고, 북극의 환경변화가 초래하는 국내의 한파, 집중호우 등 이상 기후를 예측할 수 있는 능력을 2035년까지 선진국 수준으로 높일 계획이다.

이어서 북극권 관문 국가인 러시아, 노르웨이, 덴마크, 미국, 캐나다, 아이슬란드, 스웨덴, 핀란드 8개국과 각종 협력사업에 대한 새로운 프로젝트를 발굴하고 추진해 나간다는 계획이다.

북극권 국가를 포함한 북극 거버넌스 주체와 형성한 신뢰를 바탕으로 북극 항로, 친환경 에너지, 친환경 선박, 지속 가능한 수산업, 극지 바이오 등 북극 활동 선도 국가에 걸맞은 책임 있는 자세로 연안국 등과 함께 북극의 지속 가능한 발전에 동참할 계획이다. 이를 위해 먼저, 북극 항로 활성화에 대비하여 북극권 국가와 힘께 안전 선박 운항을 위한 지능형 북극해 해상교통정보서비스(북극해 e-Nav)와 북극 대기오염 방지를 위한 친환경 (수소·메탄올·암모니아) 추진 선박 운항 기술을 개발할 계획이다.

이에 러시아의 북극 수소 클러스터, LNG 등 친환경 에너지 관련 프로젝트에 국내 기업이 다양한 방식으로 참여할 수 있도록 지원할 예정이다. 향후 북극해 공해에서 비규제어업 방지 노력에 동참하고, 수산자원 조사 등 책임 있는 조업국으로 의무를 다할 계획이며 아울러, 극한 환경에 적응한 북극의 생명 자원을 활용한 의약 소재 개발 등 극지 바이오, 해저케이블 등 다양한 분야에서 북극권과의 협력을 확대한다는 계획이다.

우리나라는 한·중·일 3국 중 최초로 2014년 제1차 '북극 진흥 기본계획', 2018~2022년 제2차 기본계획을 선언하면서 북극 진출 계획을 수립했다. 그리고 2018년 12월 부산에서 개최된 '북극 주간'에서 해양수산부는 '2050 극지 비전 선언'을 발표했다.

문재인 정부의 신북방정책 차원에서 2017년 9월 블라디보스토크 '동방경제 포럼'에서 발표된 나인 브릿지(북극 항로, 항만, 전력, 조선, 가스 등) 정책과 후속 조치로서 '북방경제 협력위원회'가 설립됐다. 그렇지만 러시아 북극 지역에서 자원개발 상류 부문에서 협력 실적은 한 건도 없으며, 석유와 가스를 러시아로부터 수입하는 하류 부문에서만 협력이 이루어지고 있을 뿐이다.

하지만 그야말로 LNG 프로젝트에서 대우해양조선이 15척의 LNG선을 전량 수주한 것은 고무적이다. 2024년 완료될 기단반도 북극 LNG-2 프로젝트에 필요한 14척의 운송 선박 수주(44억 5,000만 달러) 경쟁에서 대우해양조선(현대중공업과 합병 예정)은 내 빙 LNG선 건조 경험, 적기 공급, 기술적 우위 등을 바탕으로 직극적으로 참여할 계획이다.

7. 기대되는 21세기 신 농업혁명

21세기 기후변화는 물 부족, 식량부족, 석유 고갈, 환경오염 등 우리에게 많은 과제를 남겨놓고 있다. 결국 인류는 이런 과제를 해결하지 않고는 생존하여 나갈 수 없다. 따라서 이를 해결해 나가는 기후산업이 앞으로 주목을 받게 될 것이라고 한다.

기후산업은 토지를 이용하는 농업이 핵심 주체가 되기 때문에 이를 신 농업산업이라고도 한다. 즉 염분에 강한 작물을 개발하여 앞으로 보편화될 것으로 예상되는 해수 농업은 물 부족과 식량부족을 해결해 낼 것이다.

미세 해조류인 엘지(algae)를 배양하는 앨지 산업은 제3세대 바이오 에너지를 대량 생산하여 석유 고갈 문제를 해결해 낼 것이다. 그리고 세포공학 기술을 이용하여 쇠고기의 세포를 육류로 배양한 뒤 가공 처리하여 육류를 원하는 크기나 모양으로 배양하는 배양육 산업은 축산업의 환경오염을 감축시켜 나갈 수 있게 될 것이다.

이밖에 IT를 활용한 무인 해충 예찰 시스템은 덫에 걸린 해충의 이미지를 분석해 해충의 종류와 발생 시기, 밀도를 파악해 방제 적기를 휴대전화 문자메시지로 전송해 주게 될 것이다.

생명공학(BT)은 신품종 개발, 기능성 물질 생산, 동물 복제, 생물농약 개발 등으로 활용되어 인체 질병 치료용 동물 개발이 가능하게 될 것이다.

국내에서는 장기를 인체에 이식해도 거부반응이 없는 미니 돼지가 개발 중이다. 신소재 기술은 농기계나 유리온실의 경량화에 쓰이고 있고 환경 기술은 농업의 환경오염을 최소화하고, 에너지 기술은 에너지 절약형 농업을 발전시키고 있다.

이제 농업은 첨단과하이 집약돼 있는 신업으로 믹을거리를 생산만 하던 시대는 흘러갔다. 더 많이, 더 맛있게, 더 안전하게 생산하는 것은 기본으로 화석연료를 바이오 에너지로 대체하고, 빌딩형 작물생산 공장 시스템이 개발돼 도심에서도 식물을 길러낸다. 또한 누에고치로 인공 고막과 뼈를 만들고, 사람에게 장기를 공급하기 위한 맞춤형 동물도 생산된다.

첫째, 물 부족과 식량부족을 해결해 줄 해수 농업

인간을 포함한 아주 많은 생명체는 비, 강, 호수, 샘, 냇물들로부터의 담수를 통해 자라나는 작물들에 의존한다. 특히 인간이 가장 많이 소비하는 다섯 가지 작물인 밀, 옥수수, 쌀, 감자 그리고 대두는 모두 소금을 견뎌내지 못하는 작물들이다.

유엔 식량농업기구는 향후 30년 동안 열대와 아열대 지방의 증가하는 인구를 부양하기 위해 약 2억ha(약 4억 9,420만 에이커)의 새로운 경작지가 필요할 것으로 전망하고 있다.

그렇지만 해수에 내성이 강한 작물을 바닷물로 농사를 지을 수 있다면 이를 해결할 수 있을 것이다. 이런 해수 농업은 2020년부터 시작되어 2050년에는 바닷물로 농사를 짓는 일이 보편화될 전망이다.

해수 농업이란 소금에 내성이 있는 작물들을 바다에서 끌어온 물을 통해 경작하는 것으로 사막 환경의 모래가 많은 토양에서는 작물 재배가 가능하게 된다.

지구상의 97%의 물은 바다에 존재하기 때문에 해수를 사용할 수 있다면 물 부족 문제는 자연히 해결된다. 그리고 식량부족 문제도 지구 지면의 약 43%는 건조하거나 반건조한 땅으로 이루어져 있기 때문에 이를 해수 농업으로 농사를 짓는다면 충분한 식량이 확보될 것이다.

둘째, 석유 고갈 문제를 해결해 나갈 앨지(algae) 산업

세계 각국은 석유 고갈에 대비하여 대체에너지 개발이 경쟁적으로 활발하게 이뤄지고 있다. 태양에너지, 풍력발전, 조력발전 등 신재생에너지가 주목받고 있지만 석유 고갈을 대체할 만큼의 대량생산이 불가능하고 생산비용도 많이 들어 한계에 부딪치고 있다. 그렇지만 식물을 이용하는 바이오 연료 시장이 이에 대한 대안으로 제시되고 있다.

세계 바이오 연료 시장은 현재 1세대인 곡물 계에서 2세대인 목질계로 전화 중이다. 그렇지만 바다의 미세조류계(algae)를 이용하는 3세대 바이오 에너지가 본격화된다면 대량생산이 가능해져 석유의 대체에너지로서 역할을 담당하게 될 것이다. 이는 곡물 연료보다 단위 면적당 300배 더 많은 연료생산이 가능하며 수확 기간도 10일 이내로 단축되어 무한한 가능성을 보여주고 있다. 따라서 해조류를 이용한 앨지 산업은 석유 고갈을 해결해 줄 대체에너지로 주목을 받게 되어 향후 세계 경제를 지배하게 될 것이다. 우리나라는 삼면이 바다로 둘러싸여 앨지(algae) 산업의 최적지로 알려졌다.

셋째, 무공해 식품을 양산할 수 있는 식물공장

식물공장은 일정한 시설 내에서 빛, 온도, 습도, 이산화탄소 농도, 배양액 등의 환경조건을 인공적으로 제어해 계절이나 장소와 관계없이 자동으로 식물을 연속생산하는 시스템이다.

식물공장은 파종에서부터 포장에 이르기까지 전 공정을 자동화해 최적의 생산 환경을 조성하기 때문에 농산물의 품질이 우수하다. 병해충을 원천적으로 차단하므로 화학농약을 사용할 필요가 없어 친환경 안전 농산물을 생산할 수 있다.

대도시 등 소비시장과 인접한 위치에 자리 잡게 되면 수송 거리가 짧아져 유통비용을 절감할 수 있고 신선도 유지도 쉬워진다. 소비시장의 변화에 민첩하게 대응할 수 있다. 더욱이 시장 상황에 따라 상대적으로 유리한 품목으로 생산을 변경하거나 출하 시기와 양을 조절하기가 쉽다.

최근 주목받는 빌딩형 식물공장(수직농장)은 프랑스, 미국, 덴마크, 캐나다 등 농업 선진국에서도 주목받고 있다. 특히 일본은 이미 전국에 50여 개의 식물공장을 만들었으며, 3년 이내에 150개로 늘릴 계획이다.

우리나라도 농업진흥청에서 현재 식물공장 시스템의 시험장을 운영하고 있으며, 일부 농가와 현장에 기술 보급을 추진하고 있다.

넷째, 장기이식용 돼지 양육

우리나라는 1만 8,000명 정도의 장기이식을 기다리는 환자가 있지만 실제로 다른 사람의 장기를 이식받는 경우는 10%에 불과하다. 그렇지만 장기이식용 복제 무균돼지 '지노'가 태어났기 때문에 이를 해결해 나갈 수 있게 될 것이다.

미국에 이어 세계에서 두 번째로 개발한 지노는 장기가 손상된 인간에게 대체 장기를 제공할 수 있는 미니 돼지다. 이종(異種) 간 장기이식을 할 때 나타나는 초급성거부반응 유전자가 제거되어 면역거부반응을 최소화할 수 있게 되었다. 국내 연구진은 우선 당뇨병 치료를 위한 췌장 이식에 이어 심장, 신장, 폐 등에 대한 이종 간 이식이 가능해질 것으로 전망하고 있다.

다섯째, 가축 이용 바이오신약 생산

서울대 한재용 교수팀은 세계 최초로 질병 저항성 닭을 개발하였다. 이는 유전자 혼재 기술을 이용한 것으로 앞으로 고성장, 기능성 물질 함유, 난치병 치료 생리 활성물질 생산, 첨단의료연구용 모델 동물 등 다양한 형질전환 동물의 대량생산이 가능해진다.

최근 농촌진흥청은 인체 생리활성화 기능을 가진 단백질을 다량 함유한 달걀을 생산하는 닭 개발에 성공했다. 현재 국내 제약업체들은 복제돼지 젖을 통해 빈혈치료제(EPO)를 대량 추출하는 연구를 하고 있다.

빈혈치료제(EPO)는 사람의 신장에서 주로 생성되는 물질로 적혈구 생성을 돕기 때문에 빈혈치료제로 각광받고 있다. 그렇지만 추출량이 적어 1g에 60만 달러에 달할 만큼 값이 비싸다. 빈혈치료제(EPO) 대량 추출 연구가 성공할 경우 이론적으로 수유기의 돼지 한 마리에서 1kg의 빈혈치료제(EPO)를 생산할 수 있게 돼 말 그대로 '황금돼지'가 탄생하는 셈이다.

여섯째, 비타민A가 대량으로 함유된 황금 쌀

유전자 분리의 신기술을 통해 성인병에 탁월한 각종 비타민, 지방산, 폴리페놀 등 기능성 성분이 다량 함유된 쌀, 콩, 배추, 고추, 들깨 등을 생산할 수 있는 시대가 됐다. 이는 평소 식생활만으로도 각종 질병을 예방하거나 치료제까지 식품으로 먹을 수 있도록 하는 분자 농업(molecular farming) 시대가 이미 도래했다.

첨단 생명공학 기술을 이용한 신물질, 신소재 가운데 최근 가장 눈에 띄는 것은 야맹증 등을 예방하는 비타민A를 만들어내는 황금 쌀이다. 2000년 비타민A 전구체(선행 물질)인 베타카로틴을 생성하는 황금 쌀이 처음 개발됐다.

어린이 두뇌 발달을 촉진하는 오메가3 지방산을 만들어내는 콩도 개발되고 고등어 같은 등 푸른 생선류에서 주로 얻어지는 DHA, EPA 등의 오메가3 지방산도 개발되어 성인들의 심장질환과 성장기 어린이의 두뇌 발달에 좋은 영향을 미칠 것이다.

> **생각해 봅시다**
> ## 그리스 신화에서의 프로메테우스 전설
>
> 그리스 신화에는 프로메테우스 전설이 전해져 내려온다. 프로메테우스는 불이란 본래 신만이 가질 수 있는 것이었는데 이를 어기고 사람에게 불을 넘겨줘 무서운 형벌이 내려졌다.
>
> 카우소스 산위에 있는 큰 바위에 쇠사슬로 묶인 채 제우스가 보낸 독수리가 그의 생간을 파먹게 했다. 파먹은 간은 금방 다시 생겨나서 독수리는 또다시 쪼아 먹게 하는 엄청난 형벌을 겪으면서 프로메테우스는 그 대가를 치렀다.
>
> 인류가 원래 다른 동물과 마찬가지로 어두운 동굴에서 똑같은 생활을 하였다. 그런데 불을 이용하면서 곧 만물의 영장이 될 수 있는 기반이 마련된 셈이다. 불이 없는 세상에서도 낮과 같이 활동할 수 있었기 때문에 다른 동물들을 압도할 수 있었다. 더욱이 불을 이용하여 각종

금속을 녹여 얼마든지 유용한 도구를 만들게 되면서 인류는 만물의 영장이 될 수 있는 기반을 마련, 지구환경을 마구 짓밟아 자신의 편리할 수 있는 생활영역으로 만들어 나갔다.

이에 지구생태계에 다른 생물체들은 위축되고 서식지를 잃게 되면서 인수 감염병이 창궐하는 생태계의 보복이 이뤄지고 있다고 한다.

결자해지(結者解之) 차원에서 세계 인류가 그 책임을 지고 지구환경을 되돌려 놓아야 한다. 그래야 후손들이 안심하고 살 수 있는 삶의 터전을 물려줄 수 있는 것이다.

폭염, 산불, 폭우, 태풍, 지진 등 기상이변은 인간의 잘못된 행동 때문이다. 이는 인간의 원죄에 해당되는 것이며 당연히 고해성사를 해야 된다고 프란치스코 교황께서 말씀하셨다. 그렇지만 화석연료를 사용하는 것을 죄로 여기는 사람들은 거의 없다.

산업혁명 이후 화석연료를 사용하기 시작하였고 석유로 자동차를 운행할 수 있게 되었고 많은 석탄을 캐내어 전력을 생산하면서 가전제품들을 만들었다. 그리고 석유화학제품으로 편리한 용품들이 우리들의 생활을 풍요하게 만들었다.

이런 경제적 기반 위에서 대량생산 - 대량소비 - 대량 폐기라는 시장 경제체제가 뒷받침되면서 많은 폐기물이 쏟아져 나오면서 지구를 온통 쓰레기 더미로 변했다.

이것이 화석연료에 기반을 자본주의 체제의 모습이다. 이를 무탄소 청정에너지로 전환시켜 나가는 일은 불을 사용한 세계 인류의 형벌일 수 있다는 생각이 든다.

제2장

지구온난화

탄소 덩어리인 화석연료의 사용을 중단해야 난파선이 된 지구로부터 우린 벗어날 수 있다.

그렇지만 화석연료 없이는 하루 한시도 살 수 없는 우리에게 화석연료 사용을 중단하라는 것은 엄청난 시련이고 모험일 수밖에 없다.

화석연료로 인한 지구온난화는 해수 온난화, 해양 산성화, 산호초 백화현상, 토양 소실 등으로 육지와 해양의 탄소 흡수력이 크게 약화 시키고 있다. 그래서 기후 위기를 더욱 가속해 세계 인류의 생명을 위협하고 있다. 우린 무엇을 어떻게 해야 할 것인가?

80%의 인구를 가진 개도국들은 20%의 탄소배출을 하면서 80%의 기상재앙을 겪고 있는 기후 불평등 문제를 해결하지 않으면 세계 인류는 다함께 지구 살리기에 참여할 수 없다.

그래서 우린 '나만 먼저 가던 세상'에서 '다함께 같이 가는 세상'을 만들어 나가야 한다.

다함께 손잡고 같이 가는 세상이란 나눔과 협력을 생활화하는 공생 발전 사회이다. 이는 지금까지 세계 인류가 살아보지 못한 새로운 세상이라고 할 수 있다.

제1절.
지나친 화석연료의 사용

세계 각국은 새로운 기후 체제가 출범함에 따라서 온실가스 감축을 위한 방안을 마련하고 이를 추진해 나가고 있다. 이 중에 가장 먼저 해야 할 일은 화석연료의 사용을 중단하거나 감축하는 일이다. 그렇지만 우리들은 지금까지 화석연료를 기반으로 모든 일상생활을 하고 있다.

지금 당장 화석연료 사용을 중단하거나 감축한다면 우리들의 일상생활은 더는 지탱해 나갈 수 없게 되는 큰 고통을 받아야 한다. 그래서 일상생활에 지장을 적게 받으면서 단계적으로 화석연료 사용을 줄여나갈 수 있는 방안을 마련해 나갈 수밖에 없다.

화석연료로 전력 1kWh를 생산할 때 이산화탄소 배출량을 살펴보면 석탄은 278g, 석유는 215g, 천연가스는 157g, 태양광은 75.0g, 풍력발전은 13.9g, 원자력은 5.7g으로 나타나고 있다. 따라서 우리들이 온실가스 배출을 감축시켜 나가려면 원자력이나 재생에너지를 이용하여야 한다.

그렇지만 원자력 발전은 아직 사용 후 핵폐기물 처리 기술이 개발되지 않아 원자력 발전을 설치하려는 지역의 주민들이 절대적인 반대에 부딪히고 있다. 그리고 재생에너지는 비용 부담이 크고 소량 생산 체제이기 때문에 화석연료를 대신하기에는 역부족이다. 이에 많은 국가들은 대체에너지를 선택하기에 주저하고 있지만 날로 심화되는 기후 위기를 극복하기 위해서는 화석연료 사용을 중단시켜 나가는 비상조치를 강구하지 않을 수 없다.

세계 각국은 앞으로 수소경제 시대가 개막될 것이라고 경쟁적으로 이를 준비하고 있다. 그렇지만 수소경제로 가기 위해서는 아직 기술개발이 뒷받침되고 있지 않아 기술개발이 선행되어야 한다. 그렇지만 지금 당장 화석연료 사용을 중단시키지 않으면 기후 위기와 생물 멸종으로 지구를 되살릴 수 있는 기회를 영영 상실할 수 있다는 임계점에 도달했다고 세계 각국은 2050년까지 완전한 탄소제로를 선언, 이를 달성해 나가겠다는 국제협약을 체결하였다.

수소경제의 기술개발에 많은 투자가 선행되어야 하고 국가 간 경쟁이 치열하게 벌어지고 있는 상황에서 선진국들은 자국민 보호와 국익 챙기기에만 집착하고 있어 '2050 탄소중립'이 성공적으로 완성될 것인지 걱정되지 않을 수 없다.

1. 환경 파괴의 주범인 화석연료

2022년 말, 현재 전 세계 에너지 관련 이산화탄소 배출량이 368억 톤이다. 다만, 재생에너지 성장과 전기차, 히트펌프 보급 확대 등으로 2021년에 견줘 0.9%(3억 2,100만 톤) 증가하였다.

국제에너지기구(IEA)는 발표한 '2022년 이산화탄소 배출량' 보고서에서는 러시아의 우크라이나 침공으로 촉발된 에너지 위기의 2022년이었다는 점을 감안할 때 탄소 배출량이 예상보다는 낮았다는 평가를 내놨다.

파티 비롤 국제에너지기구 사무총장은 "우려했던 만큼 탄소 배출량이 크게 증가한 것은 아니다. 이는 재생에너지와 전기차, 히트펌프, 에너지 효율 기술 등의 눈에 띄는 성장 덕분이다. 그렇지 않았다면 탄소 배출량 증가율은 거의 3배나 높았을 것이다."라고 밝혔다.

태양광과 풍력발전의 성장으로 전력 부문에서 약 4억 6,500만 톤의 탄소배출을 방지하였고 전기차, 히트펌프를 비롯한 청정에너지 기술 덕분에 약 8,500만 톤의 이산화탄소를 추가로 방지할 수 있었다는 것이다.

유럽을 포함한 많은 나라들이 가스 사용을 줄이고 석탄 사용을 늘린 탓으로 2022년에는 석탄으로 인한 탄소 배출량은 155억 톤으로 사상 최고치를 기록했다. 2021년에 견줘 1.6%(2억 4천3백만 톤) 증가한 양으로 지난 10년 연평균 증가율 0.4%를 웃도는 수치다.

2022년 석유 사용으로 인한 탄소 배출량은 2021년보다 2.5%(2억 6천8백만 톤) 증가한 112억 톤으로 니타났다. 전년 대비 증가량의 절반가량은 항공 부문에서 발생했다. 이는 코로나19 팬데믹에서 국제 거래가 회복되면서 항공 여행이 증가했기 때문이며 총운송 배출량도 2.1%(1억 3천7백만 톤) 증가했다.

새로운 전기차가 일반적인 휘발유나 경유 자동차였다면 전 세계 탄소 배출량은 1,300만 톤이 더 높았을 것으로 분석됐다. 반면, 천연가스 사용으로 인한 탄소 배출량은 1.6%(1억 천8백만 톤) 감소했다.

세계 각국의 배출량 감소는 특히 유럽에서 두드러졌는데, 13.5% 감소했다. 아시아·태평양 지역에서도 액화천연가스(LNG) 현물 가격이 급등해 가스 사용으로 인한 배출량이 1.8% 감소했다. 이와는 대조적으로 미국과 캐나다에서는 천연가스 수요가 견고하게 유지돼 가스 사용으로 인한 배출량이 전년 대비 5.8% 증가했다.

최근 세계적으로 매년 350만 톤에 해당하는 탄소가 화석연료에 의해서 배출되고 있다. 이 중에서 절반가량은 육지와 바다의 녹색 식물들이 흡수하고 있으며 나머지 절반가량은 대기 중에 그대로 남아 지구환경을 파괴시키고 있다.

대기 중에 남아 있는 탄소는 대체로 200년이란 오랫동안 그대로 유지되면서 대기권에 누적적으로 탄소가 쌓이게 된다. 이런 탄소는 태양에너지 중에서 열을 보유하고 있는 적외선을 안는 특성을 지니고 있어 지구의 기온을 상승시키는 원인이 되고 있다.

대기 중에 이산화탄소가 많아짐에 따라서 육지에나 해상에서도 산성화 현상이 일어나면서 탄소 흡수력은 점차 약화되고 있어 탄소 증가 속도는 더욱 빨라지고 있다.

그래서 지금 당장 탄소를 감축시키지 않으면 지구환경은 급속도로 악화될 수밖에 없어 세계 각국은 더욱 탄소중립에 대한 비상 대책이 마련되어야 할 것이다.

가. 화석연료는 지구온난화의 원인

화석언료란 본래 지구생태계에서 생존하던 생물체들의 시체(탄소 덩어리)가 해양이나 육지에 묻혀 엄청난 지열과 지압으로 화학적 변이를 일으켜 석유, 가스, 석탄 등으로 만들어진 것이다. 특히 석유나 가스는 생물체 시체가 액체나 가스 형태로 변이된 탄화수소로 원유 이암석에 갇혀 있다가 발굴되는 것이다. 그래서 이런 석유가 있는 곳을 찾아내는 원유탐사라는 과정을 통하여 이를 채굴하여 사용하기 때문에 보다 많은 채굴 비용이 요구된다.

이에 반해 석탄은 대체로 식물의 시체가 땅속에 묻혀 지열과 지압으로 석탄화 된 것으로 땅속에 묻힌 것을 꺼내어 사용하고 있다.

화석연료는 생물체 시체 속에 들어 있는 막대한 탄소 이외 지열과 지압에 의해서 질소, 황, 무기물 등이 추가되어 고체화된 것들이다. 그래서 화석연료를 연소하게 되면 이산화탄소와 질소산화물, 황산화물 기타 무기물 등이 배출되기 마련이다.

이산화탄소는 지구온난화의 원인이 되고 질산화물과 황산화물 등은 지구환경을 오염시키는 환경오염 물질이 되어 지구상에 생물체를 멸종시키는 원인이 되고 있다.

1940년대 북유럽에서는 질소비료를 뿌리지 않아도 농작물의 성장이 촉진되어 풍작을 이뤄 이를 하늘이 내린 선물이라고 여겼다. 그렇지만 이것은 화석연료에서 나오는 질산화물과 황산화물들이 산성비로 변하여 지상에 뿌려진 것으로 지구환경을 오염시키는 장본인이었다.

1962년 레이첼 카슨은 '침묵의 봄'이라는 저서를 통하여 1차 세계대전 이후 미국에서 살포된 살충제나 제초제로 사용된 유독 물질로 산성비가 호수와 강에 내리면서 물고기들이 죽어가고 숲속에 새나 벌레들도 점차 죽어가는 현상이 발견되니면서 화석연료가 지구환경을 심각히게 오염시킨다는 사실들을 알렸다.

이로부터 60년이 지난 지금까지 이에 대한 별다른 대책을 마련하지 않아 결국에는 기후 위기와 생태계 파괴라는 기상재앙은 세계 인류의 생명까지 위협받는 셈이다.

나. 화석연료를 기반으로 하는 현대문명

세계 인류는 석유를 기반으로 하는 마이카시대를 열어나가고 가사 노동을 가전제품들이 대신하는 가전제품 시대가 개막되면서 더 많은 전력을 사용하게 되었다. 이는 더욱 많은 화석연료를 사용하게 되고 지구환경을 더욱 황폐화했다. 더욱이 산성비에서 질산화물과 황산화물이 황산이나 초산으로 변해서 그것이 녹으면서 강 산성비로 변해 지구환경은 더욱 심각한 수준으로 발전되고 있었다.

1967년에서야 이런 사실들이 겨우 밝혀지면서 유엔을 중심으로 하는 기후변화 협상을 매년 개최하게 되는 계기가 마련되었다. 그렇지만 세계 각국은 아직도 당장 먹고사는 경제적인 성장이 우선이라고 여기고 있어 환경을 뒷전으로 밀리고 있다.

지난 60년간 기후변화 당사국총회에서도 선진국과 후진국 간의 책임 공방으로 아귀다툼이나 벌렸지 구체적인 대안을 마련하지 못하였다. 그렇지만 결국 2015년 파리협정에서 더 이상 지구환경을 방치하게 되면 세계 인류의 생명이 위태롭다는 사실을 깨닫고 '2050 탄소중립'을 결의하기에 이른 것이다.

다. 산업혁명 이후 250년간 화석연료 사용

17세기, 영국에서는 처음으로 유연탄을 사용하는 증기기관차가 발명되었다. 이는 나무, 동물들의 똥, 식물 등 바이오매스를 에너지로 사용하던 세계 인류에겐 획기적인 발명품이 되었다. 더욱이 과거 나무로 만든 숯을 사용하여 제련하던 철을 저렴한 석탄으로 코크스를 생산, 대량으로 제철이 이뤄지면서 세상은 눈부신 발전을 거듭하게 되었다.

독일의 경우 19세기 중반부터 중공업의 붐이 형성되면서 유연탄 채굴, 철강 생산, 철도 공사, 기계 설비 등이 발전하게 되었고 석탄의 타르를 활용하여 염료까지 생산하게 되었다. 특히 대량으로 생산된 철강을 통하여 각종 무기를 생산, 해외에 진출하여 경쟁적으로 식민지를 확대 시키는 제국주의 물결이 휩싸이면서 세계 각국은 전쟁의 소용돌이 속으로 휩싸이게 되었다.

1차 세계대전이 일어났고 이어서 2차 세계대전까지 발발하면서 많은 사상자가 늘어나 더 이상 전쟁으로 인한 인류의 희생을 막아야 하겠다는 논의가 활발하게 전개되었다. 특히 유럽에서는 석탄과 철강생산을 이대로 방치하지 말고 이를 관리 감시해야 한다는 주장들이 거세게 제기되었다.

이는 유럽석탄철강공동체(ECSC)가 탄생하는 계기가 되었고 오늘날 유럽연합(EU)이라는 국가연합체가 탄생하는 기틀이 마련되었다.

또한 전쟁을 억제하고 국제적인 평화 체제를 구축하기로 하는 국제연합이 결성되어 결국에는 유엔으로 발전하게 되었다. 기후 위기의 문제도 사실상 유엔이 주도하는 기후변화 당사국총회에서 이뤄지고 있다.

이런 현대 과학 문명은 화석연료에 기반을 두고 진화 발전하였으며 매년 화석연료의 사용이 크게 늘면서 지구환경은 되돌릴 수 없을 정도로 파괴되어 가고 있다. 그래서 지구환경을 되살리기 위해서 화석연료 사용을 더 이상 허용될 수 없다는 결의하게 되었다. 그렇지만 화석연료는 우리들의 모든 일상생활을 지배하고 있으며 전기 없이는 하루 한시라도 살 수 없는 세상이 되었다.

이에 화석연료를 중단시킨다는 것은 세계 인류에게 큰 고통일 수밖에 없다. 이런 고통을 감내해 내면서 기필코 탄소중립을 달성시켜야 우리들의 후손들이 안심하고 살 수 있는 삶의 터전을 지켜 낼 수 있는 것이다.

2. 에너지 노예, 에너지 중독에 걸린 인간

지난 200년 동안 세계 인류는 화석연료를 지나치게 많이 사용하여 지구상에서는 고갈되어 가고 있다. 이젠 화석연료에서 벗어나 새로운 에너지원을 찾아내지 못하면 지금까지 누리고 있는 문명 생활을 하루아침에 사라질 운명이다, 자칫 원시인 시대로 되돌아가야 할지도 모르는 신세가 되었다. 그리고 인간들에게 화석연료를 지나치게 사용하여 오는 기상재앙과 생태계 멸종이라는 크나큰 형벌을 받게 되었다.

이런 화석연료가 이젠 더 이상 사용해서는 안 된다고 2015년 파리협정에서 '2050 탄소중립'을 결의하고 세계 각국은 탄소 감축 목표를 설정하고 이를 의무적으로 실행해야 할 처지다.

　우선 글로벌 기업들이 직접 나서서 RE 100 캠페인을 벌이고 협력업체나 거래업체들에 앞으로 100% 재생에너지만을 사용하지 않으면 더 이상 거래 관계를 중단하겠다고 선언하는 캠페인이 벌리고 있다. 더욱이 EU 국가에서는 2026년부터 국가 간 모든 제품의 탄소 배출량을 비교하여 EU보다 많은 탄소배출을 하는 경우에는 탄소 국경조정세라는 관세를 부과하겠다고 나서 사실상 탄소 감축을 하지 않으면 수출도 할 수 없게 되었다.

　세계 각국의 금융기관들도 ESG라는 환경경영체제를 평가하여 금융을 제공하겠다고 선언, 더 이상 친환경 경영체제를 구축하지 않은 기업들은 생존할 수 없는 세상이 되고 있다.
　화석연료를 기반으로 만들어진 현대문명은 탄소중립이라는 새로운 패러다임으로 구조변혁을 추진, 무탄소 청정에너지가 만드는 새로운 세상이 개막되고 있다.
　이젠 화석연료를 사용하던 기업체들은 재빠르게 무탄소 청정에너지로 전환하지 않으면 더 이상 생존할 수 없는 세상이 되어 가고 있다. 이런 추세가 재빠르게 다가오고 있어 화석연료 사용을 무탄소 청정에너지로 전환하지 않으면 결국 국제경쟁력을 확보해 나갈 수 없어 퇴출당할 수밖에 없는 운명이 되었다.

가. 산업혁명 이후 화석연료를 기반으로 에너지 사용

　세계 인류는 불과 200년 전까지만 해도 이런 현대과학 문명을 누리지 못하였다. 그러나 화석연료를 기반으로 과학기술이 발전하면서 인간은 신의 영역까지 침범하는 현대과학 문명사회를 만들어 냈다. 이런 현대문명은 18세기, 제임스 와트가 처음으로 증기기관차를 발명하면서 시작된 산업혁명으로부터 시작되었다고 할 수 있다.

제임스는 증기기관을 발명하면서 여기에 나오는 강력한 동력을 마력이라는 단위로 표시하였다. 그 당시 일반적으로 사람들이 활용할 수 있는 동력은 유일하게 말이었다. 이 때문에 말 한 마리가 낼 수 있는 힘을 1마력으로 삼았고 1마력은 745W로 한 사람의 힘을 100W로 본다면 7명의 힘을 합한 에너지라고 할 수 있다.

이런 동력이 처음에는 에너지 효율성이 1%에 그쳤지만 1800년대엔 5%, 1900년대엔 30% 수준으로 뛰어올랐다. 그리고 2000년대에 들어서면서 전기를 사용하면서 각종 가전제품이 쏟아져 나오면서 사실상 집안 살림도 가전제품에 맡기게 되었다. 이런 현대인들은 중국의 황제나 이집트의 파라오가 수천 명의 노예를 거느리는 것보다도 훨씬 많은 노예를 동원하면서 자신들의 삶을 누리고 있다고 할 수 있다.

1940년, 미래학자 벅민스터 플러는 처음으로 석탄·석유 등 화석연료로 움직이는 기계를 에너지 노예라고 불렀다. 연료만 있다면 기계는 언제든지 늙지 않고 쉬지도 않고 인간 노예를 대신하는 역할을 담당하고 있다.

더욱이 석유는 난방은 물론 교통, 각종 화학제품을 만들어 내 우리들의 일상생활 용품을 만들어 내고 있다. 핸드폰, 레고 장난감, 과자 봉지, 책가방, 운동화, 곰 인형, 아스팔트 도로, 아플 때 먹는 약이나 상처에 바르는 약에까지 석유가 들어가지 않은 것을 찾기가 어렵다.

나. 미국은 1인당 174명의 에너지 노예를 부려

운전자 한 명이 자동차 한 대로 쓰는 에너지는 2,000명에 이르는 사람의 힘을 사용하는 것과 마찬가지이다. 기차를 운행하는 기관사 한 명이 관리하는 에너지는 10만 명, 제트기 조종사의 경우는 무려 70만 명의 사람을 부리는 것과 같다고도 한다.

그러니 오늘날 우리들은 에너지 노예를 부리면서 살아가고 있다고 할 수 있다. 그리고 석유 한 컵이면 50명의 인간 노예가 2시간 동안 자동차를 끄는 데 필요한 에너지를 만들어 낼 수 있어 오늘날 현대인들은 엄청나게 많은 에너지 노예를 부리면서 살고 있는지 알 수 있다.

미국인 한 명이 해마다 소비하는 석유의 양은 한 사람당 174명의 가상 노예를 거느리는 것과 마찬가지라고 한다. 그러니 미국 전체 인구가 3억 명이 넘으니 자그마치 5,000억 명이 넘는 에너지 노예를 거느리고 있다고 할 수 있다.

식기세척기 한 대가 1년 동안 방출하는 이산화탄소의 양은 에티오피아인 3명이 평생 내보내는 양과 비슷하다. 그러니 그동안 세계 인류는 얼마나 흥청망청 살아왔는지 쉽게 알 수 있다. 그렇지만 이 세상에는 아직도 전기를 공급받지 못하고 나뭇가지나 말린 가축 배설물에 의존하는 생활하는 저개발국가 사람들이 25억 명이나 된다.

이들은 세계 인류의 3분의 1이나 차지하고 있는데도 이들의 생활은 아랑곳하지 않고 지금끼지 신진국들만 흥청망청 에너지를 사용하면서 현대 과학 문명을 누리면서 살아가고 있다.

다. 인간은 화석연료의 노예로 추락

베를린 시의회에서는 도시 전체가 정전되었을 때를 대비하는 안전대책을 논의하는 자리에서 정전이 되었을 때 어떤 일이 발생하는지 시나리오를 작성, 브리핑한 적이 있었다.

가장 먼저 걱정이 된 것이 컴퓨터와 냉장고이었으며 그리고 TV, 지하철, 버스 운행이 중지되면 사람들이 움직일 수 없게 된다는 것이다. 더욱이 슈퍼의 냉동식품, 냉장식품은 둘째치고라도 계산대가 작동을 안 되니 쇼핑은 할 수 없어 비상식량으로 버티는 수밖에 없다는 지적이다.

이제 우리들은 이런 화석연료 없이는 살 수 없는 세상에 살아가고 있다. 화석연료를 에너지 노예로 부리며 살아가다가 이제는 그만 거꾸로 우리가 화석연료의 노예가 되고 말았다고 할 수 있다.

3. 화석연료 사용은 인간의 원죄

화석연료에서 배출되는 온실가스는 지구의 기온을 상승시키는 지구온난화의 원인이 되고 있다. 이는 북극과 남극의 빙하를 해빙시키면서 해수면이 상승되어 저지대에 사는 사람들은 바닷물에 잠겨 더 이상 살 수 없는 곳으로 변해가고 있다. 더욱이 바닷물의 염도가 낮아지면서 따뜻한 물을 북쪽에 공급해 주던 대서양 해류가 작동되지 않아 극한 기상이변을 일으키는 원인이 되고 있다. 이로써 폭염, 산불, 폭우, 대풍, 지진 등 극한 기상이변은 매년 더욱 심화되면서 세계 인류의 생명을 위협하고 있다.

한편 화석연료에서 내뿜는 환경 오염물질로 미생물들이 멸종되면서 지구생태계의 생물체들은 3분의 2까지 멸종되어 생태계를 보전시켜 나가지 않으면 세계 인류의 생명도 위협하고 있다.

그리고 바이러스까지 극성을 부리면서 코로나 팬데믹으로 세계 인류의 10%가 감염되는 엄청나게 창궐하면서 연이은 변이 바이러스까지 더욱 기승을 부리면서 감염병에 의해서 세계 인류가 멸종될 수 있다는 우려감까지 나오고 있다.

이런 사실들을 감안할 때 지금까지 세계 인류가 자신이 만물의 영장이라는 자만심으로 지구환경을 짓밟아도 된다는 안일한 생각으로 많은 에너지 노예를 부려왔지만 이로 인한 지구환경은 얼마나 훼손되었는지를 알 수 없다. 그런데도 지구생태계를 짓밟아도 괜찮다는 자만심으로 지구생태계에 큰 죄를 짓고 있는 것이다.

이제 이런 사실을 깨닫게 된 이상 세계 인류는 자기반성을 통하여 어떻게 지구생태계에 용서를 구하고 사죄할 것인지 그 대안을 마련해 나가야 할 차례가 된 것이다.

지난 1만 년 전부터 세계 인류는 수렵 채취 시대를 마감하고 한곳에 정착하면서 농사를 짓고 가축을 키우면서 마을을 만들었다. 마을에서의 조직 생활을 하면서 계급이 생겨나고 빈부 차이가 벌어지면서 사람들은 더욱 치열하게 잘 살기 위한 경쟁 사회로 진화 발전해 나가는 계기가 마련되었다.

19세기 초, 영국에서 증기기관차를 발명하여 가내 수공업 체제가 공장제 기계공업 위주로 전환되면서 산업혁명이라는 물결을 타고 과학 문명의 틀 위에서 무궁한 발전의 기틀을 마련하였다.

석유를 사용하는 자동차 시대, 전기를 사용하는 가전 시대, 그리고 석유화학으로 무한대의 일상용품을 만들어 내는 석유화학 시대를 지나서 디지털 혁명으로 언제 어디에서나 누구와도 통화할 수 있는 유비쿼터스 시대를 개막시키게 되었다. 그렇지만 산업혁명 이후 250여 년 만에 수억 년간 쌓아놓은 화석연료를 전부 고갈시키고 여기에서 배출되는 온실가스와 환경오염 물질로 지구환경을 황폐화시키게 된 것이다.

결국 세계 인류가 누리고 있는 과학 문명의 편안한 세상은 모두 지구생태계를 짓밟은 결과로 얻어진 작품들이라는 사실을 깨닫게 되었다. 이제 그 후유증으로 지구온난화로 기후 위기와 환경오염 물질로 생태계 멸종이라는 재앙을 겪게 된 것이다.

가. 프란치스코 교황의 지구 살리기

프란치스코 교황은 2023년 11월 2일, 아랍에미리트(UAE) 두바이에서 열리고 '제28차 유엔기후변화협약 당사국총회'에서 피에트로 파롤린 추기경이 대독한 연설문을 통해 세계 지도자들에게 기후 위기를 막기 위한 근본적 돌파구를 마련할 것을 촉구했다.

"기후변화는 전 세계적인 사회 문제이자 인간 생명의 존엄성과 밀접한 관련이 있는 문제입니다. 여러분 모두에게 진심으로 호소합니다. 생명을 선택합시다! 미래를 선택합시다."라고 선언하였다.

이어서 프란치스코 교황은 "시간이 부족합니다. 우리 모두의 미래가 지금 우리가 선택하는 현재에 달려 있다"고 밝혔다. 그리고 "환경 파괴는 하느님에 대한 범죄일 뿐만 아니라 개인적이고 구조적인 범죄이며, 모든 인간, 특히 우리 가운데 가장 취약한 사람들을 크게 위협하고 세대 간 갈등을 촉발하는 범죄이다"라는 사실을 강조했다. 그래서 "기후변화는 전 세계적인 사회 문제이자 인간 생명의 존엄성과 밀접한 관련이 있는 문제이다"라고 설명하였다.

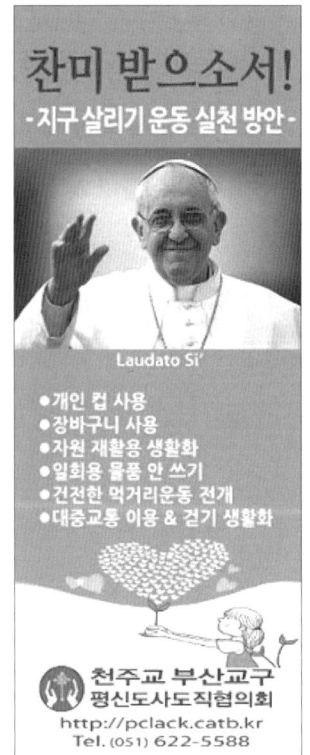 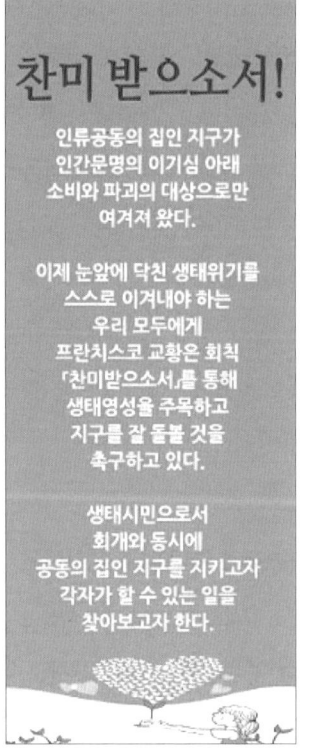

프란치스코 교황은 현재의 환경 위기에서 벗어나는 길은 "부분적인 진로 변경이 아닌 근본적인 돌파구를 마련하는 것이 필수적이며 이번 COP 28(2023년 11월에 개최된 두바이 당시국 총회)이 생태적 진환을 결정적으로 가속할 수 있는 명확하고 가시적인 정치적 의지를 보여주는 전환점이 되기를 바란다"고 밝혔다.

이를 위해 "우리들은 에너지 효율성 향상, 재생에너지로의 전환, 화석연료 퇴출, 낭비적인 생활방식의 변화 등을 확실하게 앞당겨야 한다"고 강조했다. 또한 프란치스코 교황은 "부유한 소수와 가난한 대중 사이의 격차가 그 어느 때보다 심각합니다. 온실가스 배출에 대한 책임이 적지만 선진국보다 더 큰 고통을 겪고 있는 가난한 국가들에 대한 부채 탕감을 촉구합니다. 그리고 우리가 지구의 외침에 귀를 기울이고, 가난한 사람들의 탄원에 귀를 기울이고, 젊은이들의 희망과 아이들의 꿈에 민감해지길 바랍니다. 우리에게는 그들이 미래를 거부당하지 않도록 해야 할 중대한 책임이 있습니다"고 가진 자들에게 사랑과 배려를 요구하는 메시지를 전달했다.

나. 4차 산업혁명이 만드는 새로운 세상

요즈음 많은 사람이 4차 산업혁명이 만들어 나가는 스마트 그린화가 새로운 유토피아를 만들어 나갈 수 있다고 기대한다. 그리고 지구환경을 되살릴 수 있는 기술개발과 함께 사물인터넷(LoT), 인공지능(AI), 빅데이터가 만들어 내는 로봇에 의해서 모든 일을 인간 대신 할 수 있으며 자율주행, 스마트 홈, 스마트 도시, 스마트 팩토리 등 자동화 세상에서 로봇 인간과 복제인간들이 함께 살아가는 전혀 새로운 세상이 만들어지고 있는 눈부신 기술혁명을 기대하고 있다.

지금까지 신의 영역으로만 여겼던 생명 관련 분야까지도 인간이 지배할 수 있어 세계 인류가 영원히 생명을 유지할 수 있는 시대까지 만들어 낼 수 있다고 믿고 있다. 그래서 앞으로 세상은 줄기세포가 만드는 복제인간, 인공지능이 만들어 내는 로봇 인간 등이 함께 살아가는 전혀 새로운 세상을 꿈꾸고 있다. 그렇지만 이런 유토피아가 펼쳐질 것인지는 전혀 알 수 없다.

분명한 것은 세계 인류는 지금 당장 화석연료에서 벗어나지 못한다면 결국에는 삶의 터전을 잃게 되고 생존 여부를 장담할 수 없다는 사실이다.

그래서 앞서 나가는 꿈보다도 현실적으로 해결하지 않으면 안 되는 지구환경을 되살리는 일에 전력투구를 해야만 우리는 지속적인 삶을 누릴 수 있는 것이다.

다. 난파선인 지구촌, 이제 세계 인류는 공동운명체

세계보건기구(WHO)는 "전 세계 인류가 생명의 위협을 받고 있는 코로나 팬데믹 상황에서 백신이 개발되어 세계 인류의 70% 이상이 예방 접종이 완료된다면 코로나 팬데믹은 종료하게 될 것이다"라고 선언하였다.

정말 생명공학의 도움이 5년 이상 걸리는 코로나 백신이 불과 6개월 만에 개발되어 우리들은 코로나19 예방접종을 실시할 수 있게 되었다. 그렇지만 선진국들은 가장 먼저 백신 확보를 위한 전쟁을 벌이고 자국민 우선주의, 국익 우선주의에 빠져 개도국이나 후진국들에게 백신을 제공하는 국가는 하나도 없었다.

결국 선진국들은 코로나 백신으로 어느 정도 완화 시킬 수 있는 계기가 되었지만, 백신을 구하지 못하는 개도국이나 후진국들은 여전히 코로나 팬데믹 상태에서 벗어날 수 없는 고통을 겪어야 했다.

선진국들이 우선 온실가스 배출에 대한 역사적인 책임을 부담해서 기후기금을 더 많이 출연해야 하고 이를 통하여 후진국이나 개도국들의 사막화, 물 부족, 식량부족 등 기상재앙을 함께 해결해 나가는 공동운명체라는 사실을 인식해야 할 텐데 국익만 챙기고 있으니 어떻게 난파선이 된 지구에서 벗어날 수 있겠는가?

결국 나눔과 협력이 없으면 세계 인류는 다함께 할 수 없으며 지구환경을 되살릴 수 있는 기회도 영영 상실하게 될 것이다. 그런데도 불구하고 자기만이 호화 유람선에서 편안한 생활을 누릴 수 있다는 착각에서 벗어나지 못하고 있으니, 걱정이 되지 않을 수 없다.

이제 지구는 난파선이 되었다는 사실을 절감하고 지구가 파멸하기 전에 세계 인류는 다함께 손을 맞잡고 난파선에서 벗어날 방안을 마련해 나가야 할 것이다.

지구환경을 되살리는 일은 탄소중립과 생태 보전, 그리고 생태복원이라는 사실을 깨닫고 세계 인류가 다함께 이를 기필코 완성시켜 나가야 할 것이다.

4. 지구온난화로 인한 불편한 진실

2014년 1월, 덴마크 코펜하겐에서 열린 '기후변화에 관한 정부간 협의체'에서 제5차 기후변화보고서가 발표되었다. 그 주요 내용은 "온실가스 배출량은 2000~2010년간 연평균 2.2% 증가하였으나 이는 1970~2000년간 1.3% 증가에 비하여 70%나 늘어난 결과이다. 그동안 온실가스 배출량의 90%를 흡수했던 해양이 많은 이산화탄소를 흡수하여 급격한 산성화로 제 기능을 발휘하지 못하게 되어 지구온난화의 속도는 더욱 가속화되고 있다. 그 때문에 지금 당장 이를 해결하지 않으면 지구를 되살릴 수 있는 기회는 영영 놓치게 된다."고 경고하였다.

해양은 지구상 물의 97%를 보유하고 있으면서 지구 표면의 70%를 차지하고 있다. 그리고 산업혁명 이후 대기 중에 5,250억 톤의 이산화탄소를 흡수하여 저장하고 있는 탄소 저장고 역할을 담당하고 있다.

매년 인류가 배출하고 있는 이산화탄소의 25%를 흡수하여 지구온난화를 방지하는 역할까지 해왔으나 대기 중에 이산화탄소의 농도가 높아짐에 해양은 더 많은 이산화탄소를 흡수하게 되었다. 이에 따라서 해양은 산성화로 변하면서 이산화탄소 흡수력이 떨어져 지구온난화가 날이 갈수록 가속화되고 있다. 더욱이 해양이 산업혁명 이후 30% 이상이 산성화되어 해양 생물체들이 살 수 없는 곳으로 변해가고 있어 어패류의 생산량이 크게 축소되고 있다.

유엔환경계획(UNEP)이 발표한 '해양 산성화가 환경에 미치는 결과' 보고서에 따르면 '해양의 평균 수소이온농도지수(pH)가 산업혁명 이후 8.2를 유지해오다가 2000년대에 들어서 8.1로 낮아졌다.'고 밝히고 있다.

그리고 미국 로렌스 리버모어 국립연구소가 학술지 '네이처'에 발표한 연구에 따르면 '산업혁명 이후 전 세계 해양 수소이온농도지수(pH)가 0.1가량 떨어졌고 이 같은 추세가 이어지면 2100년에는 pH가 0.4 이상 떨어질 수 있다.'고 전망했다. 그런데 pH가 0.4 정도만 감소하더라도 산성도는 약 2배로 급증하기 때문에 해양생태계는 멸종위기에 놓이게 된다는 것이다. 이는 우리가 해양생태계가 멸종되어 가는 꼴을 그대로 방치하고 있는 셈이 된다.

가. 해양 산성화

해양으로 흡수된 이산화탄소는 물과 반응해 탄산 이온과 수소이온을 만들어낸다. 강한 산성일수록 수소이온 농도는 높아지고 탄산 이온을 적어지게 된다. 이렇게 되면 산호초는 탄산 이온을 이용하여 골격이 형성되기 때문에 탄산 이온이 적어지게 되어 폐사하게 된다. 이런 백화현상이 일어나고 있어 산호초가 멸종되고 있다.

유엔 환경기구와 세계 자연보전연맹(IUCN)은 전 세계 산호초 가운데 9%에 해당하는 카리브해의 산호초가 현재 6분의 5나 사라진 상태라고 밝혔다. 그리고 지난 40년간 총 50개의 거대 산호초가 사라졌으며, 남아있는 산호초 가운데 대부분도 앞으로 20년 이내에 사라질 수 있다고 전망하고 있다.

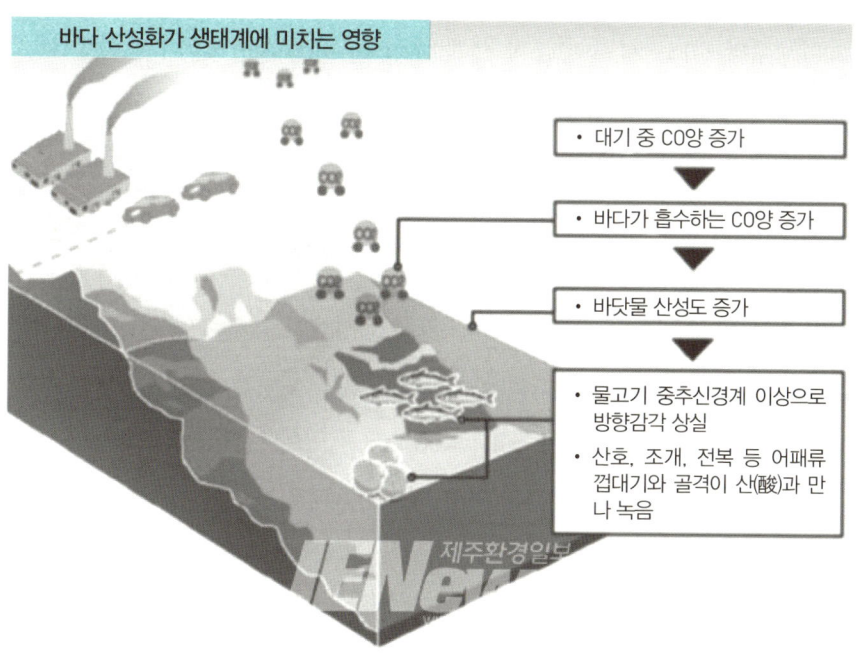

한국기후변화 행동연구소에 따르면 "전 세계적으로 30억 명이 단백질의 15%를 수산물에서 얻고 있는데 만약 바다의 산성화로 해양생태계가 무너진다면 인간 식량창고의 한 축이 무너지게 된다."고 밝히고 있다. 이처럼 열대지방 청정 해역에 주로 서식하는 산호들이 멸종되고 있는데 산호초의 가치는 연간 1,790억 달러(한화 약 230조 원)에 달하는 것으로 추정하고 있다.

나. 산호초의 백화현상

기후변화로 인해 해수면 온도가 상승하면서, 세계 산호초들이 멸종되고 있다. 이렇게 산호초가 멸종되면 해양생태계는 돌이킬 수 없는 '죽음의 바다'로 변하게 되는 엄청난 재앙이 발생하게 된다.

유엔이 지원하는 세계 산호초 관찰 네트워크는 73개국 1만 2,000여 개 지역에서 1978년부터 2019년까지 40년간 200만 회 이상 산호초를 관찰한 결과 '2009년부터 2018년까지 10년 새 세계 산호초의 14%가 사라졌다'고 밝혔다.

산호초는 해저 면적의 0.2%를 차지하지만 해양 생물의 25%가 살고 있는 중요한 서식지다. 따라서 산호초가 사라지면 해양의 생물 다양성이 붕괴되어 해양생태계는 멸종될 수밖에 없다.

실제 관련 연구에 따르면 산호초의 생물 다양성은 1950년대 이후 지속적으로 감소해 현재는 63%나 감소했다고 밝히고 있다. 산호초 관련 어획량은 2002년에 정점을 찍었고, 이후 지속적으로 감소하고 있어 어획량은 1950년에 비해 현재 60% 감축되었다고 밝히고 있다.

산호초가 사라지는 이유는 높아진 바닷물 온도와 산도의 변화 때문이다. 수온과 산도가 변하면 산호에 영양을 공급하는 다채로운 해조류들이 사라지고, 산호가 하얗게 표백되는 백화현상이 일어난다.

이런 백화현상이 일단 발생하면 되돌릴 수 없어 해양생태계는 멸종되는 현상이 지속적으로 일어나게 된다.

생태계란 먹이사슬로 연결되어 있는 네트워크를 구축하고 있어 한 종이 멸종되면 이와 먹이사슬로 연결된 다른 종도 멸종되는 도미노 현상이 일어나기 때문에 많은 생태계가 지속적으로 멸종되는 죽음의 바다가 되는 것이다.

다. 토양 소실

독일 본에 본부를 둔 국제유기농운동연합(IFOAM)의 활동가 폴커드 엥겔스만은 "전 세계적으로 1분마다 축구장 30개 크기의 토지가 생명력을 잃어가고 있으며, 대부분은 지나친 경작 때문이다"라고 밝혔다. 이어서 "유기농법이 유일한 대안은 아니지만 내가 생각할 수 있는 최고의 대안"이라고 덧붙였다.

전 세계적인 숲의 손실로 우리가 치러야 할 대가는 연간 2~5조 달러(한화 약 2500~7,500조 원)에 달한다고 밝혀졌다. 이는 2007년부터 독일 환경부의 가브리엘 장관과 유럽연합 환경부의 디마스 장관의 후원으로 시작된 연구보고서에 의하면 "농경지 개간, 도시개발, 기후변화 등으로 세계적으로 자연 지역이 2000년 대비 11% 감소하였고 환경친화적인 농경지의 40%가 집약적인 농업으로 바뀌며, 이로 인해 생물 다양성의 손실을 초래하고 어업, 질병, 외래종, 기후변화로 인해 2030년까지 산호초의 60%가 감소하였다."고 밝히고 있다.

유엔식량농업기구(FAO)의 마리아-헬레나 세메도 사무부총장은 "지구상에 존재하는 토양의 3분의 1이 심각한 질 저하로 몸살을 앓고 있다."고 밝혔다. 이는 토양의 질 저하의 직접적인 원인은 겉흙(top soil)의 소실 때문이다. 지표를 구성하는 겉흙은 풍화로 인한 침식작용의 영향으로 어두운색을 띠며, 유기물질과 미생물이 풍부해 작물이 자라는 데 이상적인 환경을 제공하여 왔다. 그런데 토양 부실화로 겉흙이 소실되고 있다.

이런 겉흙층 소실의 직접적인 원인으로는 화학비료의 사용과 산림 훼손으로 인한 풍화작용의 증가, 그리고 지구온난화 등을 꼽는다. 특히 지구온난화로 토양이 부실해지면 수분을 흡수해 탄소를 가둬두는 토양의 고유 기능도 저하되면서 기후변화를 심화시키는 악순환에 빠지게 된다.

인류가 섭취하는 식량의 95%는 땅에서 얻어지기 때문에 토양은 생명의 근간이다. 이는 3cm 두께의 겉흙층이 만들어지는 데 이를 비옥하게 만드는 데는 1000년이 걸린다. 그런데 현재와 같은 추세로 토양의 질적 저하가 진행되면 60년 뒤에는 겉흙층이 남아있지 않아 농업은 큰 타격을 받지 않을 수 없다.

5. 탄소배출에 대한 책임은 누구에게 있는가?

2022년도 전 세계 탄소 배출량은 348억 7,250만 톤이다. 이 중 최고 배출국인 중국은 103억 9,800만 톤으로 전체의 30.6%, 2위 미국은 46억 3,200만 톤으로 13.2%, 3위 인도 22억 5,100만 톤으로 6.4%, 4위 러시아는 17억 9,500만 톤으로 5.1%, 5위 일본은 10억 1,400만 톤으로 2.9%, 6위 독일 6억 5,200만 톤, 7위 이란 6억 2,100만 톤, 8위 한국 6억 1,400만 톤, 9위 캐나다 5억 4,600만 톤, 10위 인도네시아 5억 3,700만 톤 등으로 이상 10개국이 전체의 87.2%를 차지하고 있다.

결국 10대 다 배출국이 대부분을 차지하고 있기 때문에 무엇보다도 이들이 앞장서서 탄소중립을 완성시켜 나가야 한다.

그런데 10대 다 배출국 중에서는 개도국의 탄소배출 비중이 44.7%, 선진국의 탄소배출 비중이 21.3%로 절반에 미치지 못하고 있다. 그 때문에 개도국인 중국, 인도 등이 적극적으로 탄소배출을 감축시키지 않고는 탄소중립을 달성해 나갈 수 없다.

그동안 개도국들은 탄소 국가 누적 배출량을 선진국과 비교하면 4대국 중에 선진국의 비중은 51%이지만 개도국들은 18.7%에 불과하였다. 따라서 탄소배출 책임에서 선진국은 벗어날 수 없다. 즉 높은 누적 배출량을 보유하고 있는 3대 국가의 누적 배출량 비중이 약 70%(미국 25%, EU+영국 22%, 중국 12.7%)에 달하고 5대 국가(3대 국가+러시아 6%+일본 4%)의 누적 배출량이 80%에 달하고 있다. 그렇지만 최근 중국과 인도의 탄소 배출량이 급증하면서 개도국의 비중이 오히려 크게 늘어나고 있는 것이다.

과거 온실가스 누적 배출량을 기준으로 한다면 선진국의 비중은 개도국 비중의 거의 3배나 되기 때문에 결국 선진국이 무거운 책임을 부담해야 된다.

결론적으로 5대 선진국(미국, EU+ 영국, 러시아, 일본 등)의 책임이 높다고 하지만 현재 많은 온실가스를 배출하고 있는 개도국들이 탄소중립을 추진하지 않는다면 결국 탄소중립은 완성될 수 없어 개도국들의 책임도 무시할 수 없다.

가. 개도국 탄소배출이 선진국의 2배

그동안 개도국들에겐 탄소 감축 의무를 면해 주는 혜택을 누렸다. 그렇지만 이제는 개도국 비중이 선진국보다 2배나 높아졌기 때문에 이를 면제해 주면 사실상 탄소중립을 완성시켜 나갈 수 없다. 따라서 개도국들도 탄소중립 의무화를 부과하지 않을 수 없다.

이에 선진국들은 기술 및 금융지원을 약속하고 전 세계 각국이 다함께 자율적인 감축 목표 설정하는 방식으로 2015년 파리협정에서 세계 모든 국가가 탄소 감축 의무를 부담하고 있다.

2020년부터 새로운 기후변화협정이 적용하기로 되어 있다. 그리고 2023년부터는 1.5노 이내로 지구온난화를 억제시키기 위해서 구체적인 탄소 감축 목표로 2030년까지 배출량의 절반, 2050년까지는 완전히 제로로 설정하기로 하고 이에 알맞은 탄소 감축 목표를 설정하기를 권유하고 있다.

이에 선진국들의 기술력으로 개도국의 탄소중립을 지원하고 이를 탄소 감축 실적으로 인정하는 탄소 감축 인증제도인 청정개발체제(CDM)를 도입하고 있다. 따라서 선진국들에도 해외 탄소중립 사업을 추진할 수 있게 되어 빠르게 책임을 완성시켜 나갈 수 있는 제도적인 장치가 마련된 셈이다.

나. 탄소배출의 절반은 산업 부문

세계적으로 부문별 탄소배출 비중을 살펴보면 무엇보다도 에너지 부문이 79%나 차지하고 있다. 그 이외에는 농림 토지 부분이 18%, 폐기물 부문이 3%를 차지하고 있어 사실상 탄소중립은 에너지 부문에 집중해 나갈 수밖에 없다.

구체적으로 에너지 부분에서의 배출 내용을 살펴보면 산업 부문이 45%(에너지 연소, 원료, 산업공정 포함), 수송 16%, 건물 17% 이어서 산업체들의 탄소중립이 무엇보다도 중요시해야 할 핵심과제라고 할 것이다.

어찌 보면 온실가스를 배출하는 기업들은 발 빠르게 무탄소 청정에너지로 전환시켜 나가지 않으면 더 이상 국제경쟁력을 확보해 나갈 수 없게 되므로 RE 100 캠페인을 펼쳐 탄소 감축 사업에 앞장서고 있다.

RE100 캠페인이란 2014년, 영국 비영리단체 클라이밋그룹이 "기업들이 재생에너지로 만든 전기만 쓰겠다"고 공개 선언하고 'RE100' 운동을 전개하게 되었다. 이에 애플, 구글, BMW 등 주요 글로벌 기업들이 '100% 재생에너지 전력만 사용하겠다'는 RE100 선언에 참여하였고 이젠 이런 추세가 전 세계적으로 확산되고 있다.

RE100(Renewable Electricity 100)이란 국제단체인 CDP(Carbon Disclosure Project) 위원회의 주도로 기업이 2050년까지 필요 전력의 100%를 친환경 재생에너지로 사용하겠다는 자발적 캠페인이다.

가입 대상은 연간 100GWh 이상의 전력을 소비하는 기업 또는 국제적으로 인정받고 신뢰받는 기업(Fortune 1000 기업)으로 2022년 12월 기준, 세계 397개 기업(국내 27개 기업)이 가입하고 있다.

결국 대량으로 배출하고 있는 기업들에겐 RE 100 캠페인에 참여할 것을 강요받고 있어 대부분 가입하지 않으면 안 될 처지인 셈이다.

6. 지구 위기의 시계

지난 2021년 11월, 영국에서 열린 제26차 유엔기후변화협약 당사국총회(COP26) 특별 정상회의에서 당사국 의장이었던 존슨 영국 전 총리는 "인류는 기후변화에 대응할 시간을 너무 빨리 다 써버려 지구 종말 시계는 자정 1분 전이며, 지금 바로 행동해야만 할 때이다"라고 강조하였다. 그리고 기후 위기에 맞서기 위해 세계 각국의 정상들이 지구의 평균기온 상승 폭을 산업화 이전과 비교해 1.5도로 낮추기 위한 구체적 실행방법을 논의하고 '2050 탄소중립'을 성공적으로 추진해 나갈 것을 다짐하였다.

기후 위기, 코로나 팬데믹, 세계 패권전쟁, 가뭄과 산불로 인한 기상재앙 등 지구 종말의 시간은 점점 빨라지고 있어 세계 인류는 이에 대한 경각심을 갖고 대비해 나가야 한다.

독일 메르카토르 기후변화연구소(MCC)는 지구온난화를 최대 1.5°C로 제한하기 위해 대기 중으로 방출될 수 있는 탄소량을 보여주고 있는 기후 위기 시계를 세계에서 최초로 고안해 냈다.

이는 또한 지구온난화로 지구 기온이 산업화 이전(1850~1900년)보다 1.5도 상승하기까지 남은 시간을 가리키는 지표이다.

지구온난화 1.5도는 우리가 기후재앙을 막을 수 있는 마지노선을 의미하며 이는 기후변화에 관한 정부 간 협의체(IPCC)에서 내놓는 각종 자료에 근거하여 매년 정기적으로 업데이트되고 있는 내용이다.

우리나라에서도 서울 용산구 헤럴드스퀘어 옥상에 2019년 독일 베를린, 2020년 미국 뉴욕에 이어 세계 3번째로 기후 위기 시계가 설치됐다.

기후 위기 시계는 현재 6년 205일을 가리키고 있으며 시계는 365일 밤낮없이 작동하면서 시민들에게 기후 위기가 먼 미래가 아닌 바로 지금 맞닥뜨린 현재의 문제임을 알리고 있다. 즉 기후 위기 시계의 시각은 6년 정도로 적어도 2028년이 끝나기 이전에 지구온난화를 임계값 아래로 유지하기 위한 최대한의 조치를 취해야 지구생태계가 지속성을 유지해 나갈 수 있다는 것이다.

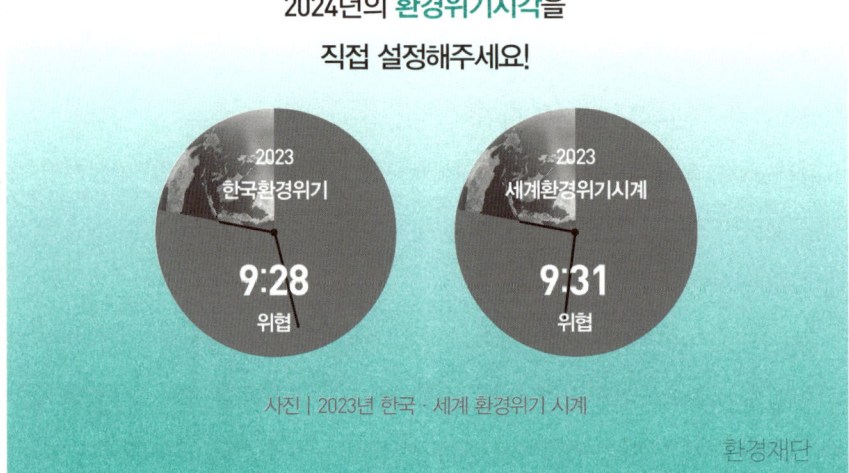

사진 | 2023년 한국·세계 환경위기 시계

가. 지구 종말 시계

지구 종말 시계는 지난 2년 동안 역사상 그 어느 때보다도 자정에 가까운 100초를 가리키고 있다.

지구 종말 시계란 원자폭탄을 만드는 것을 도왔으나 사람들을 상대로 그것을 사용하는 것에 항의하였던 시카고 대학교의 맨해튼 프로젝트 과학자들에 의해서 운영되고 있다. 즉 전문 지식의 특정 영역을 세계적으로 인정받는 지도자로 구성된 원자 과학자 과학 및 보안 위원회(SASB)에서 매년 11명의 노벨상 수상자를 포함하는 후원위원회의 의견을 바탕으로 매년 설정 된다.

1947년 이래, 처음에는 핵무기 위협을 포함한 전 세계 안보 위협에 대응하여 만들어졌다. 그렇지만, 이제는 실행 가능한 기후변화 및 바이오(bio) 정책의 부족과 사이버 보안과 같은 다른 영역에서의 파괴적인 기술 및 불충분한 전 세계 코로나19 대응을 포함하여 세상이 직면한 재앙에 대한 세계의 취약성을 보편적으로 인정하는 지표가 되고 있다.

이는 사람들을 두렵게 만들기 위한 것이 아니라 세상을 더욱 안전하게 만드는 데 필요한 여러 가지 조치를 나열하고 사람들이 정부에 조처하도록 촉구하기 위한 것임을 목표로 하고 있다.

이 시계는 2023년 75주년을 맞아 사람들에게 자신과 우리의 커뮤니티가 세상을 더 안전하게 만드는 데 어떻게 도움을 주고 있는지 세상을 구하고자 다함께 일할 수 있는 전략에 대한 논의를 공유하고자 노력하고 있다.

처음에 지구 종말 시계는 자정의 7분 전에서 출발했다. 1953년 미국이 수소 폭탄 실험을 했을 때 2분 선으로 자정에 가장 가까워졌다. 1991년 미국과 러시아가 전략무기감축협상에 서명하고 핵무기 보유국들 사이에 화해의 분위기가 무르익으며 냉전체제가 공식적으로 종식된 1991년에 지구 종말 시계는 17분으로 늦춰진 적도 있었다. 이때가 1947년 이래로 자정에서 가장 멀어진 시기였다.

하지만 이후 시계는 인도와 파키스탄이 핵실험을 실시하고 핵무기 보유국들이 핵 감축에 노력을 기울이지 않으면서 9분으로 떨어졌고, 해결되지 않는 북한의 핵 문제와 러시아의 우크라이나 침공 그리고 지속되는 기후 위기로 인해 현재 지구 종말 시계는 1분 40초 전까지 떨어졌다.

이는 1953년 이래로 지구 종말에 가장 가까운 시간으로 지구 종말이 멀지 않았다는 의미이다.

2020년 자정 100초 전으로 당겨진 지구 종말 시계는 2021년에도 100초를 유지했다. 핵전쟁 위협은 예전과 달라진 것이 없고, 기후변화를 해결하기 위한 실질적 행동도 부족했으며, 각국 정부와 기관은 허위 정보를 용인하거나 적극적으로 부추겨 핵, 기후 위기를 심화시키고 있다는 진단에서 지구 종말의 임박함을 가리키고 있다.

나. 지구 위기의 시계

일본 아사히글라스 재단은 리우환경회의가 열린 1992년부터 매년 한 차례씩 전 세계 90여 개국의 정부 기관, 지방자치단체, NGO, 학계, 기업, 매스컴 등의 환경전문가를 대상으로 기후변화, 생물 다양성, 토양 변화, 화학물질, 수자원, 인구, 식량, 소비습관, 환경정책 등 환경 문제와 인류의 생존에 관한 총 9가지의 설문을 조사하여 발표한다.

20년간의 조사 결과를 요약하며, 대중의 주의를 환기 시키는 "환경위기 시계"를 도입하고 그 시각을 결정하는 새로운 요소들을 2011년에 추가하였다. 여기에서는 우리들이 아이들과 미래세대를 위해 더 밝은 미래를 보장하려면 자연의 고장 난 시계를 제대로 돌려놓아야 한다는 것이다.

지구환경 문제, 특히 지구온난화를 해결하고 더 이상의 환경오염을 막기 위해, 더 깨끗하게 복구하고, 더 푸르게 재건하고, 지구를 되찾을 수 있게 무엇을 해야 할지 지혜를 모으기 위한 집단지성이 요구되는 때라는 것이다. 끝없는 경제성장이 아니라 지속 가능한 세계를 나갈 때 붕괴가 아닌 삶의 회복을 위한 새로운 세계로 전환이 이뤄져 세계 인류를 지구의 종말로부터 구제될 수 있는 사실을 명심 해야 할 것이다.

다. 지구 위기의 심각성

1972년에 로마 클럽에서 저술한 '성장의 한계'에 지구촌의 종말이 하루밖에 남지 않았는데도 인류는 아직 29일이나 남은 것처럼 위기의 심각성을 깨닫지 못한다는 상황을 비유한 연못에 수련 이야기가 있다.

　연못에 수련을 키우고 있는데 그 수련은 하루에 2배씩 면적을 넓혀 나간다. 만약 수련이 자라는 것을 그대로 놔두면 30일 안에 연못을 완전히 뒤덮어 연못 속의 다른 생물들은 모두 질식해 사라져 버리게 된다. 그런데 우리들은 수련이 너무 작아서 크게 신경 쓰지 않고 연못의 절반을 뒤덮었을 때 수련을 치울 생각이었다. 29일째 되는 날이 돼서야 수련이 연못 모두 덮기까지는 남은 시간은 단 하루뿐이라는 사실을 알게 된다.

　이미 때는 늦었다는 의미로 지구 종말을 예방하기 위해서는 미리미리 준비하고 만반의 채비를 갖추지 않으면 방지할 수 없는데도 이에 무관심하다는 것이다. 우린 지구 위기의 심각성을 인식하고 지금 당장 기후 행동에 나서야 한다.

7. 어스 아워(Earth Hour)에 올리는 기도문

　제발 내 욕심보다도 지구환경을 우선으로 배려하는 힘을 갖게 하시고 지구를 되살릴 수 있는 지혜와 용기를 갖도록 힘을 모아 주시옵기를 간절히 기도드립니다.

　오늘은 2023년 3월 25일, 토요일 8시 30분입니다. 나는 전등불을 끄고 어스 아워(Earth Hour)에 참여하면서 지구환경을 되살려 줄 것을 기도하지 않을 수 없습니다. 어스 아워(Earth Hour)란 전등불을 끄고 인류가 만든 기후 위기와 환경 파괴의 심각성을 깨닫고 지구를 살리고자 하는 다짐을 하기 위한 시간입니다.

　세계자연기금(WWF)이 처음으로 만든 자연보전 캠페인으로 2007년에 호주

시드니에서 처음 시작되었다고 합니다. 2023년에는 17번째 맞이하게 되는데 190여 개국 7,000여 개 도시, 1만 8,000여 개의 랜드마크가 참여하는 세계 최대의 자연보전 캠페인이라고 할 수 있습니다.

코로나 팬데믹으로 세계 인류의 10% 감염되었고 그중에 1%가 사망에 이른 엄청난 인수 감염병인데 세계 인류는 아직도 이런 인수 감염병이 왜 발생했는지조차도 인지하지 못하고 있습니다.

3년이 지난 지금까지도 확산 추세는 멈추고 있지 않으며 변이 바이러스가 계속돼 확산세는 이어지고 있습니다. 더욱이 최근 조류 인플루엔자가 확산하면서 치사율이 100%인 돼지 열병까지 발병하고 있으니 세계 인류와 인수 감염병과의 싸움은 언제 끝이 날지 모르는 상황입니다.

올겨울 가뭄은 너무나 심해서 남부지역에는 마실 물조차 구하기 어려운 지경이라고 합니다. 결국 전국에서는 일시적으로 46군데나 산불이 연이어 발생하여 아비규환 상태라고 할 수 있습니다. 이런 사실들이 세계 인류가 자신들이 만물의 영장이라고 자신들의 편의만을 위해서 지구환경을 마구 짓밟아 지구생태계가 더 이상 자기 조절 기능을 상실한 채 기상시스템이 제대로 가동되지 않아 생기는 불상사라고 합니다. 이를 교황청에서는 인류의 원죄라면서 고해성사의 대상이 된다고 합니다. 그런데도 아직까지 세계 경제는 미중 패권전쟁으로 코로나 팬데믹보다도 전쟁 준비에 여념이 없습니다.

우크라이나 전쟁으로 물가가 치솟는데도 원유감량으로 국익을 챙기겠다고 합니다. 몇몇 사람들의 권력자들이 자기들의 관점에서 세상을 바라보면서 세계 경제를 움직이고 있으니, 지구환경은 언제 어떻게 되살려 나가겠다는 것입니까?

지구생태계는 모든 생물체가 다함께 협력하면서 다 같이 살아가도록 만들어진 것이라고 합니다. 이는 결국 인간이 만물의 영장이 아니라 지구생태계의 일원일 뿐이라는 자각으로부터 시작되어야 합니다.

사실 인류에게 지구환경을 마구 짓밟을 권한도 없으며 이로 인하여 지구생태계는 위기에 빠져 있다는 사실을 모르고 있습니다. 코로나 팬데믹이나 각종 인수 감염병으로 그 신호를 세계 인류에게 전달하고 있는데 이를 감지하지 못하고 있습니다.

더욱이 지구생태계란 한 종이 멸종되면 이에 먹이사슬로 연결되어 다른 종도 멸종될 수밖에 없는 도미노와 같이 연쇄적인 멸종이 이뤄진다고 합니다. 그래서 연쇄적으로 지구생태계가 멸종되어 결국에는 지구생태계의 도미노 현상이 일어나 무너지고 있습니다.

가. 2022년 지구 생명 보고서

세계자연기금이 내놓은 '지구 생명 보고서 2022'에서 야생동물의 67%가 이미 사라졌다고 합니다. 이런데도 아직도 세계 인류는 자신의 원죄를 깨닫지 못하면서 자신들이 만물의 영장으로써 지구를 마구 짓밟아도 된다는 사고의 틀에서 벗어나지 못하고 있습니다. 더욱이 일부 권력자들은 자신의 욕망을 채우기 위해서 이런 사실을 외면한 채 전쟁이나 국익 챙기기에 여념이 없습니다.

지구에는 현재 먹을 식량이 없어서 굶주림에 시달리는 인구가 10억이나 된다고 합니다. 특히 이들은 98%가 저개발국가에 살고 있으며 매년 5세 이하 아동들이 1천만 명이나 굶주림으로 사망하고 있다고 힙니다. 그런데도 불구히고 지구상에는 전체 생산되는 식량의 약 40%는 단 한 번도 먹지 않은 상태인 음식물 쓰레기로 버려지고 있습니다.

더욱이 음식물 쓰레기로 배출되는 온실가스 비중은 세계 전체 배출량의 10%나 차지하고 있다고 하니 참으로 어처구니없는 일이 벌어지고 있는 것이 아닐까요? 음식을 버리지 않고 저개발국 국민에게 후원한다면 다함께 평화롭게 살 수 있는 세상이 이뤄질 수 있는데 우리들은 왜 그런 노력조차도 하지 않고 있는지 도무지 이해할 수 없습니다.

나. 플라스틱 재앙

미국의 한 연구기관에서 발표한 자료에 의하면 "1950년부터 2015년까지 생산된 플라스틱의 총량은 무려 83억 톤에 이르며 이는 미국 엠파이어스테이트 빌딩 2만 5,000개를 합한 무게에 해당된다"고 밝히고 있습니다. 이런 플라스틱은 자연적으로 분해되지 않아 수백 년 동안 지구에 그대로 남아있게 된다는 것입니다. 이 중 79%가 매립되거나 산, 바다 등에 방치 또는 버려지고 있는데 이런 추세라면 2050년엔 120억 톤에 달하는 폐플라스틱이 지구환경을 완전히 뒤덮일 수밖에 없는 지경이랍니다.

사실 썩지 않는 플라스틱이 매립되거나 바다와 땅에 남아 유해 물질로 남게 되고 바다로 흘러가 해류를 따라 한곳에 모여 거대한 '플라스틱 섬'을 만듭니다. 그리고 해양오염을 유발하며 생태계를 파괴하고, 파도와 해류에 의해 잘게 부서져 미세플라스틱이 되어 해양생태계를 멸종시키는 원인이 된다고 합니다.

바다 생물들은 떠다니는 플라스틱들을 먹이로 착각하여 섭취하여 소화기관이 막혀 사망하거나, 비닐봉지, 페트병 등에 끼여 죽음을 맞이하게 됩니다. 그

리고 미세플라스틱은 생태계의 먹이사슬 속으로 파고들어 인간들의 식탁에 오르게 되고, 결국 우리의 몸에도 미세플라스틱이 오염되어 만성질환의 원인이 되고 있다고 합니다.

2020년 기준, 전 세계적으로 연간 4.6억 톤의 플라스틱이 제조 및 생산되고 있는데, 현 추세대로라면 2030년엔 플라스틱 생산량이 연간 약 5.5억 톤을 돌파할 것으로 전망됩니다. 이는 플라스틱에서 배출되는 온실가스도 2015년 1.78Gtd에서 2050년 6.5Gt으로 4배 가까이 증가할 것으로 추산하고 있습니다.

다. 플라스틱은 생분해성과 재활용 화로 해결돼야

플라스틱의 가장 큰 문제는 생분해가 되지 않는다는 것입니다. 한번 생산된 플라스틱은 보통 수백 년, 길게는 수천 년씩 지구를 떠돌며 환경을 오염시킵니다. 이에 대한 대인으로 등장한 것이 비로 생분해 가능한 플라스틱, 이름하여 '바이오 플라스틱'입니다.

하지만 안타깝게도 아직까지 100% 완벽한 생분해 플라스틱은 존재하지 않습니다. 시중에 있는 바이오 플라스틱은 보통 일반 플라스틱과 생분해성 바이오매스(생물학적 원료)가 합쳐진 반쪽짜리 바이오 플라스틱 또는 바이오매스로 만들어졌지만, 특정 조건에서만 생분해가 되는 플라스틱입니다.

사실 세계 각국이 강력하게 플라스틱 공해의 심각성을 인지하고 이를 해결해 나가려면 얼마든지 해결될 수 있는 일입니다. 플라스틱을 재활용할 수 있는 기술이 개발되어 있고 생분해성 플라스틱도 개발되어 있는 상황입니다. 그리고 플라스틱의 생산단계부터 강력하게 규제하여 생산한 제품의 유통, 운반, 소비, 폐기, 처리 등 제품의 전 과정에서 최대한 환경에 영향을 미치지 않게 설계단계에서 강력하게 규제하면 될 일입니다. 그런데 누가 먼저 이를 실현시켜 나가느냐의 문제일 뿐입니다.

결국 세계 인류를 생명과 지구환경을 생각하는 마음보다도 경제적인 이득을 먼저 생각하고 있기 때문에 해결될 수 없는 일이 되고 있습니다.

우리가 입는 면 티셔츠 1장을 만드는데 약 2,700L의 물이 필요하며 또한 한 사람이 900일 동안 식수로 마실 수 있는 양인데도 세계적으로 버려지는 의류가 얼마나 많은지 산더미처럼 쌓여 있습니다.

세계 인류가 다함께 지구환경을 생각하고 지구를 되살리겠다는 다짐을 한다면서 실제로 이런 문제는 쉽사리 해결될 수 있습니다. 그런데 지구환경을 되살려 나가는 구체적인 행동은 하고 있지 않으니 지구환경을 되살려 나가겠다는 전도사로서 해야 할 역할을 담당해 나가는 사람들이 필요하다고 여겨집니다.

그렇지만 세계적인 리더들이 국익 우선, 패권주의 성향에서 의사결정을 하고 있으니 전도사 역할을 담당하는 사람들도 어이없이 닭 쫓던 개 하늘만 쳐다보고 있는 꼴이 되고 있습니다.

지구환경을 되살릴 수 있는 기회를 영영 놓칠 수 있는 티핑 포인트에 도달할 것이라는 우려가 나오고 있습니다. 이젠 세계 인류는 다함께 기후 행동에 나서야 합니다. 그래서 일부 권력자의 탐욕으로 지구환경의 티핑 포인트를 놓치지 않도록 우리 모두 기도해야 됩니다.

제발 내 욕심보다도 지구환경을 우선으로 배려하는 힘을 갖게 하시고 지구를 되살릴 수 있는 지혜와 용기를 갖도록 힘을 모아 주시길 간절히 기도드립니다.

제2절.
온실가스 배출

2021년 10월, 우리나라는 2030년 '국가 온실가스 감축 목표(NDC) 상향 안'을 확정하여 발표했다. 우리나라는 기후 위기 대응을 위한 탄소중립을 법제화하여 '탄소중립기본법'을 제성하었고

이에 2030년 탄소 배출량 감축 목표를 탄소중립기본법에 명시한 것보다 높은 '2018년 배출량(727.6백만 톤) 대비 40% 감축'으로 제시했다.

한국의 위상을 고려하면 감축 목표를 주요 선진국과 비슷한 50% 수준으로 상향해야 한다는 의견이 있는가 하면, 에너지 다소비 산업인 제조업 중심인 한국의 산업구조를 고려하면 현재의 NDC 목표가 산업을 위축시킬 수 있다고 우려하는 의견도 있다.

이처럼 NDC의 현실성에 대해 갑론을박이 오가지만 이미 한국에서는 2000년대 이후 에너지 수급 구조가 변하고 있다. 즉 2008년 국가 단위의 에너지 수급 정책을 체계화하고자 5년 단위의 국가 에너지 전략인 '에너지기본계획'을 수립하여 에너지 전략을 체계적으로 추진하기 시작했다. 이러한 변화는 기후 위기 대응뿐 아니라 당시의 산업 및 외교 환경에 따라 이어져 온 만큼 현재의 에너지 정책은 2000년대 이후 이어진 긴 흐름의 연장선이라고 보아야 할 것이다.

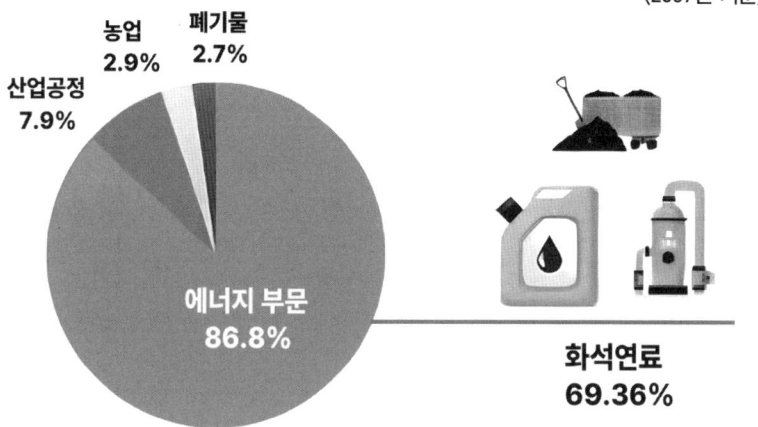

우리나라는 전통적으로 중앙집중형 전력망을 구축해 왔다. 그리고 그 핵심 축을 담당한 것이 수요량 변화가 크지 않은 대규모 수요처에 공급하는 데 최적의 소선을 갖춘 기력발전이다. 즉 우리나라는 고도성장기를 거치면서 산업시설에 전력을 안정적으로 공급하는 것을 우선순위로 뒀다.

소수의 대규모 산업단지에 전력을 공급하는 것은 전통적인 기력발전에 이상적인 여건을 조성하였다. 특히 대량의 냉각수를 수월하게 확보할 수 있는 해안 지역이 주요 발전단지로 성장했다. 이에 따라 원전을 중심으로 하는 경북, 경남 지역이 영남권 산업단지와 석탄화력발전을 중심으로 하는 전남이 호남권 산업단지에, 충남이 수도권에 전력을 공급하는 구도가 형성됐다.

인구가 밀집한 지역일수록 에너지 소비량이 큰 데 비해 발전소를 건설할 부지는 부족해서 전력 자립도가 낮게 나타나는 경향이 있다. 그런데 예외적으로, 충북은 도시 수가 적은데도 전력 자립도가 낮은데 이는 큰 강이 적은 산지 내륙이라는 특성상 대규모 발전소를 건설할 곳이 마땅치 않기 때문이다

최근 재생에너지에 대한 투자가 집중적으로 이루어지는 제주, 전북, 강원은

전력 자립도보다 포트폴리오 변화에 주목할 만하다. 제주는 풍력, 전북은 태양광, 강원은 태양광 및 풍력을 고르게 육성하며 지역 내 생산되는 재생에너지 비중을 꾸준히 높여 왔다.

석탄 화력은 2020년 총발전량 기준 국내 발전원 중 35.6%로 국내에서 가장 큰 비중을 차지한다. 화력발전 비중은 2010년대 내내 40%대를 유지하다가 2020년에야 비로소 30%대 중반으로 떨어졌다. 기존 화력발전을 가스 발전 등 오염물질 배출이 더 적은 발전 방식으로 전환하는데도 석탄화력발전 비중이 일정하게 유지된 이유는 기존 전력 수급 계획에 따라 계획된 석탄
화력발전소가 완공된 데 따른 것이다.

전력통계정보시스템의 2021년 12월 말 자료 기준으로 대규모 석탄화력발전소(기력)는 14개 부지에 총 57기가 가동 중이다.

수도권과 충남의 대기오염물질 배출량이 높은데, 산업시설이 밀집해 대기오염물질 배출량이 많고 물동량이 커서 화물트럭 운행이 빈번하기 때문이다. 충남은 수도권에 비해 인구 및 산업시설 규모가 더 작은데도 질소 및 황산화물 배출량, 총 부유먼지량은 수도권과 비슷한 것으로 미루어, 충남에 29기가 밀집된 석탄화력발전소의 영향 때문이다.

현재 2034년까지 24기의 석탄화력발전소를 단계적으로 폐쇄할 예정이었으나 이를 폐지하지 않고 CCUS(탄소포집저장 활용 기술)을 활용해 암모니아 혼소발전으로 진화발전 시키겠다는 방침을 수립하고 있다. 그렇지만 CCUIS는 아직 기술 개발단계에 있으면서 경제적인 부담이 크기 때문에 이를 활용할 수 있을는지 걱정이 된다.

1. 온실가스 배출량 추이

2022년도 세계 탄소 배출량은 전년 대비 0.9%가 증가한 368억 톤으로 역대 최고 기록을 하였다. 2020년부터 전 세계 각국이 탄소 감축 목표를 설정하고 의무적으로 감축 목표를 달성해 나가기로 결의하였지만 여전히 증가세에서 벗어나지 못하고 있다. 이는 개도국가들이 증가세에 머물러 있기 때문이다.

세계적으로 경제성장으로 인해 CO_2 배출량 증가세가 높은 나라들은 인도(+8.8%)와 인도네시아(+28%)가 있고 석유 의존도가 높은 사우디아라비아(+10%), 멕시코(+10%)는 석탄 및 가스 화력발전의 빠른 증가로 탄소배출이 늘어났다.

이에 반해 유럽은 -2%. (유럽연합 -1.8%, 튀르키예 -2.7%, 영국 -2.6% 포함), 수력발전 증가로 브라질-6.2%. 석탄화력발전 감소로 남아프리카 공화국 -4.7%의 감소하였고 원자력 발전 증가로 한국 -2.9%나 감소한 것으로 나타났다.

중국은 전년 대비 0.2%(2,300만 톤) 감소하여 121억 톤(전체의 32.8%)을 나타냈고 에너지 연소 부문에서 8,800만 톤 증가한 반면 산업 부문에서 0.4%(1.6억 톤) 감소된 것으로 나타났다.

이에 반해 미국은 전년 대비 0.8%(3,600만 톤) 증가하여 47억 톤(전체의 12.7%)을 나타냈다. 이는 미국은 가스 관련 배출량 증가가 석탄 관련 CO_2 배출량 감소를 상쇄시킨 것으로 나타났다.

부문별로 살펴보면 에너지 연소 부문에서 1.3%(4.2억 톤)의 증가한 반면 산업공정에서 발생한 탄소 배출량이 0.3%(1.02억 톤) 감소하였다. 그리고 태양광 발전과 풍력발전으로 6.7%(4.6억 톤) 감소하여 여전히 재생에너지가 탄소감축의 유일한 방안으로 여기고 있다.

가. 우리나라의 온실가스 배출 추이

온실가스 종합정보센터에서 '2022년 국가 온실가스 배출량'은 전년 대비 3.5% 감소한 6억 5,450만 톤으로 발표하였다. 이는 배출 정점인 2018년의 7억 2,700만 톤보다 10% 떨어진 수치이며 2010년 이후 가장 낮은 수치이다.

온실가스 배출 효율성을 나타내는 지표인 '국내총생산(GDP) 당 배출량(원단위)'도 전년보다 5.9% 감소한 332톤/10억 원으로 1990년 이후 역시 가장 적은 수준인 것으로 파악되었다.

부문별로 산업 부문이 2억 4,580만 톤으로 가장 많은 것으로 집계되었고 (37.6%), 이어서 전환 부문(발전 관련)이 2억 1,390만 톤(32.7%), 수송부문이 9,780만 톤(14.9%), 건물 부문이 4,830만 톤(7.4%), 농축 수산 부문이 2,550만 톤(3.9%), 폐기물 부문이 160만 톤(2.4%), 기타 71만 톤(1.1%)으로 나타났다.

2021년 대비 감소한 부문은 에너지 전환과 산입, 수송, 폐기물 등이며 건물과 농축 수산 부문은 오히려 증가했다. 농축수란 부문에서 30만 톤이 증가했는데 이는 축산, 가축 사육두수 증가가 주된 영향으로 분석되고 있다.

나. 온실가스 배출 효율성 지표

온실가스 배출 효율성 지표인 '국내총생산(GDP) 당 배출량'은 356톤/10억 원으로 2011년 이후 계속 개선되는 추세이며, 이는 2021년 국내총생산(GDP)이 전년 대비 4% 증가한 반면, 온실가스 배출량은 이보다 낮은 3.5% 증가한 것이다.

21년 분야별 온실가스 배출 비중을 살펴보면 총배출량 6억 7,960만 톤 중에서 에너지는 86.9%(공공 전기 및 열 생산 32.7%, 철강 14.3%, 화학 7.8%, 수송 14.4%, 상업/공공 1.8%, 가정 4.7% 그외 에너지 11.2%)이고 산업공정 7.5%, 광물 산업(시멘트) 3.5%, F-gas 소비 2.4%와 그 외 산업공정 1.6% 농업 3.1% 폐기물 2.5%로 분석되었다.

다. 부문별 증감 추세

발전 부문은 산업활동 회복에 따른 전력수요 증가로 전년 대비 400만 톤 증가한 것으로 추정돼 발전량은 4.5% 증가했다. 그러나 기존 석탄 발전 감축과 고효율 신규 석탄 설비 운용, 원 단위가 비교적 낮은 액화천연가스(LNG) 발전 증가(13%) 및 재생에너지 발전 증대 등의 정책적 노력에 힘입어 온실가스 배출량은 1.8% 증가에 그친 것으로 추정되었다. 즉 석탄 발전비중('20 35.6% → 21 34.3%) 감소 및 고성하이 1·2호기 및 신서천 1호기 신설, LNG 비중 증가(26.4% → 29.2%), 신재생 발전 증가(6.6% → 7.5%) 등으로 나타났다.

제조업 부문에서는 화학 580만 톤(12.4%↑), 철강 440만 톤(4.7%↑) 등 전체 배출량이 1,270만 톤(7.0%) 증가한 것으로 추정됐다. 이는 상업·공공·가정 부문은 연초 한파 등의 영향으로 도시가스 사용이 늘어(2%↑) 배출량이 전년보다 60만 톤 증가(1.4%↑)한 것으로 추정됐다.

산업공정 분야 배출량은 시멘트, 반도체 등 생산량 증가의 영향으로 전년 대비 5.2% 증가한 5,100만 톤으로 추정됐다.

한편, 농업 분야는 가축 사육두수 증가와 경작면적 감소의 상쇄로 전년 대비 0.9% 증가한 2,120만 톤 수준으로 나타났다.

폐기물 분야는 폐기물 발생량 증가에도 재활용 증가 및 누적 매립량 감소 경향의 영향으로 전년 대비 1.6% 감소한 1,680만 톤을 배출한 것으로 예상됐다.

2. 온실가스란?

탄소중립기본법에서 온실가스란 "적외선 복사열을 흡수하거나 재방출하여 온실효과를 유발하는 대기 중의 가스 상태의 물질"로 정의하고 있다. 즉 온실가스는 지구온난화에 직접 영향을 미치는 직접 온실가스와 직접 온실가스의 전구물질에 해당되는 간접 온실가스로 구분할 수 있다.

직접 온실가스는 교토의정서에서는 이산화탄소(CO_2), 메탄(CH_4), 이산화질소(N_2O), 수소불화탄소(HFCs), 과불화탄소(PFCs), 육불화황(SF_6), 삼불화질소(NF_3) 등 7가지로 규정하고 있다.

그 이외에도 기후변화에 관한 국제연합 기본 협약 (UNFCCC)은 온실가스로 규정하지는 않고 있으나, 블랙카본, 대류권 오존, 염화불화탄소(CFCs; 프레온가스) 등 2차 공약 기간에서 직접 온실가스로 규정하고 있다.

간접 배출이란 사용하는 소비 지역에서는 아무런 온실가스 배출이 일어나지 않지만 이를 생산하는 지역에서 온실가스를 배출하는 경우로 대표적인 것이 전력이다. 그다음으로 각종 폐기물이나 열 등을 들 수 있다.

국제적으로 기후변화협약의 온실가스 의무 감축에 대비하고 국내적으로 저탄소 녹색성장 기본법에 근거하여 온실가스 통계 보고서 작성에 활용 정확하고 신뢰성 있는 국가 통계체계 구축을 위한 에너지, 산업공정 부문 국가 고유 온실가스 배출계수를 개발·관리하도록 되어 있다.

IPCC는 세계 평균치인 기본 배출계수(default)를 제시하고 있으나, 국가의 특성을 반영한 고유의 배출계수를 개발하여 이용토록 권고하고 있다.

우리나라 탄소중립기본법에 제45조 및 시행령 36조(국가 온실가스 종합 관리체계의 구축 및 관리) 에 따라서 국가 온실가스 배출계수 개발은 에너지 분야와 산업공정 분야로 구분된다.

에너지 분야는 대상은 CO_2, CH_4, N_2O이며 에너지원, 연료 연소, 탈루 배출 등으로 구분된다. 산업공정 분야는 대상은 CO_2 및 Non-CO_2 (CH_4, N_2O, HFCs, PFCs, SF_6)이며 광물, 화학, 금속, 전자산업 등으로 구분된다.

우리나라는 공식적인 온실가스 배출계수는 산정, 발표되지 않고 있으며 다만 IPCC 가이드 라인의 온실가스 배출계수를 살펴보면 LNG 가스 15.3tC/TJ, 석유 26.6tC/TJ, 석탄 29.1tC/TJ로 사용하고 있다.

결국 석탄이나 석유를 가스로 전환한다면 온실가스 배출은 2분의 1로 감축시켜 나갈 수 있고 LNG 가스는 환경오염 물질 배출이 거의 없다. 그래서 신재생에너지로 전환이 어려우면 우선 석탄, 석유 등을 LNG 가스로 전환시켜 온실가스를 절반가량 감축시키는 브릿지 역할을 담당해 나가도록 하고 있다.

3. 온실가스의 종류

교토의정서에서는 지구온난화의 주범인 온실가스를 이산화탄소, 메탄, 아산화질소, 불화단소, 수소화 불화탄소, 불화 유황 6가지로 지정하였다. 그렇지만 지구상에 온실가스의 비중은 이산화탄소가 88.6%, 메탄이 4.8%, 이산화질소가 2.8%, 기타 수소불화탄소, 과불화탄소, 육불화황의 비중이 3.8%로 나타나고 있다.

IPCC 제3차 보고서에서는 '지구온난화에 기여하는 온실가스 기여도가 이산화탄소 60%, 메탄가스 20%, 이산화질소 6%, 프레온 가스 14%, 기타 0.5% 순으로 나타난다'고 밝혔다. 이같이 지구상의 온실가스 비중과 지구온난화의 기여도가 다른 것은 바로 지구온난화지수 때문이다.

지구온난화란 화석연료의 연소에서 발생하는 이산화탄소, 축산폐수 등에서 발생하는 메탄, 질소비료에서 발생하는 이산화질소 등이 대기에 잔류하면서 온실효과를 나타내 기온이 상승하는 현상을 말한다.

지구상에서 온실효과가 큰 이산화탄소는 그 발생 원인을 대체로 두 가지로 구분한다. 하나는 화산이나 지각 활동 등 자연적인 요인이고 다른 하나는 인구 증가와 산업화 등 인위적 활동이다.

인위적인 활동에 의해서 발생하는 화석연료(석탄, 석유, 가스 등)의 연소에서 발생하는 경우가 가장 크며, 그다음은 삼림 파괴로 인한 이산화탄소 흡수원이 줄어들어 발생하는 경우이다. 이들을 합한 양은 나머지 토지이용 등에서 발생하는 이산화탄소 배출량의 4배에 이른다. 결국 화석연료 사용과 삼림 파괴가 이산화탄소 배출 기여도의 80% 이상이 된다고 할 수 있다.

가. 지구온난화 지수

지구온난화지수란 이산화탄소의 지구온난화 기여도를 1로 볼 때 다른 온실가스의 온난화 기여도를 나타내는 지수를 말한다. 즉 메탄가스의 지구온난화 지수는 21이고 이산화질소는 310, 프레온 가스 등은 1,330~23,900이나 된다.

특히 작은 양으로 지구온난화에 대한 기여도가 높은 온실가스(메탄가스, 이산화질소, 프레온 가스 등)는 무엇보다 특별 관리하여야 지구온난화를 쉽게 극복할 수 있다. 다양한 온실가스 감축 방안을 마련하고 이를 실행해 나갈 수 있도록 국민의 협조를 얻어내야 할 것이다.

나. 온실가스의 특성

온실가스는 그 특성에 따라서 각기 다른 감축 방안이 마련되어야 한다. 이산화탄소의 경우는 무엇보다도 화석연료 사용을 억제해야 하고 메탄가스는 축산업 비중을 감축시켜 나가는 방안이 마련되어야 한다.

또한 이산화질소 등은 화학비료, 냉각제로 사용하는 프레온 가스, 과불화탄소, 육불화황 등은 대체 물질 개발에 노력해야 한다.

⟨온실가스의 종류와 지구온난화지수⟩

온실가스 종류	온실가스의 특징	온난화 지수
이산화탄소 (CO_2)	주로 화석연료 연소를 통해 발생하는 기체로 지구온난화지수는 낮으나, 전체 온실가스 배출량 중 약 80% 이상을 차지하고 있다.	1
메탄 (CH_4)	유기물이 분해될 때 특히 가축의 배설물이 분해 과정에서 발생하며, 온실가스 비중은 약 4.8%, 지구 전체 온실효과의 15~20% 이상을 차지	21
이산화질소 (N_2O)	석탄을 캐거나, 연료가 고온 연소 시, 질소비료를 통해 발생하며, 온실가스 비중은 약 2.8% 차지	310
수소불화탄소 (HFCS)	흔히 냉장고나 에어컨 등의 냉매로 사용되는 기체로서 불연성, 무독성의 특징이 있다.	140 ~11,700
과불화탄소 (PFCs)	탄소(C)와 불소(F)의 화합물로, 전자제품, 도금 산업, 반도체 제조 시 세척용으로 사용되는 기체	6,500 ~92,000
육불화황 (SF_6)	전기제품, 변압기 등의 절연가스로 사용	23,900

1) 이산화탄소(CO_2)

이산화탄소는 석유, 석탄, 천연가스 등 화석연료를 연소할 때 발생하고 자동차가 가솔린을 연소할 때나 사람들이 쓰레기를 소각할 때도 발생한다. 일단 방출되면 200년 이상 대기 중에 머물게 되어 쉽사리 해소되지 않는다.

이산화탄소가 온실효과에 미치는 영향은 메탄가스의 21분의 1에 해당 되지만 다른 온실가스에 비하여 대기의 성분 중에 차지하는 절대 비중이 높기 때문에 지구온난화의 주된 원인이라고 할 수 있다.

2) 메탄가스(CH_4)

메탄가스는 유기물이 미생물에 의해 분해되는 과정에서 만들어진다. 비료나 논, 쓰레기 더미 심지어 초식동물이나 곤충의 소화 과정에서도 상당한 양의 메탄가스가 배출되고 있다.

화석연료를 태우는 과정에서도 메탄가스가 발생하기도 하고 특히 산소가 없는 환경에서 박테리아가 유기물을 분해할 때 메탄가스가 생성된다. 그리고 메탄가스의 주요한 자연 발생원은 습지가 있고 추가적인 자연적 발생원은 흰개미와 바다, 식물 그리고 메탄 수화물 등이 있다. 일단 배출된 메탄가스는 분해되지 않고 대기 중에 10년 정도 머문다.

산업혁명 이후 석탄으로부터 에너지 생산, 천연가스, 매립지에서의 폐기물 배출, 소와 양과 같은 반추동물 사육 증가, 벼농사와 바이오매스의 연료와 같은 인간 활동이 늘어남에 따라 메탄가스 배출도 증가해 왔다.

3) 이산화질소(N_2O)

일명 웃음 가스로 알려진 이산화질소는 토양이나 화학비료 그리고 화석연료의 연소 등에서 배

출된다. 이산화탄소에 비해 150배 정도 열 흡수 효과가 있으며 대기 중에 180년 동안 머문다.

4) 프레온 가스 (CFCs)

프레온 가스는 주로 냉장고, 에어컨 등의 냉매제, 절연체 및 반도체의 세척제, 그리고 각종 스프레이 제품에 사용된다. 일단 대기 중에 방출되면 400년 이상 분해되지 않고 머문다. 열 흡수 효과는 이산화탄소의 1만 6천 배에 이른다.

실제 대기 중에 양은 적지만 인위적인 온실효과에 대한 기여도는 20%에 이른다. 이런 프레온 가스는 자연계에서는 존재하지 않은 합성가스로 염소나 브롬을 포함하지 않아 오존층을 파괴하지 않는다. 이 때문에 특정 프레온(CFCs)의 대체로써 냉매, 발포제, 에어졸, 세정 등의 분야에서 폭넓게 사용되고 있어

배출 증가가 예상된다. 그러나 이산화탄소의 수천 배에 달하는 온실효과를 나타내기 때문에 이를 처리하는 기술개발이 시급하다.

5) 과불화탄소(PFC)

과불화탄소(PFC)는 화학적으로 대단히 안정된 물질이기 때문에 분해가 어렵고 육불화황(SF6)

은 유황분을 포함된다. 따라서 프레온(CFC) 이상으로 분해가 어려워 파괴 기술이 확립되지 않은

상태이다. 이와 같은 온실가스의 분해 방법을 찾아낸다면 온실가스 감축에 크게 기여하게 될 것이다.

4. 우리나라에서의 온실가스 배출

일반적으로 화석연료는 연소 과정에서 일산화탄소와 질소산화물, 황산화물, 탄화수소 등 오염 물질을 배출한다. 질소산화물과 탄화수소는 공기 중에서 햇빛에 의해 결합하여 스모그 현상을 일으킨다. 그리고 자동차가 주요 배출원인 일산화탄소는 완전히 연소 되지 않을 때 발생하는 기체로 사람들의 건강을 해치는 원인이 되고 있다.

많은 도시에서는 안개처럼 희뿌연 오염 물질 때문에 오존이나 스모그 현상이 자주 발생한다. 오존은 질소산화물과 같은 대기오염물질이 태양 빛이나 열에 반응하여 만들어지는 것이다. 따라서 햇빛이 강한 여름철 오후에 많이 발생하고 특히 바람이 불지 않을 때 더욱 높게 나타난다.

사람들이 오존에 노출되면 호흡이 가빠지고 장기간 노출될 때 폐에 치명적인 손상을 주고 농작물도 오존에 노출되면 수확량이 감소하게 된다.

대기환경보전법에 따르면 대기오염물질은 "독성, 생태계에 미치는 영향, 배출량, 환경정책기본법 제12조에 따른 환경기준에 대비한 오염도를 심사·평가한 결과 대기오염의 원인으로 인정된 가스, 입자상 물질"로 정의하고 있다. 즉 대기환경보전법에서 대기오염물질은 황산화물(SO_2), 일산화탄소(CO), 이산화질소(NO_2) 등 가스상 물질(악취 물질 포함)과 먼지 등 입자상 물질을 포함한 총 64종으로 정하고 있다.

이 중 카드뮴 등 35종을 특정 대기 유해 물질로 정하여 관리하고 있다. 이런 대기오염의 주된 원인은 산업시설에서의 화석연료 연소와 자동차에서 배출되는 배기가스라고 볼 수 있다.

가. 온실가스 인벤토리 보고서

온실가스 통계는 기후변화에 관한 정부간 협의체 지침(IPCC GL)의 분류에 따라 에너지, 산업공정, 농업, 토지이용, 토지이용 변화 및 임업(LULU CF), 폐기물 분야 등 7개 부문으로 구분한다.

1990년부터 산정이 가능한 가장 최신 연도까지의 온실가스(CO_2, CH_4, N_2O, HFCs, PFCs, SF_6)에 대한 배출 흡수량을 산정, 보고한다. 이는 기후변화에 대응하여 정책을 수립하고 이행하기 위해서는 국내 온실가스 배출원 및 흡수원을 파악하고 각 배출원 온실가스 인벤토리 보고서와 흡수원에서의 배출량과 흡수량, 즉 국가 온실가스 인벤토리(온실가스 통계)를 정확하게 산정하는 것이 매우 중요한 자료가 된다.

온실가스 종합정보센터는 '국가 온실가스 인벤토리 보고서(NIR)'의 발간을 통해 온실가스 통계 및 설명 자료를 공개하고 있다. 교토의정서에 따라 국가 온실가스 인벤토리 보고서를 UN 기후변화협약 사무국에 제출토록 되어 있다.

온실가스 인벤토리 보고서는 국내에서 인간 활동으로 인해 발생하는, 교토의정서에서 규정한 6대 직접 온실가스인 이산화탄소(CO_2), 메탄(CH_4), 아산화질소(N_2O), 수소불화탄소(HFCs), 과불화탄소(PFCs), 육불화황(SF_6)의 6개의 배출·흡수량을 보고한다.

산정기관으로 지정된 곳은 에너지경제연구원(에너지), 한국교통안전공단(수송), 해양환경공단(해운), 한국에너지공단(산업공정), 국립농업과학원(경종, LULU CF-농경지), 국립축산과학원(축산, LULU CF-초지), 국립산림과학원(LULU CF-산림지, 습지), LH 토지주택연구원(LULU CF-정주지, 기타 토지), 한국환경공단(폐기물) 등 9곳으로 되어 있다.

나. 온실가스목표관리제 도입

우리나라는 온실가스 감축을 위해 온실가스·에너지 목표 관리제를 2011년부터 시행하고 있다.

2015년부터는 배출권거래제를 시행하고 있으며 이는 온실가스를 많이 배출(또는 에너지 다량 소비)하는 내규모 사업장들에 온실가스 감축과 에너지 절약 목표를 부과하고 목표를 달성하지 못할 경우 과태료가 부과방식으로 배출권을 매입 토록 하는 제도이다.

배출권 관리 대상은 최근 3년간 연평균 온실가스 배출량 5톤 CO_2 eq.이상, 에너지 사용량 200 TJ 이상인 업체 또는 온실가스 배출량이 1.5만 톤 CO_2 eq. 이상, 에너지 사용량 80 TJ 이상인 사업장을 기준으로 지정하였다.

배출권거래제는 최근 3년간 연평균 온실가스 배출량이 12.5만 톤 CO_2 eq. 이상인 업체이거나 2.5만 톤 CO_2 eq. 이상인 사업장에 적용되며 계획기간 별로 운영된다. 제1차(2015~2017년) 및 제2차(2018~2020년) 는 3년 단위, 제3차 계획기간(2021~2025년) 부터는 5년 단위로 운영된다.

2014년, 기후변화에 관한 정부간 협의체(IPCC)가 제5차 평가 종합보고서를 발표하였다. 여기에서 "지난 130여 년(1880~2012년)간 지구 연평균 기온은 0.85℃ 상승했으며, 지구 평균 해수면은 19cm 상승했다"며 "앞으로 탄소배출이 지속적으로 늘어나면서 21세기 기후변화는 더욱 가속화될 전망이다"라는 밝혔다.

현재와 같이 지구의 평균 기온상승률이 유지된다면 21세기 말 지구 평균기온은 3.7℃ 상승하게 되고, 해수면은 63cm 상승하여 전 세계 주거 가능 면적의 5%가 침수될 것이라고 밝혔다. 그리고 지구의 평균 지표 온도가 상승함에 따라 다수의 지역에서 폭염의 발생 빈도와 강도가 증가하여 계절 간 강수량과 기온의 차이가 더욱 벌어지는 기상이변이 일어나고 있다.

이 같은 지구온난화의 원인은 온실가스들 때문이며 지구온난화에 영향을 미치는 정도는 이산화탄소가 60%, 메탄(CH_4)이 15%, 대류권 오존(O_3)이 8%, 아산화질소(N_2O)가 5%라는 사실까지 확인하였다고 발표하였다.

다. 지구상에 온실가스의 배출과 흡수원

산업혁명 이후에는 화석연료(석탄, 석유, 천연가스)를 추출하고 연소하는 등 인간의 활동으로 대기 중 온실가스 양이 크게 증가하여 복사 불균형 현상이 발생했다.

2019년 기준 이산화탄소와 메탄가스의 농도는 1750년 이후 각각 약 48%, 160% 증가했다. 현재의 이산화탄소 농도는 지난 2백만 년 기준 최고 수치이고 메탄가스의 농도는 지난 80만 년 기준 최고 수치이다.

2019년 기준 전 세계의 인위적인 온실가스 방출량은 이산화탄소 약 590억 톤과 맞먹는다. 총 온실기체 방출량 중 이산화탄소가 75%, 메탄가스가 18%, 아산화질소가 4%, 플루오린화 기체가 2%였다.

이 중 이산화탄소의 배출은 주로 교통, 제조업, 난방, 전기를 위한 에너지 쓰기 위해 화석연료를 태우면서 발생하였다. 그 외에도 산림 벌채와 산업공정에서도 이산화탄소가 배출되었는데 주로 철강, 알루미늄, 비료를 제조하기 위해 사용하는 화학 반응으로 이산화탄소가 배출되었다.

메탄가스는 주로 가축 목축, 천연 거름 이용, 쌀 재배, 매립지, 폐수, 석탄 및 석유, 천연가스 채굴 과정에서 배출되었고 아산화질소는 주로 비료의 미생물 분해 과정에서 배출되었다. 온실가스 방출에 산림벌채가 큰 요인을 차지하고 있지만 그럼에도 지구의 육지 표면, 특히 숲이 가장 큰 탄소 흡수원 역할을 하고 있다.

토양의 생물학적 탄소 고정이나 광합성과 같은 지표면의 탄소 흡수 작용으로 연간 전 세계 이산화탄소 배출량의 29%가 다시 흡수된다.

바다도 두 단계 과정을 통해 중요한 이산화탄소 흡수원 역할을 한다. 먼저 표층수에 이산화탄소가 용해되고 나면 바다의 열염순환 과정에서 이산화탄소가 흡수된 바닷물이 해양 심층으로 깊숙이 골고루 가라앉고 시간이 지나면 탄소의 순환 과정으로 바다 심해에 축적된다. 지난 20년간 전 세계의 바다가 그동안 배출한 이산화탄소의 20~30%를 흡수하였다.

5. 태양에너지가 지구온난화에 미치는 영향

태양에너지는 지구생태계에 생명의 근원이며 모든 생활이 태양에너지에 기반으로 이뤄진다. 기후변화의 원인도 태양에너지에서 오는 열과 빛 형태의 복사에너지에 기반으로 이뤄진다고 할 수 있다.

지구에 도달하는 태양 복사에너지를 100%라고 할 때, 그중 약 30%는 대기층이나 지표면에서 반사되어 곧바로 지구 밖으로 빠져나가고, 약 70% 만이 지구에 흡수된다. 흡수된 70%의 태양 복사에너지 중 50%는 지표면에 흡수되고,

17%는 대기 중에 흡수되며, 나머지 3%는 구름에 흡수된다.

한편 지표면에 흡수된 50%의 태양 복사에너지는 모두 대기 중으로 방출된다. 따라서 대기는 직접 흡수한 20%와 지표면에서 받은 50%를 포함하여 70%를 가지게 된다.

이렇게 흡수된 70%의 태양 복사에너지는 여러 가지 기상이변이나 해류 등을 일으키며, 마지막에는 우주 공간으로 다시 빠져나간다. 결국 지구에 도달한 100%의 태양 복사에너지 중 30%는 공기나 구름·지표면 등에서 반사되어 우주 공간으로 빠져나가고, 70%는 지구에 흡수되었다가 다시 우주 공간으로 빠져나가게 되어 지구는 복사 평형을 이루게 된다.

지구의 기후변화에 영향을 주는 태양에너지의 주된 요인은 태양복사, 대기 중 온실가스 농도, 에어로졸, 토지 피복, 알베도(빈사율)효과 등이라고 할 수 있다. 이들이 변화하면서 지구의 기온도 따라서 변화하고 있다.

태양에너지가 지구에 들어오면서 약 30~34%는 구름 등에 의해 반사되고 지표면에는 약 44~50% 정도만이 도달한다. 지구 표면에 도달한 에너지 중 이산화탄소 등 온실가스는 적외선 파장의 일부를 흡수하여 보존하게 되는데 이것이 지구의 기온이 상승하는 요인이 된다.

온실가스는 가시광선을 투과시키지만, 적외선을 잘 흡수하는 광학적 성질을 가진 기체이다. 그렇지만 질소, 산소, 아르곤 등은 적외선을 흡수하는 성질이 없는 기체들은 지구온난화와는 아무런 영향을 미치지 않아 온실가스에서 제외된다.

적외선을 잘 흡수하는 이산화탄소, 프레온 가스, 할론가스, 메탄 등의 유기가스, 질소산화물, 오존 등을 우리들은 온실가스라고 한다.

이같이 지구온난화를 방지하기 위해서는 산에 나무를 심고 호수, 늪 등을 보호해서 태양 복사열을 완화시켜 주어야 한다. 그리고 화석연료 사용을 최소화하여 온실가스 농도를 지구 자정 능력 범위에서 배출할 수 있도록 대책을 마련해야 한다.

결국 지구온난화를 극복하고 지구를 되살리는 길은 화석연료 사용을 최소화하여 온실가스의 농도를 줄이고 산림녹화 사업으로 태양 복사열을 완화시켜 나가야하는 것이다.

가. 온실가스의 농도

지구에 도달한 태양에너지 중에서 파장이 짧은 적외선은 다시 방출하고 긴 적외선 파장은 온실가스들이 흡수하여 보관하게 된다. 그래서 온실가스 농도가 과도하게 증가하면 지구로부터 방출되는 에너지를 과다하게 대지 중에 묶어 놓게 된다. 때문에 지표면의 온도가 상승하는 지구온난화현상이 일어난다.

화석연료의 사용, 산림벌채, 질소비료 사용, 폐기물 소각, 냉매, 세척제 및 스프레이 등을 많이 사용하면 온실가스를 장기간 대기 중에 남아있게 된다. 따라서 온실가스 농도가 높아지게 되고 그만큼 많은 열을 지구가 보유하게 되면서 지구의 기온은 상승하게 된다. 더욱이 이산화탄소의 경우 대체로 200년 동안 그대로 지구 주변에 남아있어 지구온난화는 지속되는 주된 요인이 되고 있다.

나. 에어로졸 효과

에어로졸이란 대기 중에 미세한 입자로서 자연계에서뿐만 아니라 산불이나 농작물 소각 시에 발생하는 이산화황에 의해서 생성된다. 이는 온실가스와는 반대로 태양광을 차단하고 산란시켜 대기를 냉각시키는 역할을 하며 빗물의 핵이 되기도 한다.

인간활동에 의해 만들어진 에어로졸은 며칠 동안만 대기 중에 남아 있으므로 산업단지와 같은 지역 부근에 집중적으로 발생하게 된다. 그래서 오염지역에 집중적인 스모그 현상이 일어나게 되며 복사에너지를 차단시키고 환경오염 물질을 잡아주는 효과가 있어 호흡기 질환의 원인이 되고 있다.

다. 알베도(반사율)효과

도로 건설, 높은 빌딩 건축, 벌목, 농업의 확장 등으로 산림이 파괴되고 태양의 복사열을 흡수할 수 있는 숲이나 호수가 크게 줄어들고 있다. 이는 결국 복사열의 반사율을 높여 지구의 기온을 더욱 상승하는 효과를 나타내게 된다.

물은 태양복사를 아주 잘 흡수하여 알베도(반사율)가 8% 정도로 낮은 편이다. 그렇지만 얼음은 알베도(반사율)의 80~90% 정도로 10배나 높아 지구 온도가 상승하는 것을 방지하는 역할을 해주고 있다.

사실상 남극이나 북극, 높은 산악지대의 빙하들은 태양복사가 반사되는 비율(알베도)이 대기보나 높기 때문에 지구온난화를 완화시켜 주는 중요한 역할을 담당해 왔다. 그런데 북극의 빙하가 2040년에 다 녹게 될 것으로 전망하고 있어 지구온난화를 더욱 가속하는 요인이 되고 있다.

6. 온난화를 시급하게 해결해야 할 이유

우리들은 기후변화라면 야위어가는 흰 북극곰, 녹아내리는 빙하, 가라앉는 아름다운 섬을 연상한다. 그렇지만 선진국 사람들은 에어컨이 나오는 곳에서 풍족하게 살아가기 때문에 기후변화란 먼 나라 사람들의 이야기처럼 들린다.

여름철 땡볕에서도 일해야 하는 건설노동자들, 열섬효과로 잠을 못 이루는 저소득층, 거리에서의 노숙자 등 가난한 사람들에겐 기후변화를 온몸으로 느끼면서 고통을 받고 있다. 이같이 기후변화란 가상의 이야기가 아니고 먼 나라만이 처해 있는 현실도 아니다. 우리들이 모두 겪고 있으면서 우리 후손들과 다함께 살아가야 할 삶의 터전에 관한 문제이다.

사실 선진국들의 산업화로 배출한 탄소를 작은 도서국가들이 묵묵히 떠안고 살기 위한 몸부림을 치는 광경을 우리들은 지켜보고 있었다. 그렇지만 내가 살아가기에 바쁘다 보니 챙길 수가 없다는 핑계로 이를 방관자 입장에서 그냥 지나쳐 버리고 있다. 하지만 머지않아 이들만의 문제가 지구촌 세계 인류의 문제라는 사실을 절감하게 될 것이다.

지구촌은 이미 난파선이 되어 있는 상태이다. 여기에서 벗어나기 위해서는 우린 공동운명체라는 사실을 절감하고 다 함께 어려움을 공유하면서 살아 나갈 방안을 모색해야 한다. 따라서 수몰 지역 사람들을 지원하고 응원해서 새로운 삶의 터전을 일구어 나갈 수 있도록 이들을 도와주어야 한다.

2009년 12월, 덴마크 코펜하겐에서 열린 제15차 기후변화 정상회의에서는 오는 2050년 기후변화에 따른 자연재해로 최대 10억 명의 난민이 발생할 것이라는 전망이 나왔다. 전 세계 인구 중 28억 명은 기후변화가 초래한 홍수, 폭풍우, 가뭄 등에 노출된 지역에 살고 있으며 2020년에는 최대 2억 명 이상이 물 부족에 시달리게 될 것이라고 한다. 이런 기후변화는 거의 모든 나라에 영향을 미치고 있지만 기후변화 위기에 가장 신음하고 있는 나라들은 인도양과 태평양의 수많은 섬나라들이다.

섬나라와 저지대 국가들이 주로 기후변화로 인한 수몰이나 침수를 걱정해야 한다. 그리고 대부분의 아프리카 국가는 극심한 물 부족 위기에 직면해 있다. 저지대 침수는 삶의 터전을 잃게 되어 다른 곳으로 이민을 가지 않으면 안 된다. 그리고 물 없이는 생존할 수 없으므로 물 부족도 역시 난민 형태로 마실 물을 찾아 다른 지역으로 옮겨 다닐 수밖에 없다. 소말리아의 기후난민들이 강을 건너 케냐로 이동하고 있는 것과 같은 현상이 앞으로 더욱 심하게 나타날 것이다.

가. 기후변화의 불가역성

지구온난화를 시급하게 해결해야 하는 이유는 기후변화의 불가역성 때문이다. 온실가스의 배출이 지금 당장 중단된다고 해도, 현재 기후변화의 양상은 앞으로 수백 년 동안 지속될 수밖에 없다.

이는 지구 평균 지표 온도의 변화와 선형 함수관계를 갖는 것은 온실가스 배출량이 아니라 누적 배출량에 따른 온실가스 농도로 지구의 기온이 상승하기 때문이다. 즉 평균 지표 온도를 안정시킨다고 해서 기후 시스템의 모든 측면을 안정화시킬 수 있는 것도 아니다.

그래서 지구환경이 되살아날 수 있을까? 하는 의구심을 갖게 한다. 즉 기후변화로 인한 생태계, 토양 탄소, 빙하, 해양 기온 및 해수면의 변화는, 그 본질적 특성상 오랜 기간 지속된다. 때문에 이산화탄소 배출을 제로화한다고 해도 지표면의 기온이 안정화될 수 있다는 보장은 할 수 없다. 이런 상태가 수백 년 혹은 수천 년까지 그대로 유지될 수 있어 향후 지구환경문제는 장담할 수 없다는 우려가 나오고 있다.

나. 티핑포인트 진입

세계기상기구가 2021년 9월에 발표한 '기후 및 극한 날씨 보고서'에 따르면 1970년부터 2019년까지 40년 동안 기상재해는 무려 5배 이상 증가하고 있다고 밝혔다. 그리고 매년 기상재해의 빈도수는 더욱 증가 추세를 나타내고 있어 세계 인류는 기후 위기가 이젠 생명을 위협한다는 사실을 공감하게 만들고 있다.

영국 엑서터대와 독일 포츠담 기후 영향연구소 국제 연구 네트워크 '지구위원회' 등 국제공동연구팀은 2022년 9월 13일 "세계 인류의 온실가스 배출이 이미 지구를 티핑 포인트 비상 구역으로 진입시켰다."는 보고서를 내놓았다.

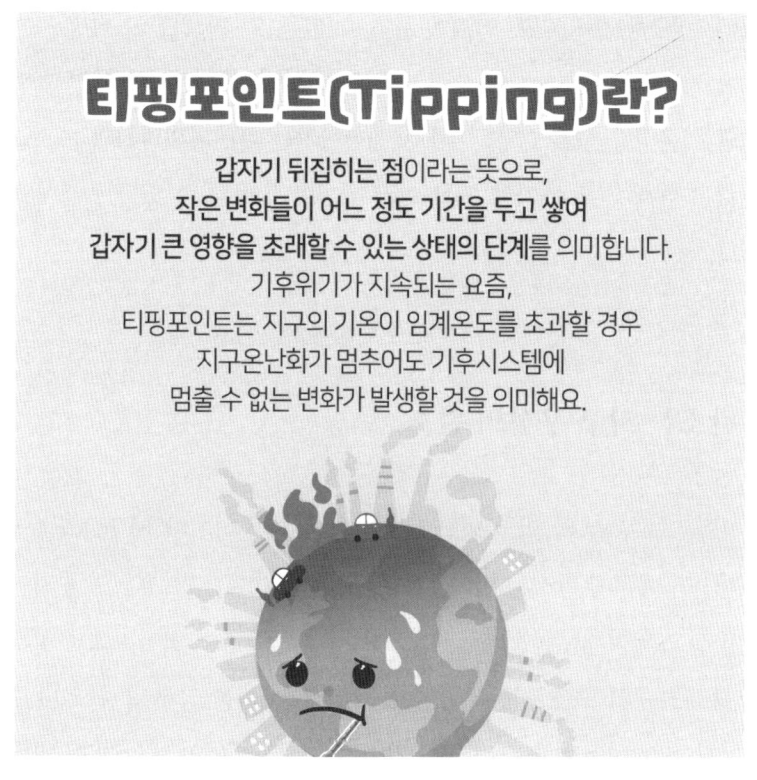

　티핑포인트(Tipping point)란 작은 변화들이 일정 기간 쌓인 상태에서 작은 변화가 하나만 더 일어나도 갑자기 큰 영향을 초래할 수 있는 돌발적인 사태에 도달할 수 있는 단계를 의미한다.

　구체적으로는 그린란드 빙상 붕괴, 남극 서부 빙상 붕괴, 래브라도해 대류 붕괴, 남극 동부 빙하 분지 붕괴, 아마존 열대우림 고사, 영구동토층 북부 상실, 대서양 대규모 해양 순환 붕괴, 북극 겨울 해빙 상실, 남극 동부 빙상 붕괴, 저위도 산호초 사멸, 영구동토층 북부 돌발 해동, 바렌츠해 해빙 돌발 상실, 산악 빙하 상실, 사헬과 아프리카 서부 몬순 전환(녹화), 북부 삼림(남부) 고사, 북부 삼림(북부) 확장 등 16가지의 실례를 들어 지구환경은 되살릴 수 있는 기회를 영영 상실할 수 있다는 비관적인 전망을 내놓고 있다. 현재 그린란드 빙상 붕괴, 영구동토층 해빙, 열대 산호초 소멸 등 5가지 위험이 티핑 포인트(전환점)를 지났을 수 있다는 연구 결과를 내놓았다. 이는 산업화 이전에 견줘 지구 평균 기온상승 폭을 1.5도 이내로 제한하자는 파리기후협정의 목표를 이루어 냈다고 해도 기후 위기에 따른 여러 위험이 촉발될 수 있다는 분석을 내놓고 있다.

7. 탄소는 지구 구성의 원소

우리들은 지구온난화의 주범인 탄소를 감축시켜 나가야 지구환경을 되살릴 수 있다. 이 때문에 탄소는 없어져야 할 존재라고 여기기 쉽다. 그렇지만 생물체들이 살고 있지 않은 태양계의 행성들은 대체로 탄소 덩어리로 구성되어 있으며 원시 지구의 모습은 탄소 덩어리이었다고 사실을 쉽게 알 수 있다.

이렇게 탄소 덩어리로 된 지구환경이 많은 생물체들이 살아갈 수 있도록 지난 40여 억 년 동안 진화 발전해 모든 생물체가 편안하게 살아갈 수 있도록 지구환경은 항상성을 유지하고 있다. 즉 지구 평균기온이 15℃, 대기권의 원소 및 해양의 염분 농도는 매우 항상 안정적으로 유지시켜 지구생태계가 편안한 삶의 터전이 되어 왔다. 즉 지구 대기권의 원소란 질소 78%, 산소 21%, 아르곤 0.93%, 나머지 기체(이산화탄소, 네온, 헬륨, 수소 등)들은 극소량으로 구성되고 있다.

최근 지구상에 탄소 비중이란 그간 0.03%에 불과했으나 화석연료 사용 증가, 산불, 화산활동 등으로 갑자기 늘어나면서 지구상의 탄소 농도는 증가하였다. 사실 기나긴 세월 동안 대기 속 이산화탄소 농도는 300ppm을 넘지 않는 항상성을 유지시켜 왔다. 그런데 산업혁명 이후 200년 동안 지나친 화석연료의 사용으로 2022년 현재 417mm로 늘어나 73%나 증가하게 되었다.

탄소란 대기 중에 200년 이상 머물러 있으면서 태양에너지의 긴 파장(적외선)을 흡수하는 온실가스라는 특성을 지니고 있다. 이런 온실가스가 쌓이면서 지구의 기온이 지속적으로 상승하면서 폭염, 산불, 폭우, 태풍, 지진 등 극한 기상이변이 발생하여 세계 인류의 생명을 위협하고 있다.

유엔은 IPCC라는 세계적인 전문가 그룹을 만들어내는 보고서를 통하여 이 같은 사실을 밝혀냈다. 이제부터는 화석연료 사용을 중단시켜야 극한 기상이변으로부터 지구환경을 보호할 수 있다는 사실을 세계 인류에게 알리고 있다.

그래서 2015년 파리협정에 의해서 '2050 탄소중립'을 결의하고 세계 각국은 의무적으로 탄소 감축 목표를 설정하여 이를 실현해 나가야 한다. 결국 세계 각국은 지구온난화의 주범인 탄소를 감축시켜 나가야 하는 최고의 당면과제를 안고 있는 셈이다.

가. 탄소는 생명체의 구성 원소

지구상의 모든 생명체는 수소, 산소, 탄소, 질소의 네 가지 원소를 기반으로 황과 인, 두 원소가 극소량 포함되는 6가지 원소로 구성되었다. 결국 지구생태계란 이런 6가지 원소를 기반으로 아주 다양한 유기 화합물들이 이루어지면서 생명을 유지시켜 오고 있다. 특히 물은 모든 생체 조직의 주성분이며, 보통 질량의 70%나 차지하고 있다.

한편 지구상의 모든 생물체가 먹이사슬로 연결되어 있어 사실상 탄소와 질소는 이런 먹이사슬을 통하여 함께 순환되고 있다. 모든 생물체의 먹거리인 유기물질들을 식물의 광합성 작용으로 만들어진다. 즉 식물이 태양에너지를 기반으로 이산화탄소와 물로 다양한 유기물질을 만든다.

이런 유기물질을 초식동물이 먹고 육식동물은 초식동물이나 식물이 만든 유기물질을 먹고 살아가고 있다. 따라서 탄소는 유기물질의 기반이 되어 모든 생물체의 먹거리가 되어 먹이사슬로 순한 되고 있다.

사실상 화석연료라는 것도 땅속에 묻힌 생물체의 시체나 배설물들이 높은 열과 압력을 받으면서 석유, 석탄, 가스로 변화한 것이다. 결론적으로 모든 생물체의 내부에 있는 탄소로 구성되어 있어 땅속에 묻힌 것으로 캐내어 다시 지구환경으로 되돌아가고 있다고 할 수 있다.

나. 인간의 몸도 18%가 탄소

우리들의 몸은 70%가 물로 구성되었으며 그다음으로는 탄소의 비중이 18%나 된다. 즉 인간을 비롯한 동물들은 음식으로 섭취한 부분적으로 환원된 탄소화합물을 이용해서 조직과 기관을 만들고, 그 에너지를 이용해서 삶을 살아가고 있나. 실제로 우리 몸을 구성하는 60조 개의 세포가 모두 탄소의 화합물로 만들어진 것이다.

우리 몸에서 일어나는 생리작용을 정교하게 통제해 주는 효소와 호르몬과 같은 단백질도 역시 탄소의 화합물이다. 우리가 살아 움직이기 위해, 필요한 생리적 에너지를 공급해 주는 탄수화물이나 지방도 예외가 아니다.

심지어 생명의 연속성에 꼭 필요한 유전 정보를 담고 있는 DNA와 유전 정보로부터 단백질을 합성하는 과정에서 핵심적인 역할을 하는 RNA도 탄소의 화합물이다. 이같이 탄소화합물을, 생명을 가진 유기체의 전유물이라고 할 수 있다.

인류 문명의 근대화를 가능하게 만들어준 화석연료도 모두 탄소의 화합물이다. 정보화 시대를 가능하게 만들어준 전기도 대부분 석탄을 비롯한 화석연료로 생산한다. 결국 탄소를 이용해서 생산하는 에너지가 인류 문명을 눈부시게 발전시켰다고 할 수 있는데 이는 탄소의 순환을 통해서 이뤄졌다고 해도 과언이 아니다.

다. 새로 발견되고 있는 탄소 소재

땅속 깊은 곳 고온·고압 상태에서 탄소는 투명한 다이아몬드가 된다. 다이아몬드는 아름다운 광채를 띠면서 경도도 모스경도 10으로 세계에서 가장 강도가 높은 물질이다. 그렇지만 흑연은 100% 탄소 결정체이지만 이상하게도 다이아몬드와 정반대로 가장 연한 모스강도 '1 이하'여서 가격은 저렴하고, 미끄럼 특성이 좋아 필기구인 연필심으로 사용된다.

흑연 결정질 탄소와 반대로 비 정질탄소가 되면 천연 고무와 결합을 잘해 항공기, 자동차 타이어에 강화 첨가제로 사용된다. 그리고 최근 탄소 버키볼(C60), 그래핀(Graphene) 소재로 개발돼 스마트폰 등 IT 기기에 투명전극 소재로 활용되고 있다.

즉 탄소와의 합금속을 통하여 새로운 신소재를 만들어 에너지 효율성을 높이는 원자재로 많이 활용하고 있다.

탄소와의 합금속을 만드는 과정에서 온도를 1만도 까지 상승시킬 수 있는 프라즈마용법과 나노 용법을 활용하여 앞으로 많은 신소재가 등장하여 탄소중립에 크게 기여할 수 있게 될 전망이다.

19세기 중반부터 인류의 탄소 의존도는 더욱 빠르게 심화하면서 천연물에 의존하던 염료, 섬유, 의약품을 인공적으로 합성하는 효율적인 화학 기술로 전환되었다. 20세기에는 탄소를 기반으로 하는 고분자 합성 기술이 등장하면서 탄소는 우리들의 일상용품으로 자리 잡고 있다. 이제 탄소와 금속 소재가 융합되는 합금속이 미래 첨단소재로 개발되면서 탄소 기반의 첨단 나노 소재 세상을 만들어 나가고 있다. 즉 티타늄이라는 탄소를 기반으로 하는 합금속이 다양한 용도로 활용되면서 기존 산업체는 새로운 첨단 나노소재라는 새로운 옷으로 갈아입고 있다.

요즈음 배출되는 탄소를 포집, 저장, 활용하는 CCUS 기술이 탄소중립의 핵심기술로 부각되면서 탄소를 활용하여 미래 첨단 나노 소재를 개발해 나가는 티타늄 기술들이 기존 산업체를 친환경 첨단소재로 갈아입는 세상이 되고 있다.

탄소란 지구온난화의 주범으로 부각되고 있지만 이를 활용한다면 첨단 나노 소재에 의해서 새로운 세상을 만들어 나갈 수 있다. 탄소는 없애야 될 존재가 아니라 더욱 발전시켜 지구환경을 되살려 나가는 기반으로 활용해야 하는 세상이 된 것이다.

8. 21세기 탄소 시대 개막

국제에너지기구(IEA)는 이산화단소 감축량 중 57%를 에너지 효율 향상을 통해 해결해야 할 수 있는 과제라고 추정하고 있다. 그 해결 방안으로 탄소 소재가 급부상하고 있다.

탄소 소재로 항공기 등 수송 수단을 경량화해 에너지 소비량을 절감하고, IT 제품에 탄소 소재 채용을 늘려 에너지 효율을 높여나갈 수 있다고 밝히고 있다.

일본 도레이(Toray)는 에어버스에 항공기용 탄소섬유 복합 소재를 장기 공급하고 있는데 이는 날개와 동체의 대부분에 탄소섬유 복합 소재를 적용되면 기체 중량의 50%(대당 35톤)에 달하는 규모라고 한다.

이처럼 금속으로만 가능해 보였던 항공기의 기체를 탄소섬유가 대신할 수 있고 다른 소재들이 따라올 수 없을 만큼 에너지를 절감시키는 장점을 갖게 된다. 즉 알루미늄에 비해 중량은 4분의 1에 불과하면서도 철에 비해 강도는 10배나 높다.

IT 부품도 그동안 금속산화물 계열 소재를 사용해 터치스크린 필름 등을 만들어 왔으나 최근에는 이보다 전기전도도가 좋은(저항이 낮은) 탄소 소재를 적용하려는 움직임을 보여 앞으로 기술개발에 관심을 끌게 된다.

일반적으로 소재는 성분이나 응용 분야에 따라 분류한다. 일반적으로 소재 성분으로 분류했을 때 금속, 화학, 세라믹으로 구분한다. 탄소 소재가 주목받는 이유는 이 세 가지 소재들의 장점들을 두루 지니고 있기 때문이다.

철과 같은 금속에 비해 강도는 몇 배 높으면서 또한 가볍다. 화학적 내성이 크면서도 전기는 매우 잘 통한다. 이런 것들이 가능한 이유는 탄소 원자가 배치된 구조에 따라 물질 구성이 다양해질 수 있기 때문이다. 예를 들어 같은 탄소 소재인 흑연과 다이아몬드를 비교하면 흑연은 전기가 잘 통하지만, 다이아몬드는 전기가 전혀 통하지 않는다. 그동안 가장 널리 알려진 탄소 소재는 흑연이었다. 연간 60만 톤 정도가 생산돼 2차 전지 음극재, 원자력 발전 감속재, 제철용 전극봉, 반도체 실리콘 등의 제작에 사용돼 왔다.

그런데 가장 성장성이 높은 분야인 2차 전지 음극재로 널리 활용되면서 큰 폭으로 수요시장이 확대되고 있다. 이와 같이 우린 탄소를 다양하게 활용하는 탄소 시대에 살고 있다. 어찌 보면 탄소중립이란 이런 탄소의 쓰임새를 찾아내서 재활용하고 재자원화하는 방법을 찾아 나가는 것이라고 할 수 있다.

가. 활성탄

활성탄(Activated Carbon)은 대나무, 야자 잎, 톱밥 등을 태워서 만든 탄소 소재를 말한다. 주거 공간에 냄새를 없애는 탈취제나 장을 담글 때 쓰는 숯 등이 이에 해당한다.

정수기 안에 들어가는 여러 종류의 필터 중 하나에도 활성탄이 담긴 필터가 들어있어서 일차적으로 정수 역할을 담당한다.

최근 들어서는 상수도 처리장에서 오염 물질과 악취 제거 등을 위해 활성탄을 사용하고 있다.

현재 활성탄이 가장 많이 쓰이는 곳은 석탄 화력발전소로 배기가스에서 중금속 수은을 잡아내는 역할을 한다.

석탄 화력발전소 비중이 50%가 넘는 미국을 비롯한 여러 나라에서 배기가스 기준이 강화됨에 따라 활성탄을 채용하는 사례가 증가하고 있다. 그리고 카본 블랙(Carbon Black)은 석유정제 과정에서 나오는 물질(납저유) 또는 석탄 슬러리에서 생성되는 물질(크레오스트 오일)을 불완전 연소 또는 열분해해서 만든 것이다. 95%가 타이어, 호스 등 고무 제품의 충격 보강재로 사용되며 그 외에도 프린터 토너 등 흑색 안료, 건전지 소재 등으로 사용되고 있다.

나. 탄소섬유

무엇보다 가장 큰 주목을 빋고있는 분야는 탄소섬유다. 탄소섬유란 이름 그대로 탄소 성분으로 이뤄진 실 형태의 소재를 말한다. 보통 폴리아크릴로나이트릴(PAN)이라는 석유화학제품이나 석유 찌꺼기 피치(Pitch)를 원료로 해서 실 형태로 만든 뒤 이것을 탄화시켜 만든다.

시장조사 기관 루신텔(Lucintel)에 따르면, 순수한 탄소섬유 시장 규모는 매년 크게 성장하고 있으며 앞으로 에너지와 환경 분야로 항공우주 분야는 물론 프리미엄급 자동차 분야, 전기 전자, 에너지 저장 및 발전 분야 등 그 수요가 지속적으로 커질 것으로 전망한다.

새로운 나노소재를 만들기 위한 인프라, 즉 나노박막 장비, 초고압 투과 전자현미경 등 공정 기술과 분석기술의 발전은 나노소재의 성장 기회 요인이 되고 있다.

나노기술의 영역 안에서 소재, 공정, 분석의 조화를 통해 새로운 나노소재의 등장이 일어나고 있다. 대표적인 사례로 그래핀(Graphene), 나노 다공성 탄소, 탄소 나노폼(nano foam) 등을 들 수 있다.

다. CCUS(탄소포집저장 활용) 기술에서의 탄소 활용 기술개발

CCUS 기술이 부각 되면서 여기에서 포집된 탄소를 활용할 수 있는 기술개발이 세계 각국에서 경쟁적으로 나서고 있다. 즉 CO_2 활용 무기 탄산염 생산, CO_2 활용 일산화탄소 생산, CO_2 활용 메탄올 생산, CO_2 활용 연료생산, CO_2 활용 기초 유분 생산 등에 대한 기술이 개발되고 치열한 경쟁 속에서 추진되고 있다.

결국 탄소중립이란 각 지역에 알맞은 탄소의 쓰임새를 찾아내서 몰락해 가는 화석연료 업체들을 대신할 수 있도록 준비해 나가는 일이라고 여겨진다. 따라서 우리 모두 탄소 시대에 살고 있다는 사실을 명심하고 필요한 탄소 쓰임새를 찾아내서 제2의 지역경제 발전에 새로운 기틀을 마련해 나가야 할 것이다.

제3절.
지구온난화의 원인과 대책

지구환경은 모든 생명체가 편안하게 생활할 수 있도록 평균기온이 15℃를 유지하고 있다. 이는 대기에서 일어나는 온난화 덕분이다. 만일 대기가 없다면 우리가 사는 지구도 다른 행성에서와 같이 온실효과가 나타나지 않아 일교차가 심하게 나타나게 되어 생물체가 살 수 없게 되었을 것이다.

대기가 없는 달의 경우 태양이 비추는 경우에는 100℃, 태양이 비추지 않으면 영하 200℃ 이하로 기온이 급등락하고 있다. 그리고 금성은 두터운 대기층과 96%의 이산화탄소로 구성되어 있어 표면 온도가 420℃나 되어 아무런 생물들이 살 수 없다. 화성도 역시 이산화탄소로 구성되어 있으나 대부분 지면이 얼어붙어 있어 기온이 영하 50℃나 된다.

이같이 다른 행성들은 너무 춥거나 더워서 생물체들이 살아갈 수 없는데 대기권에서의 온난화 덕분으로 지구환경은 모든 생물체가 편안하게 살아갈 수 있도록 조성되고 있다.

지구 행성만이 유일하게 지구온난화를 일으키게 하는 대기가 존재하고 있어 지구생태계가 생활할 수 있는 터전이 되어주고 있다. 이같이 지구온난화란 기온의 급등락을 막아주는 완충 역할을 담당하여 일정한 기온 차이를 유지해 주는 역할을 담당하고 있다.

어찌 보면 우리들이 편하게 살아가고 있는 것도 이런 지구온난화의 덕분이라고 할 수 있다. 그렇지만 인간들은 화석연료를 너무나 많이 사용하여 이산화탄소 등 온실가스들이 많이 배출되면서 오랫동안 대기권에 그대로 남아있어 지구의 기온을 상승시키고 있다.

이는 지구 자체가 갖고 있는 자정 능력을 훼손시켜 기상 운영 시스템이 고장이 났다고 할 수 있다. 그래서 이런 지구온난화는 각종 극한 기상이변을 일으켜 세계 인류의 생명을 위협하고 있다. 즉 한편에서는 가뭄, 폭염, 산불 등이 발생하고 다른 한편에서는 폭우, 태풍, 지진 등이 발생하는 극한 기상이변이 발생하면서 세계 인류는 생명을 위협받는 기후 위기를 겪고 있다.

러브록의 '가이아의 가설'에 의하면 "지구란 생물체들이 먹이사슬로 연결된 네트워크에 의해서 생명을 유지할 수 있도록 만들어주는 유기체이다."라며 "항상성이 생명인데 온실가스의 지나친 배출로 이런 항상성이 무너져 지구의 기온이 안정성을 유지하지 못하고 있다."고 설명하고 있다. 어찌 보면 기상이변은 지구가 항상성을 되찾기 위한 몸부림이라고 할 수 있다.

지구촌에서는 화석연료를 너무 많이 사용하면서 이산화탄소 등 온실가스가 대기권에 너무나 많이 쌓여 기온을 상승시키고 있다. 즉 이산화탄소는 대기권에 배출되면 보통 200년이나 그대로 남아있어 태양에너지 중 적외선을 보유하게 되는 온실효과를 발휘하여 지구의 기온을 상승시키고 있다. 그래서 기후 위기와 함께 지구생태계의 3분의 2이나 멸종시키는 가상재앙이 일어나고 있다.

결국 화석연료 사용을 중단시켜 탄소배출을 억제시키는 탄소중립과 함께 지구생태계를 복원시켜 생물 다양성을 확보시키는 생태 보전으로 지구환경을 되살려내야 한다. 이는 지구의 항상성은 유지될 수 있는 길이며 우리들이 편안하게 살 수 있는 삶의 터전을 지키는 일이다. 그래서 우리들의 후손들에게도 편안한 삶의 터전을 물려줄 수 있도록 만들어야 한다.

1. COP 28에서 탄소배출을 억제하기 위한 대책 마련

21세기 세계 인류가 겪고 있는 기상이변은 어떻게 전개될지 아무도 정확하게 예측하지 못하고 있다. 그렇지만 열돔 현상으로 지구 곳곳에 50도 이상 기온들이 나타나고 있으면서 대형 산불이 발생하여 세계 인류가 불구덩이 속에 갇혀 죽을 수밖에 없다는 사실을 실감하지 않을 수 없다. 그래서 기후 위기를 멈추게 하지 않으면 세계 인류는 생존할 것이 없다는 공감대가 형성되고 있다.

2023년 12월, 두바이에서 열린 28차 당사국 총회에서 세계 각국의 탄소 감축 실적을 점검한 결과 탄소배출은 감축되고 있는 것이 아니라 여전히 증가세를 보이고 있다는 사실을 확인하였다. 물론 일부 선진국에서는 뚜렷한 감소세를 보이고 있지만 나머지 국가들은 여전히 증가세를 유지하고 있다. 특히 중국과 인도, 산유국 등 개도국들은 높은 경제성장률에 집착하면서 탄소배출 증가세는 높은 수준을 유지하고 있어 미래에 대한 걱정을 하지 않을 수 없다.

더욱이 개도국들은 미국과 같은 경제부국을 꿈꾸는 선진국병에 걸려 있어 탄소배출을 감축시킨다는 것은 쉽지 않다고 한다. 개도국들도 선진국들과 같이 풍요를 누릴 수 있다는 기대감으로 경제성장을 큰 기대를 걸고 있다. 그렇지만 화석연료를 중단시키는 탄소중립은 이런 고도성장에 발목을 잡게 되는 꼴이 되기 때문에 쉽사리 화석연료 사용 중단에 동의할 수 없다.

또한 선진국들도 지금까지 화석연료를 사용하여 그에 대한 책임을 부담해야 한다지만 사용할 당시에는 화석연료에서 배출되는 탄소가 기후 위기를 자초할 것이라는 사실을 전혀 알지 못했다. 그런데 역사적 책임으로 많은 비용을 부담해야 된다는 것은 큰 부담으로 느껴지지 않을 수 없다.

더욱이 무탄소 청정에너지 전환하려면 많은 투자 비용이 요구되고 선진국 간의 경쟁적으로 참여하기 때문에 개도국들을 지원해야 될 국제기금에 출연할 엄두를 내지 못하고 있다.

사실 세계 인류가 다함께 지구가 난파선임을 인식하고 공동운명체라는 사실을 명심하여 탄소 감축 목표를 달성해야 하고 개도국들을 지원해야 한다지만 국민의 지지를 받는 지도자는 현실적으로 경제성장을 통하여 국민소득을 높여주는 일이다.

가. 탄소중립을 위한 재생에너지 3배 확대

2023년 12월, 아랍에미리트 두바이에서 개최된 제28차 당사국 총회에서 198개 당사국이 참석한 가운데 지구 온도 상승 억제 1.5도 목표 달성을 위해 2030년까지 "에너지 부문에서 화석연료로부터의 전환"을 가속화 한다는 UAE 컨센서스"를 채택했다. 이는 "2030년까지 전 지구적으로 재생에너지 용량을 3배로 확충하고 에너지 효율을 2배로 증대하며, 원자력 및 탄소 포집 활용·저장(CCUS) 등 저탄소 기술을 가속화 해야한다."는 핵심 내용이다.

파리협정에서 정한 1.5°C 감축 목표를 달성하기 위해서는 전 지구적 탄소배출을 2019년 대비 2030년에는 43%, 2035년에는 60% 감축이 필요하며, 2025년 이전 배출 정점 도달 및 2050 탄소중립 달성이 필요하다는 기존 감축경로를 재확인하였다.

그리고 '재생에너지 및 에너지 효율에 관한 서약'을 통해, 한국을 포함한 123개국은 2030년까지 재생에너지 발전 용량을 3배 늘리고 에너지 효율을 2배 이상 개선하기로 합의하였다.

이 밖에도 2030년까지 메탄 포함 이산화탄소 외의 온실가스 배출량 감축, 무(저)공해 차량의 신속한 보급을 포함한 수송 부문 감축 가속화와 같은 내용이 채택되었다.

우리나라의 경우 재생에너지 비중이 7%대에 머물러 있어 이의 3배는 당초 계획대로 21.6%에 해당한다고 생각하고 있지만 실제로 2030년까지 세계 평균 재생에너지 비중을 68%로 결정하였다. 이 때문에 68%를 달성해야 하는데 우리나라는 현재 재생에너지의 10배나 되는 수준이어서 앞으로 7년 이내에 이를 달성한다는 일은 거의 불가능에 가깝다고 할 것이다.

나. 손실과 피해기금 모금

G20 국가들의 탄소배출은 80%를 차지하고 있지만 세계 전체 인구의 20%를 차지하고 있다. 그리고 기상재앙의 비중도 전체의 20% 수준에 머물러 있다. 이에 반해 나머지 국가들은 인구는 세계 전체의 80%를 차지하고 있으면서 탄소배출 비중은 20%밖에 되지 않으나 기상재앙은 80%나 감당하고 있다.

유엔 '손실과 피해' 기금 개요

구분	내용
합의내용	기후변화에 따른 개발도상국 피해 보상 기금 마련
배경	아프리카 등에서 홍수 · 가뭄 · 침수 등으로 천문학적 피해 발상
대상	빈곤 개발도상국에 한해 지원(중국 · 인도 · 중동 · 석유 부국 등 제외)
한계	피해 기준 마비, 재원 분담 방식 미정
향후계획	과도기위원회 구성, 내년부터 세부사항 협의

* 자료=WSJ · 블룸버그

이런 기후 불평등 문제를 해결해 나가지 않으면 더 이상 탄소중립에 국제적인 공조 체제를 유지해 나갈 수 없다는 우려가 크게 제기되고 있다. 결국 선진국들은 손실과 피해기금을 모금하고 기술 지원을 통하여 후진국들이 탄소중립을 추진해 나갈 수 있는 여건을 조성해 주기로 한 약속을 이행해야 한다는 것이다. 그러나 아직 흔쾌히 손실과 피해기금을 내놓는 선진국들은 없다.

기후변화 불평등 문제를 해결해 나갈 수 있도록 일정한 수준까지 손실과 피해의 기금을 모금하고 이를 기반으로 저소득국가의 기상재앙을 보상해 줄 수 있는 체제를 구축해야 한다. 이미 손실과 피해기금 준비위원회가 결성되어 이미 5차례의 회의를 열었다. 그렇지만 기금 수혜국과 공여국의 범위를 규정하지 못하고 선진국과 저소득국 간에 팽팽한 의견이 엇갈리고 있을 뿐이다.

누가 얼마나 내고 누가 얼마나 지원받을 것인지를 결정해야 하는데 많은 국가의 이해관계가 엇갈려 쉽사리 해결 방안을 찾지 못하고 있다.

신진국은 취약국을 기후변화에 취약한 최빈개발도상국과 군소 도서 개발도상국으로 한정할 것을 주장하고 있다. 이에 반해 저소득국가들은 모든 저소득국가가 대상이 돼야 한다고 맞서고 있다. 결국 모금이 이뤄지지 않았고 개도국들을 지원할 수 있는 자금이 없는데 누가 얼마를 출연할 것인지 구체적인 내용 결정조차도 오리무중이다.

선진국이 기후 위기에 직면한 개발도상국을 돕기 위해 마련하는 '손실과 피해' 기금의 운용 방안을 담은 결정문이 채택되었다. 이는 지난 COP 27에서 손실과 피해 대응을 위한 기금 및 지원체계를 마련하기로 합의한 지 1년 만에 채택된 것으로 일종의 권고안과 같은 성격을 띠고 있다.

기금의 초기 재원 조성과 관련하여 아랍에미리트(UAE)는 1억 불 공여를 약속하며 의장국으로서 리더십을 발휘하였다. 독일, 미국, 일본 등 일부 국가들도 정상회의를 통해 재원 공여를 선언하였다. 개발도상국의 기후 완화 및 적응

이니셔티브에 자금을 지원하기 위해 선진국들이 이미 약속한 1,000억 달러를 기반으로 2024년 말까지 새로운 기후 재원 목표를 수립하기로 합의하였을 뿐이다.

2. 물 에너지 식량 넥서스(NEXUS) 논의

식량을 생산하려면 물·에너지·토지는 반드시 필요한 자원이다. 그런데 이런 자원이 제대로 연결되지 않으면 사실상 실효성은 크게 떨어질 수밖에 없다. 그래서 최근 세계적으로 '물 에너지 식량 넥서스(NEXUS)'에 관련 방안을 논의하면서 식량 생산의 효율성을 높이기 위해서 물-에너지-식량의 통합적 관리체제 구축을 해야 한다는 제의가 나오고 있다. 이는 물 에너지 식량의 상호관계를 파악하고 서로에게 미치는 영향을 통합적으로 평가해 자원을 효율적으로 이용하도록 하는 일이다.

우리나라는 OECD 회원국 중에 물 스트레스 지수가 40%로 가장 높다. 그리고, 식량 자급률은 50.2%로 가장 낮은 수준이며 에너지 수입 의존도가 95.2%에 달해 자원 안보 측면에서 위기 가능성이 높다.

이런 상황에서 '물-에너지-식량 넥서스'를 활용하면, 에너지의 여유가 있을 때 에너지 생산에 필요한 물을 생활 또는 농업용수로 전환할 수 있고, 반대로 생활·농업용수 여유분을 에너지 생산을 위한 물로 전환하는 등 잉여자원을 다른 자원으로 활용하는 통합 운영이 가능하다.

넥서스 접근이란 넥서스의 구성 시스템(대표적으로는 물-에너지-식량) 간의 연관성을 기초로 한 다양한 기술적 또는 운영적 기법을 통해 해당 자원의 희소성 및 여타 지속가능성을 제고하는 접근을 의미한다.

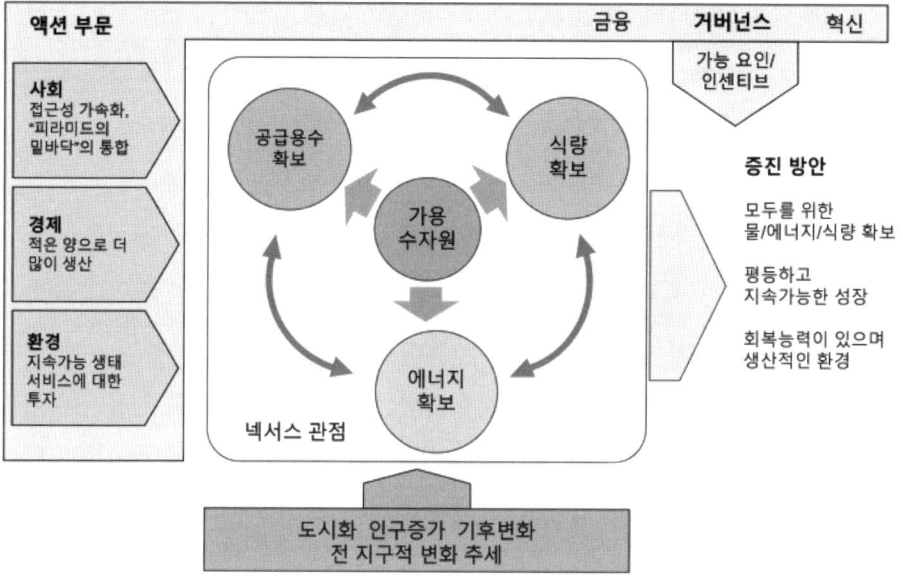

일반적으로 넥서스를 구성하는 시스템들은 동일한 사업 주체나 의사결정 체세 아래에 있지 않아 넥서스가 다양한 장점이 많이 있는데도 불구하고 넥서스 접근이 실제 적용 가능성은 크지 않다. 그래서 통합적으로 관리하여 필요에 따라서 적정한 배분이 더욱 손쉽게 이뤄질 수 있도록 통합관리시스템을 구축해야 한다.

최근 전 세계적인 기후변화와 급격한 도시인구 증가로 물, 에너지, 식량 등 필수자원 분배의 불균형이 심화하고 있다. 각 자원의 자급률 저하로 인한 자원 안보 또한 이슈화되고 있다.

지난 2012년 세계식량농업기구(FAO)에서는 2050년 세계 식량 수요가 인구 증가와 경제 발전 등으로 인해 2005~2007년 평균 식량 수요 대비 약 60% 정도 증가할 것으로 예상했다.

이러한 식량 수요를 충족시키기 위해 물-에너지-식량자원에 대한 수요는 지속적으로 증가하고, 자원 간의 상호의존성은 더욱 강화될 것을 권유하고 있다. 이에 1990년 이후 유엔을 중심으로 자원의 통합적 관리에 대해 인식하며, 기후변화와 전 세계적인 수자원 관리체계의 필요성을 느끼게 된다.

국내에서 보면 거시적으로 농업생산과 물, 에너지 자원 간의 연관성은 미약하나 농업 부문 생산구조 변화에 따라 물-에너지-식량 넥서스 도입에 대한 시의성이 증대되고 있다.

시설 작물 및 축산 부문의 증가로 농업생산의 에너지와 수자원 사용 집약을 가중 시키고 있다. 시설 작물과 축산업의 성장은 농업용수에 대한 수요가 농번기와 관계없이 지속된다. 특히 노지 작물에 비해 축산, 시설 작물 등은 수질에 민감하므로 농업용수의 양뿐만 아니라 수질에 대한 수요도 증가할 것이다. 따라서 시설 재배를 통한 지속 가능한 생산을 위해서는 농업생산과 에너지, 그리고 농업용수 모두를 감안한 정책 및 기술도입이 필요한 시점이다.

2022년, 미국 캘리포니아에서는 '잔디에 물 줄 때 보도에 흐르면 벌금 500달러.'이라는 새로운 규제를 실시하고 있다. 가뭄 장기화로 물이 고갈되자 강도 높은 규제에 나섰다. 이는 기후변화로 물 낭비가 불법이 된 것은 이제 캘리포니아에서 낯설지 않은 풍경이다.

물은 더욱 희소한 자원이 되고 있으며 기후변화에 따른 가뭄과 사막화로 물은 고갈되는 반면, 인구 증가와 경제 발전으로 수요는 커지고 있다. 특히 기후위기 시대의 절박한 과제인 탄소중립과 친환경 에너지, 환경 도시로의 전환에는 수자원의 집약적 활용이 요구된다.

이처럼 물의 쓰임이 크고 넓어지자, 세계 각국은 넥서스(Nexus:연결) 개념을 도입하여 물 관리 패러다임을 전환시키고 있다.

이른바 신기후체제 대응을 위한 물-에너지-식량 넥서스 구현이다. 필수 영역 간 자원 불균형이 일어나지 않도록 물을 아껴 쓰고, 나눠 쓰며, 돌려쓰는 통합시스템을 구축하자는 게 넥서스의 요지다.

이를 위해서는 물만 바라보는 단편적인 정책에서 벗어나 에너지와 식량, 환경과 도시 등 각 분야를 하나의 고리로 인식하고 통합적인 물 관리 정책을 마련해야 한다.

선도국들은 이미 넥서스 패러다임으로 전환 중이며 미국은 4대 메가트렌드 중 하나로 물-에너지-식량 넥서스를 제시했다. 그리고, 중국과 EU는 장기 로드맵에 넥서스 패러다임을 포함하고 있다.

우리나라도 서둘러 넥서스 패러다임으로 전환하여 미래 변화를 준비해야 한다. 그래야만 탄소중립은 물론 친환경 에너지와 환경 도시 전환, ESG(환경-사회-거버넌스) 실현 등 신기후체제 대응을 위한 수자원 전략을 수립할 수 있다.

가. 물은 생명의 근원

고대 그리스의 철학자 탈레스는 "만물의 근원은 물이다"라는 말을 남겼다. 그 말처럼 지구상에 물 없이 살 수 있는 생명체는 없으며 인류 문명 역시 물과 함께 해왔다.

인류는 물을 안정적으로 공급받을 수 있는 지역을 삶의 터전으로 삼았기 때문에 세계 4대 문명인 이집트, 메소포타미아, 인더스, 황허 문명은 모두 강가에서 시작되었다.

오늘날에도 여전히 물은 가장 중요한 사회간접자본이자 결정적인 물질인데 최근 지구촌 곳곳에서는 깨끗한 물이 부족해지는 심각한 문제가 발생하고 있다.

물은 생명을 잉태하고, 인간사회를 잉태하였다. 즉 지구의 역사 46억 년 중

3분의 1은 무생물의 시기였고, 30억 년 전 물속에서 만들어진 단세포생물이 지구 생명 역사의 효시다. 생명을 잉태시킨 물은 이들 생명의 근원일 뿐 아니라 다양한 생물체 모두를 살아가게 하는 생명 자원이다.

물은 바로 지구의 생존 자체인 가장 기본적이고 근본적인 요소이며, 인류사회는 물로 잉태된 문명 발상과 다양한 문화의 연속이다.

21세기 인구폭발과 기후변화로 유발되는 생태계 변화는 생명과 건강을 담보하는 깨끗하고 위생적인 물의 부족을 가져왔다. 그런데 이를 해결했던 것이 아니라 기후변화로 물 부족 사태는 더욱 심각해지고 있으니 이에 대한 시급한 대책이 마련되어야 할 처지다.

이에 세계 인류의 물 부족의 심각성을 인식하고 이런 재앙에서 벗어나기 위해서 지속 가능한 수자원 관리체제를 구축하여 재앙을 최소화하는 방안을 마련해 나가야 할 것이나.

나. 수자원 고갈현상

유엔에서 발표한 보고서에 의하면 "세계 인구가 지난 85년간 3배 이상(1927년 20억 명→2011년 70억 명) 늘어나는데, 이에 따른 물 사용량은 6배로 증대돼 앞으로 기후 위기에 따른 물 부족 사태가 심각하게 일어날 것에 대비해야 한다."고 밝히고 있다. 즉 "기후 위기로 심각한 물 부족 사태가 발생하여 지구인 6명 중 1명은 마실 물이 없고, 2.5명 중 1명은 위생시설이 없으며, 1.2명 중 1명은 폐수시설이 없는 지역에 살고 있어 물 부족에서 오는 재앙이 심각하게 발생할 수밖에 없다."는 사실을 밝혔다. 이에 유엔은 3월 22일을 '세계 물의 날'로 제정했으며 1997년부터 시작돼 3년마다 열리는 세계물포럼(WWF)을 개최하여 물 부족 세상 형편에 대비책을 마련하고자 노력해 오고 있다.

인간은 지구 담수의 70%를 소비하는데 그중 농업용수가 70%, 산업용수가

22%, 가정용수가 8%로 사용한다. 전 지구 에너지의 8%가 물을 개발, 수처리하는데 사용되고 있으며 식량 생산과 공급 과정에도 전 세계 에너지 사용량의 30%나 사용되고 있다. 따라서 물과 식량을 생산하는 데 사용되는 에너지 비중은 전체의 38%나 차지하고 있는 실정이다.

앞으로 2050년에는 세계 인구 93억 명으로 증가하게 되고 이에 따라서 식량은 현재보다 60%의 나 더 필요하게 될 전망이다. 이에 따라서 식량 생산에 쓰이는 물과 에너지 사용량도 각각 50% 증대될 전망이어서 물 부족의 심각성을 예견된 일이 되고 있어 이에 미연에 대책을 마련해야 한다.

다. 수자원 고갈이 발생하는 원인

수자원 고갈이 발생하는 원인은 크게 3가지로 나눌 수 있다.

첫째, 기후변화가 적도 근처의 좁은 열대 강우 벨트를 위아래로 불균형적으로 이동시키며 수십억 인구의 물과 식량안보를 위협받고 있다.

둘째, 전 세계의 우물이 말라가고 있어 전 세계 우물의 약 20%가 지역의 지하수 수위보다 5미터 이상 깊지 않다. 즉 지하수가 조금만 말라도 800만 개에 가까운 우물이 말라버리게 된다.

셋째, 전 세계의 강이 말라가고 있어 지구상 전체 6,400만 Km에 달하는 강과 하천의 51~60%가 주기적으로 흐름을 멈추거나 연중 일정 기간 말라 있는 건천으로 변하고 있어 물 부족이 심화되고 있다.

이런 수자원 고갈이 앞으로 필연적으로 심각한 물 부족 사태를 유발하게 될 것이다. 따라서 이를 해결해 나갈 수 있는 방안이 유엔 차원에서 마련되어 국제적인 공조 체제를 유지하여 해결하여 나갈 수있는 방안이 강구되어야 할 것이다.

라. 유해 조류 대발생(HAB) 해결 방안 마련

최근 미국 등 세계 곳곳에서 '유해 조류 대발생(HAB)'이 종전보다 자주, 그리고 더 오랫동안 나타나 대책 마련이 요구된다.

유해 조류란 식물플랑크톤으로 출현하는 조류 중 일부 종들이 독성을 가지거나 점액질을 다량으로 분비해 다른 생물들에게 해롭게 작용할 수 있다.

서영우 미국 털리도대학교 교수는 "미국 오하이오주에서는 수질 향상을 위해 '에이치투오하이오(H2Ohio)' 이니셔티브를 선보였다."며 "농부들이 상업용 비료와 거름에서 인(P) 유출을 줄여 유해한 조류의 번성을 방지할 수 있도록 돕고 습지를 만들어 자연 여과 과정을 거치게 하는 등 다양한 영역에서 수질 개선을 위해 함께 협력하고 있다."라고 설명하였다.

'에이치투오하이오(H2Ohio) 이니셔티브'에는 2020~2021년 2년 동안 1억 7,200만 달러가 투자됐다. 이어서 "체류 시간이 녹조에 영향을 미치는 건 분명하지만 각종 지천들에서 쏟아내는 많은 유기물을 제거하지 못한다면 녹조 문제를 해결할 수는 없다."며 "만약 영양염류들을 제대로 처리하지 못한 채 연근해로 흘려보내면 적조가 피는 문제는 어떻게 할 것인지 생각해 봐야 한다."고 말했다.

녹조에 영향을 미치는 요인은 크게 세 가지다. △질소 비료와 축산 폐수 같은 영양염류 △유속 △수온 등이다. 이에 수자원관리시스템을 구축하여 이를 방지하기 위하여 철저하게 관리하지 않으면 세계 인류는 물 부족으로 생명의 위협을 받게 될 것이다.

3. 물부족국가인 한국의 수자원 관리 대책

우리나라는 유엔에 결정한 기준에 따른 물부족국가이다. 즉 유엔은 '국제인구행동'이란 비영리 단체가 정한 기준에 따라 국민 1명이 1년 동안 사용할 수 있는 하천수나 지하수 등의 수자원 총량이 1,700㎥ 이상이면 물풍요국가, 1,000~1,700㎥ 사이면 물 부족국, 천㎥ 이하면 물 기근 국으로 분류하고 있다.

우리나라의 연평균 강수량은 1,245㎜로 세계 평균의 1.4배나 되지만, 물부족국가로 분류된다.

우리나라 총강수량 1,270억 톤(소양강댐 44개 저수량)인데 이 중 40%인 500억 톤은 지하수나 공중 증발하고 60%인 770억 톤만 남는다.

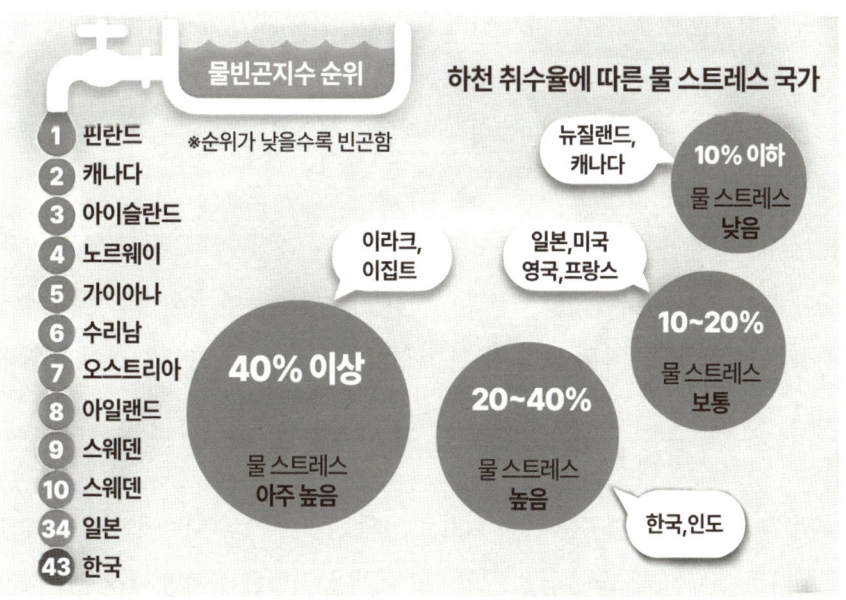

이중 또다시 400억 톤이나 그냥 바다로 휩쓸려가고 나머지 370억 톤만 생활·공업·농업용수로 사용 되고 있는 실정이다. 더욱이 강수량은 6~8월 여

름 장마 때에 80%나 집중되기 때문에 수자원 확보가 어려워 많은 호소와 저수지를 마련하지 않을 수 없다. 그리고 지구온난화로 인한 수온 상승 영향도 커지면서 녹조를 일으키는 마이크로시스티스(강 호수 연못 등 담수에 사는 남세균 중 하나)는 25~35℃에서 잘 자라 물을 오염시키고 있다.

감사원이 2023년 8월 22일 공개한 '기후 위기 적응 및 대응 실태(물·식량 분야)' 감사 보고서를 내놓았다. 여기에서 정부는 물 분야의 미래 기후변화 예측에서 중장기 위험을 반영하지 않고, 과거 정보만을 토대로 관련 정책 및 사업을 추진하고 있는 것으로 확인됐다고 밝혔다.

우리나라는 미래 강수량이 대체로 증가하는 경향을 보이지만, 그럼에도 불구하고 기온상승, 단기간 집중호우 등의 사유로 대체로 가뭄이 심화하고 물 부족량이 증가할 것으로 전망되고 있어 효율적인 물 관리가 요구되는 실정이다.

이와 관련, 영국은 기후변화 위험도 평가를 실시하면서 미래 기후변화 시나리오에 따라 2100년까지의 지역별 물 수급을 예측한 후 이를 수자원관리계획에 반영토록 하고 있다.

기후변화로 인한 홍수위험 증가에 대비하여 미래의 기후변화에 따른 강우 증가로 예측된 미래 홍수량의 결과에 따라 가중치를 두어 유역별로 홍수 방어 시설을 설계하도록 하는 등 기후 위기에 따른 물 관리 취약성을 줄이기 위해 미래 기후변화 시나리오를 반영하여 물 관리 체계를 운영하여야 한다.

전 지구적으로 진행되는 기후 위기로 인해 과거의 기상 패턴이 미래에도 반복된다는 전제 아래 물 수급을 전망하고 대책을 시행하게 되면 미래에 발생할 기후 위기에 제대로 대처하지 못할 가능성이 높다.

그러므로 미래의 기후변화에 따른 중장기 물 수급을 예측하여 국가물관리기본계획을 수립함으로써 관계 중앙행정기관 등이 이를 토대로 가뭄 등 기후 위기 적응 관련 사업 등을 추진하도록 유도할 필요가 있는 것이다.

가. 감사원 물 부족 잘못 추정 지적

감사 결과 환경부는 2021년 제1차 국가물관리계획을 수립하면서 과거(1966년 10월 2018년 9월, 52년간) 하천에 흐르는 유량의 시계열이 장래에 반복됨으로써 과거에 발생한 가뭄이 다시 발생한다는 가정하에 해당 공급 조건에서의 목표연도(2030년) 수요량에 대한 수급을 평가하는 방식으로 물 수급 전망을 실시했다. 그리고, 2030년에 과거 가뭄 조건에 따라 1억 400만m^3/년에서 2억 5천 700만m^3/년의 물 부족이 발생할 것으로 전망했다.

이에 감사원은 이번 감사 기간(2022. 11. 7~12. 16) 동안 미래 기후변화에 따른 우리나라의 용수별(농업용수, 생활·공업용수) 미래 물 수급 상황을 예측하는 시뮬레이션을 실시했다. 우선 미래 기후변화에 따른 물 수급 상황을 예측하기 위해 K-water(수자원공사) 등을 통해 제1차 국가물관리계획 수립 과정에서 사용했던 물 수급 분석모형(MODSIM)에 IPCC(기후변화에 관한 정부간 협의체) 제5차 평가보고서에 따른 RCP 시나리오(2.6, 8.5)를 반영하여 전국 160개 지자체별로 2100년까지의 용수별(생활·공업용수, 농업용수) 물 수급 시뮬레이션 분석을 실시했다.

시뮬레이션 분석 결과 전국적인 물 부족량이 제1차 국가물관리계획상 물 부족량(과거 최대 가뭄 시, 2억 5천600만m^3/년) 대비 2.2배(RCP 2.6 시나리오 기준, 5억 8천만m^3/년) 에서 2.4배(RCP 8.5 시나리오 기준, 6억 2천600만m^3/년) 에 이르는 등 미래 기후변화로 인해 물 부족(가뭄)이 심화될 것으로 분석되었다.

이에 감사원은 "환경부 관계기관이 가뭄 등 기후 위기에 적극적으로 대응할 수 있도록 미래 기후변화 요인을 반영하여 국가물관리기본계획을 수립하는 등 중장기 물 수급 예측 체계를 개선하는 방안을 마련하기 바란다"고 환경부 장관에게 통보했다.

나. 행정부처별로 철저한 물 관리 대책 마련

감사원은 또한 환경부가 당시 물 관리 계획을 세울 때 국내 농업용수의 공급 체계 특성을 반영하지 않고 경지면적 감소에 따른 농업용수 수요 감소를 과도하게 반영했다고 지적했다.

개수로 특성상 농경지 면적이 15% 줄어들더라도 물 공급량은 2%밖에 줄어들지 않는데, 환경부가 수요 감소를 단순 비례로 계산했다는 것이다. 농촌용수개발사업을 주도하는 농림축산식품부와 상습가뭄재해지구 지정을 담당하는 행정안전부도 비슷한 지적을 받았다.

감사원은 "농식품부는 미래 가뭄 위험 요인을 고려하지 않고 농촌용수개발사업 대상을 선정하고 있다."며 "이번 시뮬레이션 결과 농업용수 부족이 우려되는 112개 지역 중 54개(48.2%) 지역이 최근 10년간 사업 대상에 포함되지 않았다."고 지적했다.

행안부도 과거의 가뭄 이력만 고려해 상습가뭄재해지구를 지정하고 있었는데, 미래에 농업용수 부족이 우려되는 112개 지역 중 96개가 재해지구로 지정되지 않았다. 감사원은 "농식품부는 단기적 가격 위기에만 대응하면서 기후변화에 따른 국제 곡물 수급 위기 시 대응 시나리오를 마련하지 않고 있다"며 미래 위기에 대비한 실효성 있는 방안을 마련하라고 요구했다.

감사원은 먼저 국내 쌀 생산량이 2020년 10에이커당 457kg서 2060년 10에이커당 366kg으로 줄어들 것으로 내다봤다. 또한 국제 생산량을 보면 2035~2036년 국제 밀 생산량은 현재 대비 9.3%, 콩 생산량은 30%, 옥수수 생산량은 5.1% 각각 감소할 것으로 전망됐다.

다. 물순환 전 과정 통합관리체제 구축

2021년 6월, 정부는 제1차 국가 물 관리 기본계획(21-2030)을 발표하면서 물순환 全 과정 통합 관리와 소통 기반 유역 물 관리, 기후 위기 대응 등 3대 혁신 정책 추진 등의 내용을 담고 있다.

향후 10년간 수량, 수질, 수 재해를 아우르는 최상위 물 관리 계획으로 국토부와 환경부로 이원화되었던 물 관리 시스템을 환경부로 일원화 이후 처음 수립된 '제1차 국가물관리기본계획'을 수립하게 된 것이다.

첫째, 물순환 전 과정에서 통합·연계 체계를 구축하는 통합 물 관리를 실현한다.

둘째, 유역별로 시민 참여 플랫폼을 구축하고, 주민이 물 관리에 참여할 수 있는 프로그램을 개발하는 등 참여·협력·소통을 기반으로 하는 유역 중심의 물 관리 정책을 추진 한다.

셋째, 기후 위기 시대에 대응하여 국민 안전을 우선으로 하는 물 관리를 펼친다. 물 기반 시설을 ICT로 스마트하게 관리하여 극심한 홍수, 가뭄으로부터 안전을 확보한다. 또한 수열 등 재생 에너지와 하수 찌꺼기, 가축분뇨로부터 바이오에너지를 생산하는 등 2050 탄소 중립 실현에도 앞장선다.

4. 아프리카 뿔의 심각한 식량 위기

인권 단체 휴먼라이츠워치의 보고서에서 "아프간 인구의 90% 이상이 거의 1년 동안 식량 불안정 위기를 겪고 있다."며 "수백만 명의 어린이가 급성 영양실조로 고통받고 있고, 심각한 건강 문제 위협을 받고 있다."고 지적했다. 특히 아프리카의 뿔이라 불리는 나라들이 큰 식량위기국가들로 큰 어려움을 겪고 있다고 한다.

아프리카의 뿔이란 동아프리카 일부로 모양이 코뿔소의 뿔 모양처럼 생겨서 나온 명칭인데 소말리아, 에리트레아, 에티오피아, 지부티 등이 이에 속하는 나라들이다. 이에 유엔 세계식량계획(WFP)이 아프리카의 뿔 지역의 3개국이 가뭄으로 황폐해져 2,200만 명이 기아 위기에 처했다고 밝혔다.

구호단체들은 2021년 네 차례 우기 동안, 이 지역에 비가 거의 내리지 않아 가축 수백만 마리가 죽고 농작물이 파괴됐으며 110만 명이 식량과 물을 찾아 집을 떠나야 했다고 발표했다.

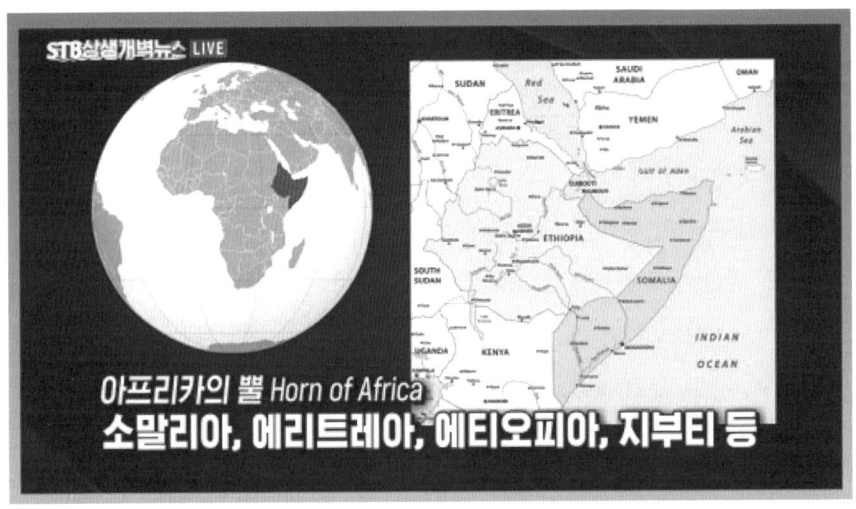

소말리아는 인구의 거의 절반인 700만 명이 넘는 사람들이 심각한 식량부족과 기아에 시달리고 있다. 그리고 에티오피아 북부 티그라이는 지금 1년 넘게 이어진 내전으로 국민 절반이 식량난에 시달리고 있어 주민 절반 가까이 당장 원조가 필요한 실정이다.

케냐, 소말리아, 에티오피아에 40년 만에 최악의 가뭄이 닥쳐 연못과 우물 같은 수원의 90% 이상이 고갈되어 심각한 질병 발병 위험이 있는 상황이다. 특히 어린이들은 유엔 아동 기금 유니세프는 긴급 개입과 지원 없이는 아프리카의 뿔과 광활한 사헬(Sahel) 지역의 어린이들이 "엄청난 숫자로 죽을 수 있다"고 경고했다.

가. 세계 인구의 5억이 영양 부족 상태

작물 수확량과 인구 변동을 고려해 2030년에는 86개국에서 영양 부족 인구가 나타날 것으로 전망했다. 최소 식이(食餌) 에너지 요구량(MDER) 기준으로는 연간 최대 675조kcal(킬로칼로리)가 부족할 것으로 예상했고, 현실적인 기준인 평균 식이 에너지 요구량(ADER) 기준으로는 연간 993.9조kcal가 부족할 것으로 예상한다. 이에 따라서 2030년 기준으로 전 세계 5억 명이 영양 부족에 시달릴 것으로 전망했다.

한국은 수확량보다 인구가 많아 영양 부족이 나타날 수도 있지만, 해외 식량 수입으로 해결한다고 봤다. 그러나 북한은 2030년에 1,000만 명이 영양 부족을 겪을 것으로 전망됐다.

그리고 인도 1억 8,500만 명, 파키스탄 2,500만 명, 나이지리아 2,000만 명, 방글라데시 1,800만 명, 인도네시아 1,680만 명, 에티오피아 1,500만 명, 탄자니아 1,300만 명, 예멘 1,200만 명, 케냐 1,100만 명, 필리핀 1,100만 명, 마다가스카르 1,000만 명 등도 영양 부족으로 고통을 받을 것으로 예측됐다.

이에 연구팀은 "영양이 부족한 국가에서는 다른 용도의 작물을 직접 소비하는 식품용으로 전환해야 오는 2030년에 칼로리 요구를 충족할 수 있다"며 "31개국은 2030년 수확한 작물 모두를 식품용으로 전환하더라도 늘어난 인구의 칼로리 요구를 충족하지 못할 것"이라고 우려했다.

이 같은 식량부족 문제를 해결해 나가기 위해서 버려지는 식품을 재활용하는 방안을 강구해 나가야 한다.

나. 가공용 식품을 식품용 식품으로 전환

미국 미네소타대학 환경연구소와 세계자원연구소 등 국제연구팀은 최근 '네이처 푸드' 저널에 세계 10대 작물의 생산과 공급 추세를 분석한 논문을 발표했다.

유엔 식량농업기구(FAO) 자료를 바탕으로 세계 156개 나라를 대상으로 밀과 보리, 카사바, 옥수수, 기름야자, 유채(캐놀라), 쌀, 수수, 대두(콩), 사탕수수 등 10가지 농작물의 생산 추세를 파악했다.

이들 10가지 작물은 모든 식품 칼로리의 최대 83%, 전 세계 재배 면적의 최대 63%를 차지한다. 이들 농작물을 대상으로 식품·사료·가공·수출·산업·종자·손실 등 7가지 용도별 사용량을 파악했다.

1960년대(1964~1968년 평균)에는 전제 농삭물 새배 면적 중에서 식품용 작물 재배 면적이 차지한 비율이 51%이었으나 이 비율이 2010년대(2009~2013년 평균)에는 37%로 떨어졌다. 식품용 작물의 재배 면적은 매년 136만ha(서울시 면적의 약 22배)꼴로 줄고 있다.

농작물 생산국 내에서 직접 사람이 먹는 식품 용도로 생산한 작물의 비중이 빠르게 줄어들고 있다. 이러한 추세가 계속된다면, 오는 2030년에는 수출용으로 수확된 작물의 재배 면적 비율은 최대 23%에 이르고, 가공·산업용으로 수확된 작물도 전체 재배 면적에서 각각 17%, 18%를 차지할 것으로 전망했다. 반면 식품용 작물은 29% 이하로 감소할 것이라고 내다봤다.

한국에서도 1964년에는 보리의 65.4%를 식품으로, 25.3%를 사료로 사용했는데, 2013년에는 식품은 3.7%로 줄고 가공용이 93.7%를 차지했다. 대두는 1964년 식품용이 87.1%였는데, 2013년에는 32.3%로 줄었고, 대신 가공용이 64%를 차지했다. 다만, 쌀은 2013년에도 식품용이 91.2%를 유지했다.

2010년대 기준으로 전 세계에서 산업용 작물을 통해 수확하는 칼로리 생산량은 직접 소비되는 식품용 작물 칼로리의 2배 수준이다. 2030년까지는 산업용 작물의 칼로리 생산량은 28%, 식품용 작물의 칼로리 생산량은 24% 증가할 전망이다.

2030년에는 산업용과 식품용 작물 사이의 칼로리 생산량 격차는 더 커지게 된다. 인구 증가까지 고려한다면 작물 생산이 늘어난다고 해서 식량 위기가 줄어드는 것이 결코 아니라는 것을 보여 주는 수치다.

다. 푸드 리퍼브와 푸드 업사이클링 활용

지금까지 많은 농산물이 맛과 영양에 지장이 없지만, 흠집이 났거나 못생겼다는 이유로 버려져 왔다. 이런 농산물들은 시간이 지나면 부패한 후 메탄가스를 방출해 환경오염을 일으킨다. 메탄은 지구온난화 지수가 이산화탄소의 21배 달하며, 환경오염 피해 정도는 메탄의 수십 배에 달한다.

버려지는 농산물의 양을 줄이는 것이 시급한 시점이다. 버려지는 농산물을 줄이는 방법은 우선 얼마나 많은 농산물이 버려지고 있는지를 파악하고 이를 재활용할 수 있는 방안을 모색해야만 한다.

현재 푸드 리퍼브와 푸드 업사이클링이라는 개념이 본격적으로 도입한 지 10년도 채 지나지 않았다. 어찌 보면 이 친환경 조치를 한 식품을 쉽게 찾을 수 없다는 것이 당연할지도 모른다. 하지만, 일부 제품들은 해당 기업의 주력 제품으로 자리하고 있어 앞으로도 이러한 제품이 많이 나올 수 있을 것으로 생각한다.

첫째, 푸드리퍼브(Food Refub)이다.

푸드 리퍼브란 모양이 예쁘지 않거나 유통기한이 임박한 음식을 저렴한 가격에 판매하거나 새로운 식품으로 가공하는 것을 의미한다. 푸드 리퍼브를 이용한 식품에 대한 수요가 끊임없이 늘어나는 상황에서 공급은 활발하게 이뤄져야 할 것이다.

롯데마트에서는 '상생 농산물'이라는 이름의 못난이 농산물을 찾을 수 있었다. 두 지점 모두 사과, 파프리카, 배 3종류의 못난이 농산물을 판매하고 있었고, 모두 유통기한이 임박하거나 신선도가 떨어졌지만 먹는 데 문제가 없는 제품을 매대에 올려 10~30% 할인 판매하고 있었다.

둘째, 푸드 업사이클링(Food Upcycling)은 부산물이나 상품 가치가 낮은 음식을 가공해 새로운 제품을 만드는 것이다. 이 역시 버려지는 음식의 양을 줄여 환경오염 예방에 도움이 된다. 푸드 업사이클링을 적용한 음식으로는 대표적으로 켈로그의 '브랜 그래놀라'와 CJ제일제당의 '익사이클 바삭칩'이 있다.

켈로그가 만든 브랜 그래놀라는 밀의 껍질과 찌꺼기인 밀기울(브랜)로 만든 시리얼이다. 밀기울은 많은 식이섬유를 함유할 뿐 아니라 철분, 인 등 다양한 미량 영양소도 포함해 건강식을 찾는 사람들 사이에서 인기가 많다.

이 시리얼은 방문했던 8곳의 대형마트 모두 팔고 있었다. 또한, 이 시리얼은 다른 곡물로 만든 같은 회사의 시리얼과 비슷한 가격이었다. 이는 푸드 업사이클링을 이용한 제품이 회사의 경쟁력 있는 제품으로 자리 잡았다는 것으로 볼 수 있다.

5. 과학 기술의 맹목적인 신뢰가 만든 사건들

얼마 전 전국을 떠들썩하게 만든 가습기 살균제 사건이 생각이 난다. 그 사건의 실마리는 가습기에 살균제를 첨가하여 사용하게 되면서 분무 방식으로 살균제가 어린이나 노인들을 흡입하게 만든 것이다.

이는 대기 중에 살균제를 살포하는 것과는 전혀 달리 가습기에서 분무 형태로 어린이나 노인들에게 살균제를 흡입시키게 되면 그 독성은 엄청나게 커져 폐 기능을 망가뜨린 것이 그 원인이 된다. 이런 사실조차도 충분히 검토를 하지 않고 보건 당국은 가습기 살균제가 건강에 해롭지 않다는 인증을 해줘 소비자들은 이를 믿고 사용한 결과 엄청난 사고가 발생한 것이다.

국가기구인 사회적 참사 특별조사위원회가 조사한 보고서에 의하면 가습기 살균제로 1994년부터 2011년 8년 사이에 사망자 20,366명, 건강피해자 950,000명, 노출자 8,940,000명이나 되는 엄청난 사건이었다. 즉 1994년 처음 출시돼 지난 17년 동안 1,000만 병이 팔린 가습기 살균제의 독성으로 2만 명이 목숨을 잃고 95만 명이 피해를 입었다. 이는 생활용품 속 화학물질로 인한 세계 최초의 환경 보건 사건이자, 최악의 화학 참사였다.

2011년 보건 당국의 역학조사와 독성 실험 결과로 위해성이 확인됐지만, 제품의 위험성을 알고도 판매한 기업과 이를 허가해 준 정부 관계자는 가벼운 처벌을 받는 데 그쳤다.

소재원 작가가 쓴 소설 '균'을 바탕으로 2022년, 가습기 살균제를 배경으로 하는 영화 '공기살인'이 개봉되었다. 이 영화에서도 가습기 피해자들이 민사 소송을 벌이고, 기업이 독성 실험을 조작하고 한 일들은 인터넷 검색만 해봐도 쉽게 알 수 있는 것들이라면서 해당 업체와 정부 당국에 배상해 줄 것을 요청하는 내용이었다. 그렇다면 이런 사건이 이렇게 확대되고 많은 소비자가 피해를 본 책임은 누구에게 있는가?

우선 보건 당국의 인증 결과와 판매 회사의 광고를 믿고 소비자들이 사용한 결과 빚어진 대형 참사이다. 그렇다면 이를 인증해 준 보건 당국이 1차 책임을 져야 되는 것이 아닌가? 그리고 제품을 만든 업체들도 직접적인 원인을 제공자이기 때문에 이에 대한 책임을 모면할 수는 없는 노릇이다.

가. 전문가 영역에 해당된 과학 기술

사실상 과학 기술은 일반 국민이 접근할 수 없는 전문가의 영역에 속해 있다. 만일 소비자가 이런 사실을 발견하고 이를 고발 조치하여 당국이 이를 사용금지시켰다면 이렇게 큰 사건으로 확대되는 것을 미연에 방지할 수 있었을 것이다. 그래서 소비자들이 스스로 자신의 건강을 지켜나가기 위해서 과학 기술을 이해하고 이의 활용 방법을 재검토하여 재앙이 발생하지 않도록 하는 소비자보호운동이 요구된다.

울리히 벡은 그의 저서 '위험사회'에서 "사회적 합리성 없는 과학적 합리성은 공허하며, 과학적 합리성 없는 사회적 합리성은 맹목적이다."라고 칸트의 명제를 빌어 위험사회로부터 벗어나야 된다고 주장하였다.

과학 기술을 모르는 관료들이 입안한 과학 정책은 과학 기술을 무모하게 만든다. 더욱이 윤리 없는 과학 기술은 사회를 큰 위험에 빠뜨린다.

지금까지 과학 기술은 전문가들에게만 독점한 상황에서 소비자들은 아무런 지식정보도 없이 피해를 보고 있는 꼴이다. 그렇지만 소비자의 건강을 지키기 위해서 제품의 성능을 재검토하여 소비자의 건강에 이상이 없는지를 피드백해야만 위험한 사회로부터 우리 자신을 구제받을 수 있다. 따라서 소비자들도 과학 기술을 사회적 합리성을 뒷받침하기 위해서 터득하고 소비자입장에서 이를 재검토하는 과정을 거쳐야 과학 기술의 무모성을 최소화해 나갈 수 있는 제도적인 장치가 마련되어야 한다.

나. 돈 벌기 위한 기업의 맹목적 광고

새로운 과학 기술에 의해서 새로운 제품이 만들어졌다면 제품생산업체는 더 많은 제품을 팔기 위해서 좋은 점만 강조하는 광고를 하게 된다.

많은 돈을 들여서 소비사들의 선호도를 높여야 하기 때문에 제품의 사용에 오는 단점은 숨기게 된다. 그런데 소비자들은 광고 내용만 믿고 제품을 사용하게 되기 때문에 소비자들은 무모한 희생을 당하는 경우가 비일비재하게 발생한다.

이에 데이비드 헤스는 '언던 사이언스'란 저서를 통하여 '수행되지 않은 과학'을 권력과 자본에 의해서 외면, 방치하게 되면서 소비자들은 무모한 소비 행위를 강요당하게 된다고 주장하였다. 그래서 우린 '수행되지 않은 과학'을 정확하게 밝혀 권력과 자본에 의해서 동원된 대중들에게 왜곡시킨 과학적 진실을 정확하게 파악하고 밝혀서 무모한 과학 기술로부터 소비자의 희생을 최소화할 수 있는 시스템을 구축해야 된다. 그래서 21세기는 숨겨진 과학적 진실을 정확하게 파헤쳐 소비자의 건강을 지켜나갈 수 있는 시민 과학이 요구되는 시대가 개막되었다고 할 수 있다.

다. 과학 기술을 관리 감독하는 시민 과학의 탄생

제2차 세계대전에서의 원자폭탄, 베트남전에서의 화학무기, 구소련의 체르노빌의 원전사고, 인도 보팔의 비료공장 사건 등에서 과학의 무모성으로 많은 사람들이 희생당했다. 그렇지만 아직까지도 권력과 자본에 의해서 감춰진 과학적 진실은 국민에게 제대로 공개되지 않은 채 권력과 자본에 의해서 동원된 대중을 통하여 소비를 강요당하고 있다. 그래서 감춰진 과학적 진실을 '언더사이언스'라고 하고 묻힌 과학적 진실을 파헤치는 노력을 지속적으로 추진해 나가는 시민 과학을 발전시켜야 소비자의 건강을 지켜낼 수 있다.

한국과학기술한림원

어찌 보면 화석연료의 피해로 세계 인류가 지구온난화나 지구생태계의 멸종이라는 대재앙을 겪고 있는 것도 화석연료에 대한 정확한 지식정보가 공개되지 않은 채 권력과 자본에 의해서 우리들의 일상생활을 지배하게 된 것이 그 원인이라고 할 수 있다.

최근 유전자 조작기술에 대한 논란이 지속적으로 일어나고 있다. 대부분 과학자들은 이를 낙관적으로 보고 옹호하는 견해를 발표하고 있다. 즉 유전자 조작기술로 난치병이나 유전병을 제거할 수 있으며, 동식물의 종자 개량을 통해 세계 인류에게 더 큰 혜택을 부여하고 있어 지속적으로 발전시켜 나가야 할 과학 기술이라고 홍보한다.

그렇지만 이를 이용하여 생명복제와 같은 윤리적인 문제를 일으키게 되고 유전자 조작에 의한 농산물 안전성을 해칠 수 있다는 부정적인 측면을 간과해서는 안 되는 일이다.

지구환경이 파괴되어 세계 인류가 생명의 위협을 받고있는 요즈음 과학 기술에 대한 긍정적인 효과보다는 부정적인 효과를 더욱 심각하게 검토하여 재앙의 씨앗이 되지 않도록 철저하게 관리하는 '언더 사이언스'와 시민 과학들이 더욱 발전되어야 할 것이다.

시민 과학은 시민이 주체자가 되어 권력과 자본에 의해서 감춰진 과학적 진실을 찾아내서 밝혀냄으로써 재앙의 씨앗을 최소화시켜 나가야 한다. 이 길만이 위험한 사회를 지켜나가는 횃불과 같은 역할이라고 할 수 있으며 건강한 시민들이 이를 담당해야 나가야 하는 것이다.

6. 지구환경을 진단하는 환경과학원

우리들은 아프면 병원을 찾게 되고 병원에서 의사의 진단에 따라서 처방을 받게 된다. 그 처방전에 의해서 우리들의 병환은 치료가 되는 것이다.

지구가 심각한 질환에도 이 같은 원리가 똑같이 적용된다고 여겨진다. 이런 의사의 진단과 처방을 내려야 될 곳이 바로 환경과학원이라고 할 수 있다. 그런데 환경과학원이 지금까지 국민들로부터 불신을 받아왔으면서 그 역할을 제대로 해 오지 못했다.

이젠 지구환경 진단을 담당하고 있는 환경과학원이 지금까지 국민들은 불신해 왔던 것과는 달리 본연의 역할을 담당해 나가야 할 때이다.

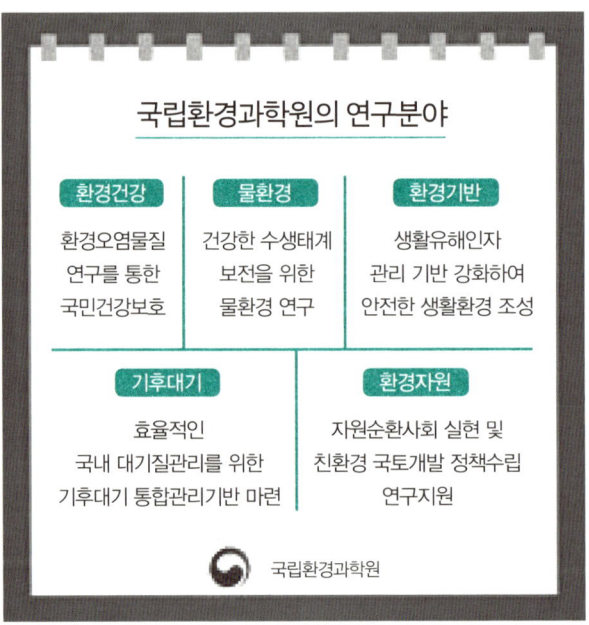

지난 이명박 정부 때인 2012년 10월 금강에서 수십만 마리의 물고기가 집단 폐사했다. 그런데 당시 국립환경과학원은 '원인은 알 수 없지만, 4대강 사업과

무관하다.'라는 발표하였다. 그리고 끝내 원인을 규명하지 않아 금강의 수질오염에 대한 아무런 처방도 내리지 않았고 아무런 조치도 없었다. 지구환경을 되살리기 위해서 이렇게 지구의 아픈 곳을 진단해야 될 환경과학원이 지금까지 정부의 정책을 비호 하거나 홍보하기 위해서 자기 임무를 내팽개친 꼴이 되고 있다.

환경부 소속 국립환경과학원이 '2023년 주요 업무계획'을 발표하면서 '과학적인 연구로 더 나은 환경, 더 높은 삶의 질 실현'이란 비전을 제시하여 지난날 불신의 벽을 딛고 탈바꿈하겠다는 의지를 보였다.
우리나라에 당면한 환경문제란 기후 위기를 극복하기 위한 탄소 중립과 국민의 건강 문제를 해결하기 위한 미세먼지 감축으로 양분될 수 있었다. 이는 지구환경을 있는 그대로 진단해서 그 원인을 규명하여 대책을 마련해서 이를 극복해 나가야 하는 과정을 밟아야 한다. 사실상 너무나 늦게 출발했다는 생각을 지울 수 없지만 뒤늦게나마 자신의 위치를 되찾겠다고 나선 선언이라서 그런대로 다행스럽게 생각된다.

국립환경과학원은 2023년도 업무계획으로 ▲지속 가능한 미래 지향 ▲국민의 쾌적한 삶 지원 ▲국민 건강과 안전보호 ▲탄탄한 연구 기반 구축 등 4대 핵심과제로 선정하였다. 사실 EU 국가에서는 2023년 10월부터 수입 제품에 대한 탄소 배출 내역서를 제출을 요구하고 있는데 우리나라는 아직도 탄소배출 내역을 제대로 산출해 낼 수 있는 시스템을 갖추고 있지 않다.
이에 환경과학원은 기술 지원 전담반을 구성하고 제품 탄소 배출량 산정, 검증 안내서도 발간할 예정이다.
그리고 현재 6개 불과한 지역 온실가스 관측소를 2024년까지 11개소로, 2025년까지 106개소로 확충하겠다는 로드맵이 제시하였다. 더욱이 드론과 광학측정 장비 등 첨단 장비로 대기질을 원격 측정하고, 이를 인공지능을 활용하여 빅데이터로 분석하는 국가 미세먼지 첨단 감시센터를 운영하겠다는 계획이다. 이런 기반 위에서 미세먼지와 녹조 등 대기·수질 오염 물질을 감시하는 '지능형 감시체계'를 구축하여 실시간으로 자동으로 감시할 수 있도록 하겠다는 계획이다.

가. '기후대기통합관리 로드맵' 마련

2022년 11월까지 '국가 기후·대기 통합 관리 로드맵'을 마련해 지방정부가 탄소 중립과 미세먼지 감축 목표를 적극적으로 달성시켜 나갈 수 있도록 각종 지원 체제를 구축한다는 방침이다. 즉 국제적인 기준에 부합하도록 온실가스 관측 및 검증 체계를 구축하고, 우리나라 기업들의 국제 탄소 규제 대응을 현상 밀착으로 지원한다는 계획이다. 더욱이 기후변화 관측 체계를 다각화하기 위해 도심지역 온실가스 상시 관측망을 확충하고, 2027년 발사를 목표로 초소형 온실가스 위성개발을 추진한다는 방침이다.

자원 순환 체제를 구축하기 위해서 폐기물의 새로운 가치를 창출하기 위한 폐기물의 재활용을 확대하고, 폐자원 에너지의 생산과 이용을 활성화하는 방안을 제시하겠다는 계획이다. 폐플라스틱 열분해 시설의 안전관리와 에너지 회수 극대화 방안을 마련하고, 폐자원 에너지회수효율 향상 방안 등을 제시해 소각시설 등 사업장의 참여율을 높일 계획이다.

재활용 환경성 평가에서 안전성은 철저히 검토하되 승인에 걸리는 기간을 합리적으로 단축하는 방안을 마련하고, 재활용 제품을 안전하게 관리하기 위해 석탄재, 제강슬래그의 관리 방안 등을 연구하겠다는 것이다.

이어서 사업장 통합허가제도를 과학적으로 지원해 산업계의 녹색 전환을 촉진하고, 무공해차 전환연구로 자동차 산업혁신을 돕는다는 방침이다. 더욱이 최신의 최적가용기법을 발굴하여 신규 관리 물질 도출 및 연계 배출 수준을 설정하는 등 기준서 개정연구를 연차적으로 추진하고, 사업장의 관리 시스템을 활용해 허가이행 현황을 점검하는 등 사후관리 방안을 검토한다.

전기차 배터리의 충전과 방전 특성에 따른 열화도 등을 평가해 배터리 보증 기간을 설정하고, 저온 조건의 1회 충전 주행거리 시험방법을 마련하는 등 실효성 있는 인증 체계 구축을 지원한다는 방침이다.

내연기관 자동차 기술로 준수할 수 있는 최종의 배출허용기준을 미국, 유럽연합 등과 동일한 시점(2025년경)에 도입할 수 있도록 연구를 추진한다는 방침이다.

나. 환경유해인자 사전예방적 관리

환경오염으로 인한 민감 계층의 건강 피해를 예방하고, 환경 유해인자에 대한 사전예방적 관리를 강화한다. 산업단지, 발전소, 폐금속 광산 주변 지역 등 환경오염 취약지역 조사를 연차적으로 수행한다. 에틸렌디아민 등 15종의 등록물질에 대한 위해성 평가로 관리 방안을 마련하고, 탄소계 입자 물질(카본블랙)과 타이어 유래 혼합 입자 물질의 독성 연구 등 미세플라스틱의 유해성 연구를 강화한다.

이어서 가습기 살균제 피해를 과학적으로 규명하기 위한 연구를 수행하고 피해자의 건강변화 관찰 기능을 강화한다는 방침이다. 가습기 살균제와 질환 간 역학적 상관관계를 확인하여 보고서를 발간하고, 만성 및 전신질환에 대해 역학, 독성학, 임상학 등 다학제적 연구를 확대하며 피해자의 건강 영향 추적 관찰 체계를 마련하고, 만성질환 발생의 조기진단을 위한 기반 연구를 추진한다는 계획이다.

이같이 환경과학원이 제자리를 찾아가서 자신의 역할을 하겠다는 것은 퍽

다행스럽다. 그렇지만 정치권이나 경제계에서 이를 적극적으로 수용하여 지구환경을 개선시켜 나가려는 인식 전환도 뒤따라야 효과가 나타낼 수 있다.

환경과학원의 지구환경을 정확하게 진단해서 원인을 규명하고 지구환경 개선에 선도자 역할을 선언하였으므로 온 국민은 이를 믿고 다 함께 지구환경 개선에 적극적으로 참여해야 할 것이다. 특히 국내 최고의 탄소배출지역이면서 환경오염 지역인 산업공단 지역에서는 이에 민감하게 대처하여 선도적인 역할을 통하여 현재의 위기를 기회로 만들어 나가는 노력을 해야 할 것이다.

7. 심각한 지구의 건강 상태

제임스 러브록의 '가이아'라는 저서에서는 지구생태계는 지구환경과 한 몸이기 때문에 지구생태계를 제대로 보전해 나가지 않으면 지구환경을 되살릴 수 없는 일이다. 따라서 지구환경을 되살려 나가기 위해서는 무엇보다도 지구생태계가 지속적으로 안정된 상태가 유지될 수 있도록 생물다양성을 보전시켜야 나가야 한다.

즉 지구환경이란 지구생태계가 다 함께 어울려 만들어 나가는 하나의 생명체이다. 따라서 지구생태계의 모든 생물체는 각자 맡은 역할을 담당하면서 지구환경을 진화 발전시켜 왔기 때문에 이들이 온전하게 자기 역할을 할 때 지구환경을 되살릴 수 있는 것이다.

그런데도 세계 인류는 자신을 만물의 영장이라는 여기면서 지구환경은 인간생활의 편리함으로 제공하는 도구에 불과하다는 생각으로 멋대로 짓밟아 왔다. 그래서 지구생태계의 3분의 2가 멸종된 상태이며 이를 복구하지 않으면 사실상 지구생태계가 스스로 조정 관리할 수 있는 자정 능력을 회복시킬 수 없다.

결국 기상재앙이란 이런 지구생태계의 자정 능력이 발휘되지 않기 때문에 일어나는 일이며 앞으로 더욱 심화될 조짐을 보이고 있다. 그래서 앞으로 탄소 중립과 함께 지구생태계를 보전시켜 나가는 생태 중립도 함께 추진되어 지구 환경을 되살려 나가야 한다.

지구의 건강 상태를 파악하기 위해서 사람처럼 혈액을 뽑거나 X레이를 찍어 볼 수는 없다. 그렇지만 서울대 환경대학원 정수종 교수는 "지구생태계의 위협을 초래하는 기후변화 유발 물질인 대기 중에 이산화탄소의 계절성이라는 특징을 갖고 있어 이를 통하여 지구의 건강을 진단할 수 있다."고 한다.

즉 지구에서 30년 이상 대기 중 이산화탄소 농도를 측정해 온 지구 대기관측소 45개 지점의 이산화탄소 농도 측정값의 계절성을 장기 분석해 보니 아주 흥미로운 결과가 나타났다. 45개 지점 한 곳도 빠짐없이 모든 관측소에서 이산화탄소 농도 계절성이 강해지고 있다.

여기서 계절성이 강해진다는 것은 연중 최댓값과 최젓값의 차이가 벌어진다는 것으로 최댓값은 더 커지고 최젓값은 더 낮아지고 있다는 것을 의미한다. 즉 가장 크게 변한 북반구 한 관측지는 지난 30년간 최대 70% 이상 강해진 것으로 나타나 지구의 호흡 상태가 바뀔 만큼 지구의 건강에 큰 변화를 나타내고 있다고 진단하고 있다.

이 같은 내용을 종합하여 현재 지구 건강 상태를 진단한 결과는 현재 지구는 원래의 호흡보다 70% 이상 더 숨이 가빠진 '과호흡' 상태이며 여기에다. 지구의 체온은 올라갔다. 즉 지구온난화로 호흡은 더욱 거칠어졌으며 의학적으로 과호흡은 공포나 흥분의 상태 또는 건강 상태 때문에 발생할 수 있다.

그렇지만 지금 지구는 기후변화로 인한 급격한 생태계 변화로 인해 건강 상태가 나빠진 것이어서 일시적인 상태가 아니라 심각한 만성질환 상태로 중장기적인 치료가 요구되는 상태라는 것이다. 이는 결국 이산화탄소를 감축시켜 계절성의 특성을 완화시켜 나가는 치료 방법 이외에 다른 도리가 없다는 분석이다.

<지구생태계의 건강 상태>

2017년 6월 22일. 48회 지구의 날을 맞이하여 미국 항공우주국(NASA)과 미국 지질조사국(USGS), 국제에너지기구(IEA) 등의 자료를 바탕으로 지구의 건강검진 상태를 중앙일보에서 정리해 놓았다. (중앙일보 2017.4.20일 자 게재)

그 결과, 지구의 병은 점점 악화되고 있어 지구 생태계를 되살리려는 인류의 각성이 필요한 때라고 밝히고 있다. 즉 지구의 건강 상태는 원래의 호흡보다 70% 이상 더 숨이 가빠진 '과호흡' 상태이며 지구온난화로 호흡이 거칠어져 건강 상태가 위험신호를 보내고 있어 이를 치료하기 위해서 탄소 중립이 절대적으로 요구되는 시점이라는 것이다.

위기의 지구환경 (자료: 유엔환경계획 · 네이처)

인구증가 영향

구분	현재	→	미래
인구	70억명 (현재)	→	93억명 (2050)
인류이용 토지면적	43% (현재)	→	50% (2025년)

생태계 파괴

각종 자원 난개발

산호초	38% 감소(1980년 기준)
척추동물	20% 멸종위기
물.어류	90% 살충제 오염

지구온난화

온실가스	2배 증가(향후 50년 추정)

1) 지구 나이 현재 45억 4,000만 살이다.

이는 미국 캘리포니아공과대 클리어 패터슨이 50년대에 우라늄 등 지구 암석의 방사성 동위원소 양을 측정하고, 운석과 비교해 나이를 계산한 것이다.

2) 지구 체중 59해 7,237경 t이다.

이는 양팔 저울의 한쪽 접시 아래(접시 위가 아니라)에 금속 조각을 두면 만유인력에 의해 금속 조각을 둔 쪽으로 저울이 기운다. 이때 반대편에 추를 올려 균형을 잡을 때 그 추의 질량을 바탕으로 지구의 질량을 계산하였다.

3) 키는 1만 2713.6㎞이다.

남극과 북극을 잇는 지구의 지름이 키에 해당하며 지진파가 이동하는 시간으로 측정했다.

4) 허리둘레

4만 75㎞. 적도를 따라 한 바퀴 도는 거리. 역시 지진파로 측정했다.

5) 혈압은 760㎜Hg(1기압)이다.

지표면의 기압은 수시로 변하는데 사람의 정상 혈압수치는 80~120㎜Hg인데 가끔 지구촌 곳곳에서 고기압이 정체하면서 폭염이나 혹한 등의 기상이변을 낳기도 한다.

6) 체온은 섭씨 14.84도이다.

이는 2016년 지구 전체의 평균 기온이며 현재 열이 계속 오르고 있다. 20세기 평균치(13.9도)와 비교해 0.94도 상승했다. 기상관측 사상 가장 높았던 2015년보다도 0.04도 오르는 등 전반적으로 조금씩 상승하는 추세다. 전 세계 육지와 해양의 8,000여 지점에서 고정 관측망과 선박을 활용해 측정한다.

7) 맥박수는 분당 2.75회이다.

전 세계에서 연간 발생하는 규모 2 이상의 지진(평균 144만 4,469회)에서 계산한 수치다. 최근 강진이 자주 발생해 부정맥 증상이 의심된다. 2000~2015년 사이 전 세계에서는 규모 5.0 이상의 강진만 연평균 1,781회 발생하고 있다.

8) 혈액 상태는 기름·방사능·미세플라스틱 과다.

지구의 혈액인 바다는 기름과 방사능 등으로 심하게 오염됐다. 2010년 4월 미국 멕시코만에서 발생한 사고로 490만 배럴(78만t)의 원유가 유출됐다. 2011년 3월 발생한 일본 후쿠시마 원전 사고로 방사성물질이 계속 바다로 들어가고 있다. 최근에는 플라스틱 쓰레기 외에 화장품·치약 등에 들어있는 미세플라스틱 '수치'가 높아지고 있다.

9) 폐 기능은 지속해서 저하하고 있다.

'지구의 허파' 아마존 삼림은 2003년 8월~2004년 7월에 2만 7,772㎢가 파괴되는 기록을 남겼다. 2011년 8월~2012년 7월에는 역대 최저 수준인 4,571㎢까지 줄었다. 이후 다시 증가세로 돌아서 2015년 8월~2016년 7월에는 7,989㎢가 파괴됐다. 한 시간에 축구장 128개씩 사라지는 셈이다.

10) 소화 기능은 과식 상태이다.

75억에 가까운 세계 인구가 천연자원을 엄청난 속도로 먹어 치우고 있다. 2015년 한 해 43억 3,100만t의 원유를 캐냈다. 이는 1973년 28억 6,900만t보다 50% 이상 늘어난 것이다. 같은 해 석탄도 77억t을 캐내 73년 31억t보다 배 이상 늘었다. 이처럼 석유·석탄·천연가스 등을 태우면서 2014년 한 해 324억

t의 이산화탄소를 배출했다. 대기 중 이산화탄소 농도는 2016년 405.1ppm을 기록, 산업혁명 이전 280ppm보다 45% 증가했다.

11) 간 · 콩팥 기능은 저하 상태가 계속되고 있다.

바닷물과 강물의 오염물질을 걸러내는 습지와 갯벌 훼손이 계속된다. 한국에서는 간척으로 연안 갯벌이 사라지고 있다. 동남아에서는 새우 양식을 위해 바닷가 숲을 파괴되고 있다. 전 세계 바닷가 숲의 약 20%에 해당하는 3만 5,000㎢가 최근 25년 동안 사라졌다.

12) 피부 상태는 개선이 안 되고 있다.

남극 상공의 오존홀(오존층에서 오존이 급격히 감소한 영역)은 연도별 최대 면적이 2000년 9월의 2,990만㎢에서 2016년 9월 2,300만㎢로 점차 줄어드는 추세다. 40~50년 뒤엔 완전히 사라질 것으로 전망된다. 2010년에는 남극뿐만 아니라 북극 상공의 오존층이 급격히 손상된 사실이 알려져 충격을 주기도 됐다.

> 생각해 봅시다

과학 기술의 맹신에 대한 위험성

인간게놈 프로젝트가 성공해서 앞으로 인간들은 죽지 않고 영생할 수 있는 시대가 돌아왔다고 언론에서는 호들갑을 떨고 있다. 그렇지만 실제로는 인간의 유전자 배열 상태를 밝혀낸 것에 불과하지 이 프로젝트를 통해서 확인된 유전자 수는 전체의 3분의 1에 불과한 것이다.

인간의 유전자 숫자조차도 제대로 파악하지 못한 실정인데 고질적인 질병을 치료할 수 있는 방법을 찾아냈다는 것은 사실상 거리가 먼 이야기가 된다. 그리고 유전자 조작을 통하여 복제인간을 만들고 고질병을 치료한다는 것은 그에 따른 어떤 부작용이 발생할는지 모른 실정에서 너무나 앞서 나간 기대감이다.

오늘날 과학 기술이란 새로운 관찰 결과에 따라서 새로운 가설이 세워지고 실험을 통하여 검증되면서 진화 발전시켜 온 것이다. 그 때문에 어떤 오류가 범하고 있는지를 전혀 알 수 없는 부분적인 당위성만으로 만족하고 있다. 그런데 우리들은 이런 과학 기술을 절대적인 진리로 믿어왔고 그런 맹신 때문에 사실상 기후 위기를 자초한 셈이라고 할 수 있다.

새로운 화학물질이 마구 쏟아지고 있는데 사실상 지구생태계는 미생물들이 청소부가 되어서
환경오염 물질을 모두 처리해 주는 역할을 담당하고 있다. 그런데 미생물이 나타나서 이를 청소하기도 전에 또 다른 화학물질이 쏟아져 결국에는 미생물들이 처리하지 못한 화학물질들이 너무나 많이 쌓이

게 되어 지구환경은 환경오염 물질로 가득히 차 있어 지구생태계의 3분의 2가 소멸되는 사태를 만들어 놓은 것이다.

현대 과학 기술의 맹신이 불러온 기후 위기, 지구환경 오염 등은 결국이 인간이 저질러 놓은 잘못이니 인간들이 이를 해결해 나가야 지구환경은 되살아날 수 있는 것이다. 이는 유럽 국가 같은 국제 통합국가를 만들어 이를 전체적으로 통제 관리해 나가야 지구환경을 되살릴 수 있다는 주장이 나오는 배경이기도 하다.

이런 과학 기술의 맹신이 초래한 엄청난 일들을 인간이 스스로 책임지고 해결해 나갈 수 있는 제도적인 장치가 마련되어야 과학 기술의 맹신에서 오는 위험성을 최소화할 수 있다.

제3장

기후 위기를 극복하는
기후변화협약

산업혁명 이후 250년간 세계 인류는 '대량생산, 대량소비, 대량 폐기'라는 시장 경제 체제에서 살아왔다. 즉 많은 상품을 더 싸게, 더 좋게 생산하여 경쟁적으로 세계 시장에 내놓아 이익만 챙기는 경쟁 사회에서 우린 살았다.

이런 시장 경제 체제에서는 더 많은 자원을 소비하게 되고 여기에서 대량으로 폐기되는 쓰레기는 처치 곤란한 지경에 이르렀다. 더욱이 지나친 화석연료를 사용하여 온실가스와 환경오염 물질을 배출함으로써 지구환경을 되돌릴 수 없을 정도로 오염시켰다.

결국 자원고갈과 쓰레기 과잉 사태, 기후변화에 따른 기상이변, 전염병 확산이라는 지구환경 역습으로 전 세계 인류는 큰 고통을 겪으면서 생명까지도 위협받고 있다.

2050년, 세계가 100억의 인구가 되면 세계 에너지 소비는 현재보다 60% 이상을 더 소모할 것이라는 예측이 나오고 있다. 이젠 더 이상 '자원 소모, 대량생산 방식, 대량소비'의 생활방식으로는 세계 인류는 지속적인 삶을 영위할 수 없다는 심각한 위기에 직면하게 된 것이다.

이런 문제를 해결하고자 세계 각국은 매년 기후변화 정상 회담을 개최하고 각종 국제 기후변화협약을 채택하여 오늘날까지 지구환경 문제를 해결하려고 노력하고 있지만 그리 큰 성과를 거뒀다고 할 수 없다.

제1절.
세계 각국이 참여하는 기후변화협약

21세기 세계 인류는 기후 위기 속에서 살아가고 있다. 매년 집중 가뭄, 집중 호우, 산불, 태풍, 지진, 쓰나미, 혹한, 폭염 등 기상이변은 더욱 심화되고 있다. 이로 인한 물 부족, 식량부족, 전염병 확산 등으로 인류의 생명은 위협받고 있다.

얼마 전까지만 해도 북극곰이 먹거리를 찾을 수 없어 기진맥진 녹아가는 얼음 위를 헤매는 광경을 보면서 먼 나라 이야기처럼 생각했다. 그렇지만 2023년 4월 초, 우리나라에 전국적으로 46곳이나 산불이 나서 감당할 수 없는 혼란에 빠지는 것을 지켜보면서 정말 지구촌이 온통 불바다로 변해서 사라질 수도 있겠구나! 하는 우려감을 느끼지 않을 수 없었다.

이런 기후 위기는 온실가스를 너무 많이 배출하여 지구의 기온이 상승하기 때문이다. 이는 또한 화석연료를 너무나 많이 사용했던 인간 행동 때문이라고 한다. 이에 우리 인간들이 이를 해결해 나가지 않으면 지구생태계는 영영 살릴 수 없게 될 것이라고 한다. 다.

EU는 탄소국경조정(CBAM)제도를 도입하여 EU로 수입되는 제품의 탄소 배출량에 EU 배출권 거래제와 연계된 탄소 관세를 부과해 징수하는 국경조정세를 2026년 1월부터 실시하겠다는 방침이다. 이에 따라서 철강, 시멘트, 비료, 알루미늄, 전기, 수소 등 6개 업종에 대한 국경조정세 해당 제품에 대한 탄소 배출량을 2023년 10월 1일부터 표시토록 하고 있다.

이어서 2023년 6월에 EU 배터리 법이 유럽 의회를 통과하면서 탄소발자국 측정, 재활용 원료 사용 의무화, 폐배터리 회수 목표 설정, 배터리의 전 과정 정보 디지털화(배터리 여권) 등 환경 관련 이슈가 무역장벽으로서 규제를 강화하겠다는 방침이다. 이에 따라서 탄소 중립은 물론 순환 경제체제까지도 환경 규제 대상이 되기 때문에 무역 위주로 성장해 온 우리나라는 대외경쟁력을 강화해야 한다는 차원에서 EU 국가 수준의 환경관리 체제를 구축해 나가야 한다.

EU 국가들은 이미 1990년부터 30년간 탄소 감축 사업을 추진해서 2020년까지 23%나 되는 탄소 감축 실적으로 나타낸 성공적인 탄소 중립 사례를 갖고 있다. 이런 EU 기준에 세계 각국은 맞춰 나가지 않으면 제대로 수출할 수 없는 시대가 개막된 것이다.

그런데 우리나라는 전체 에너지에서 재생 에너지 비중이 7% 수준에 불과하다. 그런데 독일은 2022년도 전체 에너지에서 재생 에너지 비중이 46%를 차지하고 있고 2045년까지 탄소 중립을 완성시키기 위해서 2030년까지 현재 재생 에너지 비중의 2배나 되는 92%까지 높이겠다는 목표를 설정하고 있다. 이런 국가들의 탄소 중립 기준에 맞춰 탄소 중립을 완성시켜야 수출 상품에 대한 경쟁력을 지켜낼 수 있다. 결국 탄소 중립이란 국민경제의 생존이 걸린 문제이며 탄소 중립의 벽을 넘어서지 못한다면 더 이상 국민경제는 지속적인 발전기틀을 유지시켜 나갈 수 없게 된 것이다.

1. 기후변화 협정의 출발

　기후변화 협정은 1972년 6월, 유엔이 스웨덴의 스톡홀름에서 개최된 '인간환경회의'에서 채택한 "인간환경선언(스톡홀름 선언)"에 기반을 두고 있다. 그 해 12월에는 유엔에서는 '인간환경선언'의 정신을 이어받아 환경문제를 전담하는 '유엔환경계획(UNEP)'이라는 새로운 기구로 발족시켰다. 그리고 1987년에 유엔환경계획(UNEP)과 세계환경개발위원회(WCED)가 "우리 공동의 미래"라는 이름의 보고서를 출간하게 된다.

　여기에서 21세기 인류의 미래를 담보할 해법으로 '지속 가능한 발전'이라는 개념을 제시하게 되었고 당시 위원장을 맡고 있던 노르웨이 브룬트란트 수상의 이름을 따서 '브룬트란트 보고서'라고도 부른다.

　1988년, 유엔총회에서는 브룬트란트 보고서의 권고에 따른 지속 가능한 발전의 개념을 유엔 및 세계 각국 정부의 기본이념으로 삼을 것을 결의하는 대규모 국제회의를 개최하게 된다. 이는 1992년 브라질 리우데자네이로에서 개최된 '유엔 환경개발회의(UNCED)'이다.

　이를 리우 회의 또는 지구정상회의라고 부르며 1992년 6월 3일부터 6월 14일까지 브라질 리우데자네이루에서 178개국 정부 대표 8,000여 명과 167개국의 7,892개 민간 단체 대표 1만여 명이 참석하는 사상 최대 규모의 국제회의가 열렸다.

　여기에서 지구환경 질서의 기본원칙을 규정한 '리우 선언'과 함께 환경 실천 계획인 '의제 21'를 채택하게 된다. 그리고 유엔의 3대 환경협약이라고 할 수 있는 '기후변화협약, 생물다양성협약, 사막화방지협약'이 체결되었고, 새롭게 유엔지속가능발전위원회(UNCSD)가 창설되었다.

　한편 브라질 리우 선언이 있었던 후 20년 뒤인 2002년에는 제1차 지속 가능한 발전 세계 정상회의(WSSD)가 남아프리카 공화국 요하네스버그에서 개최되었다. 지속 가능한 발전 세계정상회의(WSSD)에서는 1992년 리우회의 이후 전 세계가 실천해 온 환경과 지속 가능한 발전의 성과를 평가하고 이후 이행과제를 구체화하여 지속 가능한 발전을 위한 '요하네스버그 선언'을 채택하게 되었다. 그리고 Rio+20 정상회의에서는 "우리가 원하는 미래"라는 선언문을 채택하였다.

여기에서는 과거 20년간의 지속 가능한 발전 성과를 점검하고, "녹색경제"의 중요성을 제시하고 '녹색경제'가 지속가능한발전을 위한 중요한 도구임을 명시하였다. 이에 따라서 모든 국가가 이행하여야 할 목표로 녹색성장을 선정, 세계 경제의 패러다임을 전환시켜나가겠다는 다짐을 천명하게 되었다.

녹색성장에서는 경제 위기, 사회적 불안정, 기후변화, 빈곤퇴치 등 범지구적 문제 해결의 책임을 다시 강조하고 각국의 행동을 촉구했다.

그리고 지속 가능한 발전을 위한 중요한 도구로 '녹색경제' 의제를 채택하고 새천년개발목표(MDGs)를 대체하는 지속가능발전목표(SDGs)를 설정하는 절차에 합의하였다.

'새천년개발목표(MDGs)'란 2000년 9월, 뉴욕에서 열린 55차 유엔총회에서는 채택된 의제로 2015년까지 빈곤의 감소, 보건, 교육의 개선, 환경보호와 관련하여 지정된 8가지 목표를 실천할 것을 결의하였다. 그러나 그 결과는 실효성이 없다는 평가를 받고 있어 앞으로 지구환경문제를 어떻게 해결해 나갈 것인지 걱정이 되지 않을 수 없다.

2. 스톡홀름의 인간환경선언

1972년 6월 5일, 스웨덴 스톡홀름에서 열렸던 제1차 유엔 인간환경회의에서 '하나뿐인 지구'라는 주제를 갖고 세계적인 석학들이 모여서 논의를 계속하였다. 그 결과 "이제 환경문제는 '좀 더 나은 삶'을 위한 것이 아니라 '지구에서의 인간이 살 수 있느냐는 생존 문제'로 패러다임을 바꾸어 나가야 한다."는 결의를 하게 되었다. 이런 내용을 담은 '인간환경선언'이 발표되면서 값싸고 품질 좋은 제품을 생산하여 경쟁적으로 '대량생산 – 대량소비 – 대량 폐기'라는 자본주의 경제체제에 대한 심각한 반성이 이뤄졌다.

사실상 지구온난화를 방지하자는 기후변화협정은 선진국과 개발도상국의 입장이 첨예하게 대립하고 있어 쉽게 해결될 수 없는 한계성을 안고 있다. 즉 선진국들은 지금까지 경제발전을 하기 위해서 많은 온실가스를 배출하여 역사적으로 온실가스를 감축시킬 의무를 부담해야 되는 책임이 있다.

이에 반해 개도국들은 인구 증가가 지속적으로 이뤄져 먹고 살 수 있도록 지속적인 경제성장이 불가피하게 요구된다. 따라서 개도국들에게 온실가스를 지속해서 배출하지 말라는 것은 경제성장을 그만두라는 경고라고 항의한다. 그렇지만 뒤늦게 개도국들의 탄소 배출량(특히 중국과 인도 등)이 선진국 탄소 배출량을 크게 웃돌면서 개도국이 참여하지 않는 국제협약인 탄소 중립을 성공적으로 추진해 나갈 수 없다는 문제점을 제기하게 되었다. 이에 결론을 내리지 못한 채 지속적으로 개도국들을 설득해서 탄소 중립을 실현시켜 나가는 안을 모색해 나가게 되었다.

선진국들이 개도국의 경제성장을 위한 온실가스 배출을 어느 정도 용인해 주면서 기술과 자본까지 제공해 줄 수 있는 녹색기금 설립 방안을 논의, 지원할 것을 약속하였다. 그리고 다 함께 탄소 중립에 참여하자는 결의하게 되어 2015년 파리에서 역사적인 새로운 기후변화협정을

체결하게 되었다. 이젠 세계 각국은 모두 의무적으로 기후변화협정에 참여하고 자발적으로 탄소 감축목표를 설정하여 이를 실현시켜 나가야 할 의무를 부담하고 있어야 한다.

<인간환경선언의 주요 내용>

스톡홀름에서 발표한 '인간환경선언'은 인간 환경의 개선과 보존으로 지구환경을 지켜나가자는 주된 내용을 담고 있다.

첫째, 인간은 자연환경의 창조물이며 자연환경은 인간의 안녕과 기본권의 향유, 생존권을 위해 없어서는 안 되는 존재이다. 따라서 과학기술이 발달하여 전례 없는 환경을 변화시킬지라도 인간 환경을 보호하고 개선하는 일은 무시되어서는 안 된다. 물과 공기와 토양오염, 생태학적인 불균형으로 대체할 수 없는 자원의 파괴와 고갈, 건강의 피해 등은 결국 인류가 만들어낸 피해 현상이라고 볼 수 있다.

둘째, 산업화한 국가에서 환경문제들은 일반적으로 산업화와 기술 발달이 연관되어 있기 때문에 개발도상국들과의 차이를 줄이도록 노력해야 한다. 그리고 개도국들은 생존을 위해 요구되는 최소한의 수준보다 크게 못 미치는 수준에서 살고 있다. 이 때문에 경제개발의 불가피성을 인정하지만, 환경의 개선과 보호를 위한 필요성과 그 우선순위를 마음에 새기고 개발 노력의 방향을 설정해야 한다.

셋째, 인간이 주위 환경을 변화시킬 수 있는 능력을 지혜롭게 사용한다면 삶의 질을 향상 시키는 기회와 발전의 혜택을 모두에게 줄 수 있다. 이 능력을 부주의하고 잘못되게 사용한다면, 인류와 인간 환경에 막대한 해를 끼칠 수 있다.

넷째, 세상에서 가장 존귀한 존재는 인간이다. 사회적 진보를 추진하고, 사회복지를 창조하고,

과학기술을 개발하고, 근면한 노력으로 계속해서 인간 환경을 변화시키는 주체는 인간이다. 사회화와 생산의 진보, 과학기술과 함께 환경을 개선하기 위한 인간의 능력은 나날이 향상된다. 따라서 인구 증가에 따른 환경보전을 위한 문제들을 적절히 대처하기 위해 적절한 정책과 조치가 채택되어야 한다.

다섯째, 우리들의 무지와 무관심으로 지구환경에 막대하고 돌이킬 수 없는 해를 입힐 수 있다. 반대로 더 많은 지식과 더 지혜로운 행동으로 우리는 인간의 필요, 소망과 더욱 조화를 이루는 환경에서의 더 나은 삶을 우리 자신과 후대에 전할 수 있다. 따라서 인간은 자연과 협력하여 더 나은 환경을 만들기 위해 지식을 사용함을 인류를 위한 필수 목표로 삼아야 한다.

여섯째, 환경문제는 지역적이기도 하고 국제적이기 때문에 공통 이익에 따른 국제기구들의 행동과 국가 간의 광범위한 협력이 요구된다. 각국 정부는 법령 안에서 각종 환경개선을 위한 정책과 행동을 해야 하며 특히 개도국들을 지원하기 위한 국제협력을 늘려나가야 할 것이다.

3. 브라질 리우 선언으로 출범한 기후변화 협약

1992년 6월, 브라질 리우데자네이루에서 발표한 '환경과 개발에 관한 리우 선언'은 지구환경문제를 해결해 나가는 '지구인의 행동 강령'을 마련하여 50여 개국 대표가 이를 채택하게 되었다.

브라질 리우에서 발표한 '인간환경선언'에서는 "인간은 자연환경의 창조물이며 자연환경은 인간의 생존권을 위해 없어서는 안 되는 존재이다"라고 인간과 환경은 생존을 위한 연결고리라는 사실을 밝혔다. 그리고 "공기와 토양오염,

생태학적인 불균형으로 대체할 수 없는 자원의 파괴와 고갈 등은 결국 인류가 만들어낸 피해 현상이다."이라고 자연 파괴에 대한 인간의 책임을 부담할 것을 제시하였다.

일본 교토 제3차 당사국총회	개최국	프랑스 파리 제21차 유엔기후변화협약 당사국총회 (COP21)
1997년 12월 채택, 2005년 발효	채택	2015년 12월12일 채택
주요 선진국 37개국	대상 국가	195개 협약 당사국
2020년까지 기후변화 대응방식 규정	적용시기	2020년 이후 '신 기후체제'
• 기후변화의 주범인 주요 온실가스 정의 온실가스 총배출량을 1990년 수준보다 평균 5.2% 감축 • 온실가스 감축 목표치 차별적 부여 (선진국에만 온실가스 감축 의무 부여) • 미국의 비준 거부, 캐나다의 탈퇴, 일본·러시아의 기간 연장 불참 등 한계점이 드러남	목표 및 주요 내용	• 지구 평균온도의 상승폭을 산업화 이전과 비교해 섭씨 2°C보다 훨씬 작게제한하며 섭씨 1.5°C까지 제한하는 데 노력 • 온실가스를 좀 더 오랜 기간 배출해온 전진국이 더 많은 책임을 지고 개도국의 기후변화 대처를 지원 • 선신국은 2020년부터 개도국의 기후변화 대처 사업에 매년 최소 1000억 달러(약 118조1500억 원) 지원 • 선진국과 개도국 모두 책임을 분담하며 전 세계가 기후 재앙을 막는 데 동참 • 협정은 구속력이 있으며 2023년부터 5년마다 당사국이 탄소 감축 약속을 지키는지 검토
감축의무 부과되지 않음	한국	2030년 배출전망치(BAU) 대비 37% 감축안 6월 발표

결론적으로 "인간은 자연과 협력하여 더 나은 환경을 만들기 위해 지식을 사용함을 인류를 위한 필수 목표로 삼아야 한다"는 원칙을 수립하고 지구생태계 보전을 최고의 가치로 삼을 것으로 선언하게 된 것이다.

이런 인간환경선언은 "인간 환경의 보전과 향상에 대한 공동 인식을 바탕으로 '주거환경 개선, 자원관리, 오염물질의 파악 및 규제, 환경교육, 환경을 고려하는 개발'을 추진해야 된다"는 일반원칙을 천명하게 되었다.

<리우 선언의 27개의 행동 원칙>

'리우 선언'이란 1972년 스톡홀름 회의에서 채택된 '인간 환경 선언'의 정신을 확대 강화시킨 것으로서 '환경적으로 건전하고 지속 가능한 개발(ESSD)'을 실현하기 위한 27개의 행동 원칙으로 구성되어 있다. 이러한 지속 가능한 개발을 위해서는 빈곤의 퇴치를 위한 협력을 명시하고 있다.

리우 선언의 원칙을 실천하기 위하여 '21세기 지구환경실천강령(Agenda 21)'이 채택되었다.

의제 21은 기후변화협약, 생물학적 다양성 보전조약, 삼림보전의 원칙이 채택되었으나 남북 대립으로 인해 여러 가지 문제점이 남게 되었다. 그중에서 '정부 개발 원조'(ODA)의 국민총생산(GNP) 대비 0.7%를 계획했지만, 기한은 밝혀지지 않았다.

한편 기후변화협약은 미국의 반대로 이산화탄소 규제 및 기한을 규정한 문구가 없었다. 또한 생물학적 다양성 보전 조약은 미국 측이 유전 자원 개발에 관한 지적 소유권 보전을 이유로 마지막까지 조약에 조인하지 않았다.

삼림 보전의 원칙에도 개발권만이 전면에 부상되었을 뿐 '보전의 원칙'이 제대로 적용되지 못했다는 비판을 받았다. 이같이 합의에 이르지 못하고 중도에서 논의만 지속되고 의미 있는 결과는 도달하지 못하였다.

<'인간 환경 선언'의 27개 중 주요항목>

제1원칙 : 인류는 자연과 조화를 이루면서 건강하고 생산적인 생활을 할 권리가 있고

제2원칙 : 각국은 자국의 자원을 개발할 권리를 지니는 동시에 다른 국가의

환경에 손상을 주지 않도록 할 책임이 있다.
제3원칙 : 개발 권리의 행사는 현재와 미래 세대의 개발과 환경상의 필요성을 충족시키는 범위 내에서 가능하며
제4원칙 : 환경보호와 개발은 일체적으로 추진되어야 한다.

4. 유엔 기후변화협약 채택

산업혁명 이후로 250년간 세계 인류는 '대량생산, 대량소비, 대량 폐기'라는 시장 경제체제에서 살아왔다. 즉 많은 상품을 더 싸게, 더 좋게 생산하여 경쟁적으로 세계 시장에 내놓아 이익만 챙기는 경쟁 사회에서 우린 살았다.

이런 시장 경제체제에서는 더 많은 자원을 소비하게 되고 여기에서 대량으로 폐기되는 쓰레기는 처치 곤란한 지경에 이르렀다. 더욱이 지나친 화석연료를 사용하여 온실가스와 환경오염 물질을 배출함으로써 지구환경을 되돌릴 수 없을 정도로 오염시켰다.

결국 자원고갈과 쓰레기 과잉 사태, 기후변화에 따른 기상이변, 전염병 확산이라는 지구환경 역습으로 전 세계 인류는 큰 고통을 겪으면서 생명까지도 위협받고 있다.

2050년, 세계가 100억의 인구가 되면 세계 에너지 소비는 현재보다 60% 이상을 더 소모할 것이라는 예측이 나오고 있다. 이젠 더 이상 '자원 소모, 대량생산방식, 대량소비'의 생활방식으로는 세계 인류는 지속적인 삶을 영위할 수 없다는 심각한 위기에 직면하게 되었다.

이런 문제를 해결하고자 세계 각국은 매년 기후변화 정상 회담을 개최하고 각종 국제 기후변화협약들을 채택하여 오늘날까지 지구환경 문제를 해결하려

고 노력하고 있다.

가. 유엔 기후변화협약 내용

유엔 기후변화협약은 지구의 온난화 현상에 의한 지구의 재난을 방지하여 인류의 활동과 모든 생물종의 멸종위기를 사전에 예방하고자 하는 목표에서 출발되었다. 즉 대기 중의 온실가스의 농도를 안정화 시키기 위해서 기후변화협약의 기본원칙은 기후변화의 예측 및 방지를 위한 예방적 조치의 시행 및 모든 국가의 지속가능한 성장의 보장 등을 내용으로 하고 있다.(기후변화협약 제3조).

선진국은 과거로부터 발전을 이루어오면서 대기 중으로 온실가스를 배출한 역사적 책임이 있으므로 선도적 역할을 해야 한다. 그리고 개발도상국에는 현재 지구생태계 상황에 대한 특수 사정을 배려하여 차별화된 책임과 능력에 입각한 의무 부담이 부여되고 있다. 이 같은 기후변화협약은 3가지 원칙을 담고 있다.

지금까지 선진국들은 경제적인 부를 실현시키기 위해서 더 많은 온실가스와 환경오염 물질을 배출시켜 왔다. 이에 따라 기후변화와 환경오염이 발생하였기 때문에 원인 제공자가 환경오염에 대한 책임을 지는 것은 당연하다는 원칙으로부터 출발하였다. 그래서 선진국들은 당연히 역사적인 책임을 부담해야 되지만 1인당 평균 온실가스 배출량이 적은 개도국들엔 이런 의무를 부담시키지 않고 모든 참여국을 대상으로 하는 '일반 의무'만을 부담토록 하고 있다. 이런 차별화된 공동책임의 원칙에 바탕을 두고 기후변화협약을 출발하게 된 것이다.

<제1 지속가능발전의원칙>

세계 각국은 "경제개발이 우선이냐? 환경보호가 우선이냐?"에 관한 열띤 토론이 벌어졌다.

경제개발을 하지 않으면 국민경제가 발전할 수 없어 국민소득이 늘어나지 못하고 소비시장이

얼어붙게 된다. 그래서 기업이 더 이상 투자를 하지 않게 되고 고용이 매년 감소해 경기침체라는 악순환에서 벗어날 수 없게 된다.

그렇지만 경제개발에는 불가피하게 환경오염물질의 배출을 가중시켜 지구 온난화에 따른 큰 재앙을 오히려 촉발시키는 계기가 된다. 따라서 경제개발이 우선이 될 수 없으며 그렇다고 환경보호만을 고집할 수도 없는 입장이다.

이에 '지속 발전 가능'이라는 새로운 개념을 도입하여 경제개발과 환경보호를 양립할 수 있는 기반을 구축하기로 합의하고 경제개발을 후손들의 입장에서 판단하도록 하는 제도적인 장치를 마련하게 된 것이다.

<제2 차별화된 공동책임의 원칙>

기후변화 협약에서는 모든 당사국이 부담하는 공통 의무 사항과 선진국만이 부담하는 특정 의무 사항으로 구분하고 있다.

공통 의무 사항은 온실가스 배출량 감축을 위한 국가전략을 자체적으로 수립, 시행하고 이를 공개해야 하며 온실가스 배출량 등에 대한 국가통계와 정책 이행에 관한 국가 보고서를 제출해야 한다.

특정 의무 사항은 선진국에만 적용되는 의무 사항으로 온실가스 감축의무와 개도국 지원 등을 부담토록 하고 있다.

<제3 기후변화의 완화와 적응의 원칙>

기후변화협약에서는 차별화된 공동책임의 원칙 이외에 '개발도상국의 특수사정 배려의 원칙, 기후변화의 예측 및 방지를 위한 예방적 조치 시행의 원칙, 모든 국가의 지속 가능한 성장의 보장 원칙' 등을 규정하고 있다. 이는 결국 기후변화협약이 기후변화 현상의 완화와 적응을 통해 지속가능한발전에 기여한

다는 목표로 발전하겠다는 것이다.

나. 기후변화협약 참가국의 의무이행 사항

리우 선언을 바탕으로 1992년 6월, 브라질 리우에서 개최된 유엔환경개발회의(UNCED)에서 유엔 기후변화협약을 채택하였다.

기후변화협약은 선진국과 개도국이 '공동의 그러나 차별화된 책임'에 따라 각자의 능력에 맞게 온실가스를 감축할 것을 약속하였다. 그리고 협약 최고의 의사결정기구는 당사국총회(COP)이며, 협약의 이행 및 과학·기술적 측면을 검토하기 위해 이행부속기구(SBI)와 과학기술자문부속기구(SBSTA)를 두기로 하였다.

기후변화협약의 구체적 실천을 위한 주요 전개 과정을 살펴보면 1992년 기후변화협약의 채택 이후, 1997년 12월 일본 교토에서 제3차 당시국총회가 개최되어 교토의정서가 채택되었다. 여기에서 세계 각국은 부속서 I 국가(선진국)와 부속서 II(개도국)으로 구분하여 규정하고 있다.

1) 부속서 I

부속서 I 국가들의 온실가스 배출량 감축의 의무화, 공동이행제도(JI 제6조), 청정개발체제

(CDM 제12조), 배출권거래제도(ETS 제17조) 등 시장원리에 입각한 유연성 있는 온실가스 감축 수단인 교토메커니즘을 도입하고 산림 등 온실가스 흡수원의 의무이행 수단으로 활용하여 온실가스 감축의무를 부담토록 하고 있다.

이어서 2001년 11월 모로코의 마라케쉬에서 제7차 당사국총회가 개최되어 교토의정서 세부 이행규칙(마라케쉬 합의문)이 최종 타결되어 선진국(부속서 I)의 온실가스 감축의무 부담 방식이 확정, 교토의정서를 발표하기에 이르렀다.

유엔 기후변화협약은 차별화된 책임 원칙에 따라 협약 부속서 1에 포함된 42

개국(Annex I)에 대해 2000년까지 온실가스 배출 규모를 1990년 수준으로 안정화 시킬 것을 권고하였다. 부속서1에 포함되지 않은 개도국에 대해서는 온실가스 감축과 기후변화 적응에 관한 보고, 계획 수립, 이행과 같은 일반적인 의무만을 부여하였다.

<선진국의 의무>

온실효과 가스의 배출량을 2000년까지에 1990년의 수준으로 감축하는 것을 목적으로 한다.

(1) 온난화 방지를 위하여 정책 조치를 강구하며,
(2) 배출량 등에 관한 정보를 조약국에 보고하고,
(3) 개발도상국으로 자금을 제공하고 기술을 이전한다.

2) 부속서 II

협약 부속서 2(Annex II)에 포함된 24개 선진국에 대해서는 개도국의 기후변화 적응과 온실가스 감축을 위해 재정과 기술을 지원하는 의무를 규정하였다. 부속서 1 국가는 협약 채택 당시 OECD, 동유럽(시장경제전환국가) 및 유럽경제공동체(EEC) 국가들이며, 부속서 2는 그중 OECD와 EEC 국가들만을 포함시켰다.

우리나라는 비(非) 부속서 1(non-Annex I) 국가에 속하게 되어 감축의무를 부담하지 않는 개도국으로 분류되었다.

결론적으로 리우 선언에서는 "우선 성장의 한계를 인정하고 시장 경제체제라는 패러다임을 전환시켜 나가야 한다. 그리고 온실가스를 감축시켜 나가기 위해서는 '에너지 전환, 에너지 절약, 에너지 효율 개선' 등을 지속적으로 추진해 나가야 한다.

마지막으로 지구촌은 한 가족이라는 공동체 의식으로 환경보호 운동에 적극적으로 참여하여야 한다는 의무를 부담해야 한다."는 내용을 담고 있다.

<개발도상국 포함한 일반 의무>
(1) 온실효과가스의 배출 및 흡수의 목록 작성과 정기적 갱신
(2) 구체적인 대책을 포함한 계획의 작성 및 실시
(3) 목록과 실시한 결과 또는 실시를 예정하고 있는 조치에 관하여 정보를 조약국 회의에 송부한다.

5. 온실가스 감축 기반을 마련한 교토의정서

1997년 12월, 일본 교토에서 열린 제3차 기후변화 당사국총회에서 39개 선진국은 온실가스 배출량을 감축하자는 교토의정서를 채택하였다. 이는 사실상 선진국들이 산업혁명 이후 자국의 경제발전을 위해서 개도국들보다 더 많은 화석연료를 사용하였기 때문에 역사적인 책임을 부담해야 한다는 의견에서 출발한 것이다.

교토의정서는 이런 선진국의 역사적인 책임을 반영시켜 온실가스와 환경오염 물질에 대한 배출을 감축시켜 나가자는데 목적을 두고 있다. 그래서 OECD 회원국이 중심이 되어 온실가스 배출량을 1990년 수준으로 되돌리자는 목표를 결의하게 되었다.

그렇지만 교토의정서에 참여하는 선진국들이 배출하는 온실가스의 규모는 전 세계의 30%에 불과하였다. 나머지 70%를 배출하는 나라들은 대부분 개도국에 포함되기 때문에 교토의정서가 성공적으로 추진되기에는 한계성을 안고 있었다.

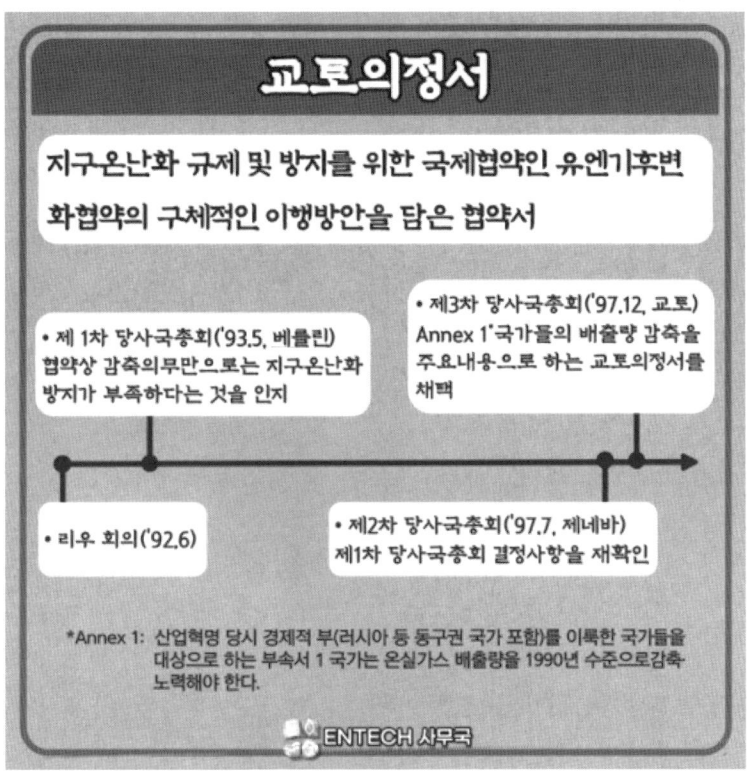

1997년, 일본 교토에서 개최된 제3차 유엔기후변화협약 당사국총회에서는 선진국들은 온실가스 배출량을 1990년 수준 대비 평균 5.2% 감축하는 의무를 부과하기로 의결하였다. 이는 당초 2000년까지 1990년 수준으로 감축시켜 나가기로 한 것보다 한층 강화된 수준을 제시한 것이다.

가. 교토의정서 주요 내용

교토의정서에서는 또한 기후변화의 원인이 되는 주범으로 6가지 온실가스(이산화탄소, 메탄, 이산화질소, 수소불화탄소, 과불화탄소, 육불화황)를 규정하고 이를 감축시켜 나가자는 결의하였다.

제1차 공약 의무 기간(2008~2012년)을 설정하고 부속서 1 국가들에 온실가스 감축의무를 부과하였다. 나머지 비 부속서 1 국가에 대해서는 유엔기후변화협약에서와 마찬가지로 온실가스 감축과 기후변화 적응에 관한 보고, 계획 수립, 이행 등 일반적인 조치만을 요구하였다.

이런 교토의정서에서는 '청정개발체제(CDM), 배출권 거래제(ETS) 및 공동 이행제도(IJ)'라는 교토 메커니즘(Mechanism)을 도입하여, 세계 각국이 온실가스 감축을 비용 효과적으로 추진할 수 있도록 하는 기반을 마련하였다. 특히 선진국들은 개도국들에게 기술이전을 통하여 온실가스 감축을 시켜 나가고 그의 대가로 탄소배출권을 받아낼 수 있도록 하여 지속적으로 청정개발(CDM) 사업을 추진해 나갈 수 있도록 하고 있다.

그렇지만 2015년 파리협정에서 모든 국가가 온실가스 감축의무를 부과한 이후 개도국들도 탄소배출권이 요구되므로 청정개발(CDM) 사업에서의 탄소배출권 문제는 양국의 협의를 통하여 결정할 수밖에 없게 되었다.

사실 기후변화 방지협정에 참여하는 국가들은 유럽과 일본 등 38개국뿐이고 나머지 대부분 국가들은 이를 외면하고 있다. 특히 전 세계 온실가스의 24%나 배출하고 있는 미국(그 당시 기준)조차도 중도에서 비준을 거부하고 탈퇴하였다.

그리고 13억의 인구를 갖고 있는 중국과 인도도 개발도상국이라는 이유에서 감축의무를 면제받게 되었다. 이런 교토의정서는 미국과 호주가 중도에 비준을 거부함에 따라서 사실상 포기될 위기에 놓여 있었다. 그렇지만 뒤늦게 러시아가 비준에 동의함으로써 38개국이 참여하는 교토의정서가 2005년 2월 16일부터 발효되었다.

나. 효과적 대응을 위한 교토메커니즘 도입

기후변화 분야에서 시장의 기능을 이용하여 온실가스 감축목표를 보다 비용 효과적으로 달성할 수 있도록 하는 수단으로 교토메커니즘을 도입하게 되었다. 교토의정서는 부속서 I 국가에 대해 온실가스를 감축할 의무를 부과하고, 의무이행의 효율성을 제고하기 위해 3대 시장 메커니즘인 이른바 교토메커니즘을 도입하게 되었다.

1) 공동이행제도(JI)

선진국이 당사국인 선진국들에게 온실가스의 흡수에 의한 제거와 배출원에서의 저감을 목적으로 하는 사업을 통해 얻은 배출권을 다른 당사국에 이전하거나 얻어올 수 있도록 하는 제도이다.

2) 청정 개발사업(CDM)

선진국 또는 선진국의 민간 조직이 개도국에서 배출감축 프로젝트를 수행하고 '공인된 감축분(CERs)'의 형태로 배출권을 얻는 것을 허용하는 제도이다.

3) 배출권거래제도(ETS)

국가나 기업마다 설정된 온실가스 배출 허용치에 따라 배출권을 발행하고 그 목표 이상을 달성한 경우에는 배출권 판매를 허용한다. 반대로 목표 달성에 미달한 경우에는 과부족분을 배출권 매입으로 보충하도록 하는 제도이다.

6. '포스트 2012' 체제 논의

2007년, 인도네시아 발리에서 열린 제13차 유엔기후변화 회의에 미국의 부시 대통령이 참석하였다. 이 자리에서 "우리도 국제적인 수준의 온실가스 감축 의무를 준수하겠다"고 선언하였다. 이에 10억 이상의 인구를 갖고 있는 중국과 인도도 이에 참여하지 않을 수 없는 입장에 빠졌다.

한편 유럽연합은 "2020년까지 온실가스 감축량을 20%로 내세우고 30%까지 감축시켜 나가겠다."고 적극적인 모습을 보였다. 여기에서 교토의정서가 마무리된 이후의 '포스트 2012' 체제를 구축하고자 하는 '발리 로드맵'이 완성되었다.

온실가스 감축 규모를 교토의정서 때보다도 대폭 확대된 25~40% 정도로 결정되었다. 이의 구체적인 실천을 위해서 선진국과 개도국 간의 기술이전과 재정지원, 산림조림사업, 탄소세 등 환경정책에 관한 구체적인 실천 사항을 발리 로드맵에 담았다. 그렇지만 선진국과 개도국 간의 온실가스 감축 목표를 갖고 이뤄진 대립적인 갈등은 쉽시리 해결될 기미를 보이지 않았다.

가. 과도기적 조치로써 칸쿤 합의

2010년, 멕시코 칸쿤에서 열린 제16차 유엔기후변화 회의에서 선진국과 개도국 간의 갈등에 대한 과도기적 조치로서 2020년까지 자발적으로 온실가스 감축 약속을 이행하기로 하는 '칸쿤 합의(COP16)'가 이뤄졌다.

칸쿤 합의는 전 지구적 기온상승을 2℃ 이내로 제한하되, 기후변화에 취약한 국가 지원, 국제협력 강화 등에 힘쓰고 전 세계 각국이 자발적으로 온실가스 감축 약속을 이행하기로 합의한 것이다. 그리고 개도국들에 기후변화 대응을 지원하기 위해 녹색기후기금을 마련하기로 합의하고 단기 재원(2010~2012년간 3백억 달러) 및 장기 재원(2020년까지 연간 1천억 달러)을 조성하기로 합의하였다.

이어서 2011년, 남아공 더반에서 열린 제17차 유엔 기후변화 회의에서는 선진국의 '교토의정서 연장'과 함께 2020년 이후부터 모든 당사국이 온실가스 감축 체제에 참여하는 새로운 기후변화 체제를 설립하기로 합의한 '더반 플랫폼'이 완성되었다.

나. 새로운 기후변화 체제 합의

2012년, 카타르에서 열린 제18차 유엔기후환경 회의에서 "지난 2005년 발효돼 2012년에 그 효력을 상실하는 교토의정서의 시효를 2017년 또는 2020년까지 연장"하기로 최종 합의하였다. 그리고 2020년부터 발효되는 새 기후변화 체제에서는 현 교토의정서에서 선진국에만 적용했던 온실가스 감축 의무를 중국과 인도 등 신흥공업 대국을 포함한 모든 선진·개도국으로 확대 적용하기로 하였다.

이와 함께 개도국의 온실가스 감축 혹은 기후변화 적응을 위해 2020년까지 최대 1,000억 달러를 제공하는 녹색기후기금(GCF)을 마련하고, 지원금 모집 방법 및 분담 방식 등은 추후 논의하기로 하였다.

녹색기후기금은 개도국의 온실가스 감축, 기후변화 적응을 지원하는 역할을 담당하게 될 최초의 기후변화 특화 기금으로 사무국을 우리나라 인천 송도에 설치하기로 하였다. 그 활동 범위나 기금 규모 면에서 환경 분야의 세계은행과 같은 기구로 성장할 것으로 기대된다.

7. 새로운 기후변화 체제 출발

2015년 11월, 파리협정에서 새로운 기후변화 체제가 채택되었다. 지난 30년간 계속해서 선진국과 개도국 간의 감축목표에 대한 책임 분담 문제로 난항을 거듭해 왔다. 그런데 파리에서 열린 기후변화 당사국총회에서 당사국인 197개국이 모두 참여하는 새로운 기후변화 체제가 출범하기로 의결하였다.

세계 각국은 각기 자주적 감축목표(NDC)를 설정하고 이를 유엔에 제출함으로써 온실가스 감축의무를 부담하게 되는 것이다.

자주적 감축목표(NDC)란 당사국들이 스스로 자국의 상황을 고려하여 자발적으로 목표를 결정하는 것을 의미한다. 즉 유엔에서는 개도국들은 인구 증가에 따른 경제성장이 불가피함을 인정하고 강제성을 띠지 않고 경제 전반에 걸쳐 감축 방식을 도입하는 수준에서 이를 권장하도록 하였다. 그래서 완전한 온실가스 감축 의무를 부과했다고 할 수는 없으나 5년마다 글로벌 이행점검을 하도록 하고 있다. 그리고 기존 목표보다 더 높은 새로운 목표를 설정하여야 하는 전진의 원칙을 지켜나가도록 하고 있다.

이에 세계 각국은 감축의무로 달성해 나가지 않을 수 없으며 세계적인 비정부기구들이 이를 평가, 감시하면서 결과 보고서를 내놓고 있다. 이 때문에 사실상 온실가스를 감축시켜 나가지 않으면 많은 국제적인 압박과 함께 세계인으로부터 비난을 받지 않을 수 없게 된다.

선진국과 개도국 간의 갈등을 해소시킨 것은 칸쿤 합의가 큰 힘이 되었다고 할 수 있다. 칸쿤합의는 2012년 말 만료 예정인 교토의정서를 대체할 법적 구속력 있는 국제협약과는 거리가 멀다. 가능한 빠른 시일 안에 교토의정서 연장에 관한 합의를 마무리 짓는다는 합의가 이뤄져 사실상 성취 여부는 미지수로 남겨두었다.

2020년까지 매년 1,000억 달러씩, 총 8,000억 달러의 기금을 조성하여 개발도상국을 지원하게 된다.

녹색기후기금은 선진국과 개도국 진영에서 동수로 선출된 24명의 이사회가 주도하며, 출범 이후 첫 3년 동안은 미국의 요구를 반영해 세계은행의 감시를 받도록 했다. 그렇지만 선진국들이 출연하기로 약속한 기금은 제대로 이행되지 않아 미진한 상태가 지속되고 있다.

가. 녹색기후기금(GCF)

녹색기후기금 본부는 인천광역시 연수구 송도동에 설립되었다. 2015년 파리협정이 체결된 이후 녹색기후기금(GCF)은 지구 온도 상승분을 산업혁명 이전 대비 섭씨 2도 이하로 유지하기 위한 감축목표를 실현 시키는데 중요한 역할을 하고 있다.

선진국들이 개발도상국의 감축 노력을 지원하기 위해 2020년까지 연간 1,000억 달러의 녹색기후기금을 마련하기로 한 가운데, 사무국 출범 이후 약 103억 달러의 초기 재원을 조성하였다.

세계 각국은 화석연료의 사용을 줄여 이산화탄소를 감축하면서 탄소배출권을 발행하도록 하고 이를 글로벌 거래를 통하여 이익을 창출할 수 있는 제도적인 장치를 마련하였다. 이 때문에 배출기업들이 온실가스 감축목표를 달성하면서 이를 초과 달성하면 이익 창출의 계기로 삼을 수 있도록 하는 기반이 마련된 셈이다.

이에 따라서 세계적인 기업들이 중심이 되어서 경쟁적으로 온실가스감축 사업에 진출하게 되고 이를 뒷받침하는 RE 100 캠페인이 벌어지고 있어 사실상 세계 각국은 경쟁적으로 탄소 중립을 완성시켜 나가지 않을 수 없게 되어 있다.

나. 파리협약으로 인한 구조적인 변혁

파리협약이 타결됐다. 파리 협약문은 2020년 이후부터 교토의정서를 대체하면서 국제사회의 기후변화 대응을 규율하는 구속력 있는 법전(法典) 구실을 하게 된다. 이에 따라서 우리가 사는 사회는 구조적인 큰 변혁을 겪게 되었다.

숫자로 보는 파리기후협정

1개도국 포함한 전 세계 참가는 처음

2°C보다 기온상승폭 훨씬 낮게,
1.5°C까지 제한 노력(2100년까지)

5년마다 온실가스 감축 이행점검(2023년부터)

18년 만의 신기후체제 합의문

118조원 선진국의 연간 개도국 지원금액

187개국 한국 등 자발적 온실가스 감축목표 제출국가수

196개국 파리협정 합의 국가수

2020년 파리협정 시작 연도

첫째, 파리협약은 전문(前文)에 인권, 건강권, 원주민과 난민 등의 권리, 성평등, 세대 간 형평성을 고려해야 함을 강조하고 있다. 이는 기후변화에 취약한 국가들이 요구해 왔던 지구 평균기온 1.5℃ 상승 억제가 국제사회의 최종 목표임을 명시하고 2025년까지 연간 1,000억 달러 이상을 개발도상국들에 제공하는 새로운 재정지원 목표를 설정하도록 명시하고 있다. 이를 통하여 후진국 지원에 대한 정책을 확대하고 국내에서는 취약계층에 대한 지원을 확대하는 환경정의 실현을 위한 각종 제도적인 장치를 마련하도록 하고 있다.

둘째, 파리협약은 각국이 '자발적 기여(INDCs)' 형태로 제출한 감축목표와 국제사회가 합의한 감축경로 사이에 큰 격차가 있음을 지적하고, 2018년 당사국 간 대화를 통해 장기 감축목표의 실현 방안을 모색하도록 했다. 이는 결국 탈탄소 경제로의 전환을 서둘러야 한다는 명확한 신호로 모든 국가정책에 탄소 중립을 반영시켜 확산시켜 나가도록 하고 있다.

셋째, 파리협약의 타결로 세계는 화석연료 0%, 재생 에너지 100% 시대로 진입하게 된다. 이는 탄소 경제에 의존해 왔던 성장지상주의를 과감하게 탈피하여 새로운 친환경 에너지 시대로의 전환을 의미한다. 이에 따른 법·제도, 정부 구조, 기업경영, 생활양식의 변화가 불가피하게 요구되고 있으며 사회 각 분야에 구조적인 변화를 유도해 나가도록 한다.

넷째, 이제 우리나라는 기후 불량국가의 오명에서 벗어나기 위해 정부, 경제계, 종교계와 시민사회의 각계각층이 참여하는 국민적 그린스타 운동을 전개하여 나가야 할 것이다.

8. 유엔의 온실가스 감축목표 실행 방안 마련

유엔은 세계 각국들이 온실가스 감축의무를 이행하도록 하기 위해서 우선 자주적 감축목표(NDC)를 결정하고 이를 자주적 감축목표(NDC) 유엔 등록부에 등재하여 세계 각국에 공표하며 5년마다 이행점검을 통하여 그 결과를 공표하도록 되어 있다.

첫째, 자주적 감축목표(NDC) 결정
교토의정서에서는 감축의무가 하향적으로 결정되어 국가 간 의견대립, 감축

합의에 오랜 시간이 소모되었다. 그런데 파리협약에서는 상향식 감축목표를 채택하여 당사국이 스스로 상황을 고려하여 자발적인 목표를 결정하도록 하고 있다.

그 때문에 이런 갈등은 해소될 수 있으나 자주적 감축목표(NDC)란 법적 구속력이 없다는 문제점을 안고 있다. 하지만 목표 달성 여부에 대한 평가를 통하여 심의를 받도록 되어있기 때문에 세계 각국은 부담을 갖지 않을 수 없다.

둘째, 자주적 감축목표(NDC) 유엔 등록부에 등재

자주적 감축목표는 유엔기후변화협약 사무국 공공 등록부에 등록하도록 되어 있다. 이때 감축, 적응, 재원, 기술, 역량배양, 투명성이라는 6개 기둥을 포함하는 포괄적인 내용까지 보고하도록 하고 있다.

지난 교토의정서에서는 감축 참여국이 전체 온실가스 배출량의 22%에 불과한 40개국이 참여하였다. 그러나 파리협약은 189개국이 자주적 감축목표(NDC)를 제출하여 전체 배출량의 95.7%에 해당된다. 한편 선진국은 경제 전반에 걸쳐 온실가스 배출량의 절대량을 감축해야 하고 개도국들은 경제 전반에 걸친 감축 방식을 사용하도록 권장하고 있다. 그렇지만 선진국들은 개도국에 재원을 지원하고 기술이전 등 추가적인 의무를 부담해야 한다.

셋째, 5년마다 이행점검

5년마다 새로운 자주적 감축목표(NDC)를 제출하여야 하고 새로운 목표는 이전보다 더 높은 수준이어야 한다는 진전 원칙이 도입되었다. 또한 2018년에는 이행 예비 점검의 성격을 지닌 협력적 대화 기간을 설정하였고, 2023년부터는 글로벌 이행점검을 실시하도록 되어 있다. 그리고 5년마다 새로운 온실가스 목표를 설정하고 이행 결과를 점검하여 그 결과를 공개토록 하고 있다.

<개도국의 온실가스 감축의무 부담>

중국은 2009년도에 미국을 제치고 탄소 배출량 1위 국이 되었다. 더욱이 2000년에서 2008년 사이에 에너지 소비증가분이 그 이전 10년에 비해 4배나 늘어났다. 그렇지만 1인당 에너지 소비량은 OECD 국가 평균의 3분의 1밖에 되지 않아 결국 개도국에 편입되어 있다. 그래서 온실가스 배출 책임에 대한 의무가 면제된 상황에서 이를 어떻게 억제시켜 나가야 될 것인가라는 숙제를 안고 있다.

개도국에서는 경제발전 없이는 먹고 살아갈 수 없고 경제발전에는 불가피하게 온실가스 배출이 이뤄지기 때문에 온실가스 감축에 참여할 수 없다는 입장이다. 이에 반해 이미 많은 온실가스를 배출하여 역사적인 감축의무를 부담하고 있는 선진국들은 개도국들이 온실가스 감축에 참여하지 않으면 사실상 성공적인 온실가스 감축은 불가능하다면서 개도국의 감축의무 부담을 계속 요구해 왔던 것이다.

결국 '경제개발과 환경문제를 조화시켜 나갈 수 있는 지속 가능한 발전'이라는 개념을 도입하면서 갈등 문제는 어느 정도 진정되는 조짐을 보여 왔다. 그렇지만 구체적인 책임 분담 문제에서는 마주 보고 달리는 기차와 같이 서로 간의 의견은 팽팽하게 엇갈리고 있다.

이에 개도국들은 선진국의 자본과 기술지원을 받아 온실가스 감축목표를 달성할 수 있도록 하자는 제의가 받아들여 선진국과 개도국들이 모두 참여하는 발리 로드맵이 완성되었고 이를 기반으로 새로운 기후변화 체제가 출범할 수 있는 기반이 마련되었다.

제2절.
기후변화협약을 이끈 IPCC 보고서

날씨와 기후는 전혀 다른 개념이다. 날씨란 매일 매일 기온, 바람, 비 등의 대기 상태의 변화를 말한다. 이에 반해 기후란 이런 날씨의 변동을 30년 동안 평균화하여 그 지역의 생태계에 어떤 영향을 미치고 있는지를 살펴보는 개념이다.

1.5℃ 제한 또는 2℃ 억제 목표 달성 위해선 즉각적인 온실가스 감축 필요

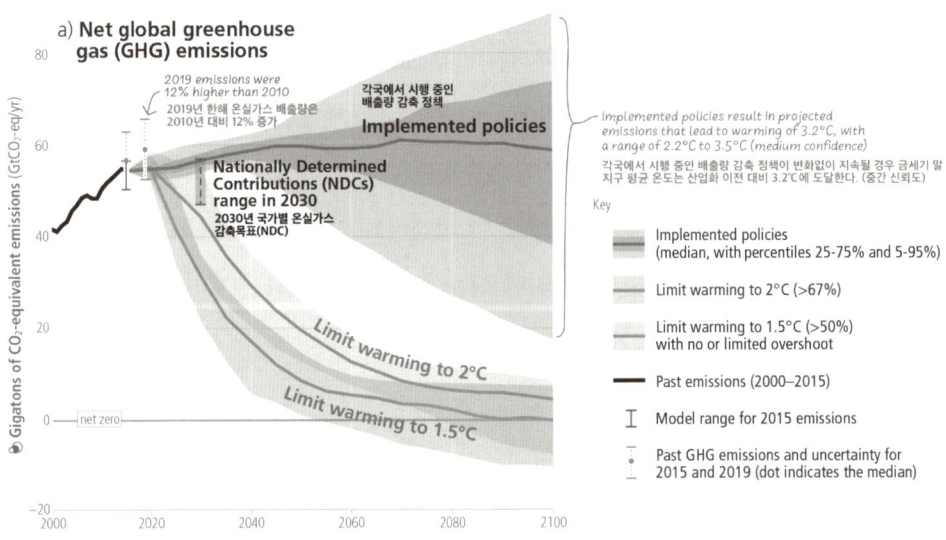

유엔 기후변화협약(UNFCCC) 제1조에서는 "기후변화란 전 지구 대기의 조성을 변화시키는 인간의 활동이 직접적 또는 간접적으로 원인이 되어 일어나고, 충분한 기간 관측된 자연적인 기후 변동성에 추가하여 일어나는 기후의 변화를 말한다."고 인간활동에 의해서 야기되는 '기후변화'만을 대상으로 하고 있다.

물론 기후변화란 인간 활동 이외에 자연적 원인에 의해 야기되는 "기후 변동성"까지 포함하는 개념이다. 그렇지만 유엔에서 관리 통제하고자 하는 기후변화란 인간 활동에 따라서 일어나는 기후변화만을 대상으로 이를 극복하여 지구환경을 되살리고자 하는 것이다.

우린 보통 자연적인 원인에 의해서 이뤄지는 기후변화에는 화산 분화에 의한 성층권의 에어로졸 증가, 태양 활동의 변화, 태양과 지구의 천문학적인 상대 위치 변화 등을 들고 있다.

이런 자연적인 원인 이외에도 상호작용에 의한 자연적으로 변하는 기후변화까지 포함된다. 즉 온도, 습도, 강수, 풍속, 낮 길이 및 대기권, 수권, 빙권, 지권, 생물권 각 요소들이 각기 상호 작용하여 끊임없이 기후변화가 이뤄지는 독자적인 기후변화 시스템이 구축되어 있다.

인간 활동에 의한 기후변화란 생소한 개념이다.

하지만 산업혁명 이후 250년간 많은 화석연료를 사용하여 배출되는 이산화탄소와 환경오염 물질에 의해서 이뤄지는 기후변화가 이뤄지고 있다. 이는 인간이 해결해야 할 과제이기 때문에 유엔이 나서서 이를 해결해 나가겠다는 의미이다. 따라서 세계 인류가 지구환경을 되살리기 위해서 해야 할 일은 지금까지 사용해 왔던 화석연료 사용을 중단 내지 감축시키고 탄소배출이 없는 청정에너지로 대체시켜 나가는 탄소 중립을 성공적으로 완성시켜 나가는 일이다.

2015년에 발표한 IPCC 제5차 평가보고서에 의하면 "1970년부터 2011년까지 40여 년간 배출한 누적 온실가스 배출량이 1970년 이전 220년 동안의 배출한 누적 배출량과 비슷하다."고 밝혔다. 이는 산업혁명 이후 화석연료를 사용한 이후 온실가스 배출은 지속적으로 늘어나고 있는데 지난 220년간 배출한 이산화탄소량과 70년 이후 40여 년간 배출한 이산화탄소량이 같다는 것으로 지속적으로 탄소 배출량이 늘어나고 있다는 의미이다.

더욱이 날이 갈수록 탄소 배출량이 더욱 심화되어서 급격한 기후변화의 원인이 되고 있어 이를 국제적으로 통제하지 않으면 기후 위기를 극복해 나갈 수 없는 것이다.

보통 이산화탄소는 대기 중에 배출되면 대체로 200년 동안을 그대로 머물러 있다. 만일 지구생태계에서 배출된 이산화탄소를 제대로 흡수하지 않고 그대로 방치된다면 결국 이산화탄소 배출량은 누적적으로 쌓여 대기 중에는 커다란 탄소층이 생기게 된다.

이런 탄소층은 태양에너지의 복사를 막는 온실효과를 발휘하게 되어 결국에는 지구의 기온을 지속적으로 상승시키는 지구온난화의 원인이 되고 있다. 결국 지구온난화는 정상적인 기후변화시스템을 방해하고 있으며 이것이 바로 기상이변을 낳게 되고 기상재앙의 원인이 되어 세계 인류의 생명을 위협하고 있다.

이에 유엔이 중심이 되어 이런 기후변화를 방지하고자 기후변화협약을 맺고 세계 각국들이 다함께 화석연료 사용을 중단시켜 지구상에 탄소 비중이 더 이상 늘어나지 않도록 탄소 중립화 사업을 전개하고 있다. 따라서 탄소 중립은 세계 인류가 다함께 기필코 완성시켜 지구환경을 되살려 나가야 하는 가장 큰 현안 과제라고 할 것이다.

1. 기후변화에 관한 정부간 협의체(IPCC) 설립

전 세계 각국들이 다함께 지구환경을 되살려 나가는 일에 동참하기 위해서는 무엇보다도 이런 기후변화 시스템에 대한 과학적 근거를 제시하고 이를 설득해 나가는 일을 가장 먼저 해야 될 과제가 되었다. 따라서 기후변화에 대한 과학적 근거와 해결 방안을 제시할 수 있는 연구기관으로서 기후변화에 관한 정부간 협의체(IPCC)를 설립하게 되었다.

1988년에 유엔은 환경문제를 담당하고 있는 세계기상기구(WMO)와 유엔환경계획(UNEP)이 함께 기후변화 문제에 관한 과학적 근거를 제시할 수 있는 기후변화에 관한 정부간 협의체(IPCC)라는 연구기관을 설립하게 되었다.

여기에는 전 세계 과학자들이 대거 참여하여 기후변화의 과학적 근거와 정책 방향을 제시하여 유엔이 지속적으로 기후변화협약(UNFCCC)을 추진해 나갈 수 있는 근거 자료로 마련해 주고 있다.

1990년에 발표한 IPCC 제1차 평가보고서에서는 기후변화의 심각성을 제시하고 범지구적 공동 노력의 필요성을 제기하였다. 이로써 1992년 유엔환경개발회의에서 154개 당사국에 의해 공식으로 기후변화협약을 채택하는 계기를 마련하였다.

그리고 기후변화협약에서 생태계가 기후변화에 자연적으로 적응하고, 생산량이 위협받지 않으며, 지속가능한경제개발이 가능할 정도로 온실가스 농도를 안정시키는 것을 목표를 제시하기 위하여 적극적으로 각종 자료를 제시하고 있다.

1995년에 발표한 제2차 평가보고서에서는 선진국들이 산업 발전을 위해서 많은 탄소배출을 하였던 역사적인 배경을 바탕으로 이들에게 의무적으로 탄소감축목표를 제시하는 그 책임을 부담토록 하는 교토의정서의 기반을 마련하였다. 이에 1997년에는 교토의정서가 체결될 수 있게 되었다. 또한 2007년에 발표한 제4차 평가보고서는 기후변화의 심각성을 전파한 공로가 인정돼 앨 고어 미국 부통령과 함께 노벨 평화상을 수상하였다.

가장 큰 일은 2014년 제5차 평가보고서를 발표, 전 세계 각국들이 참여하는 파리협정을 체결할 수 있는 기반을 마련한 일이다. 그리고 2015년 11월, 프랑스 파리에서 개최된 제21차 유엔기후변화협약 당사국총회에서는 전 세계 모든 국가에게 지구온난화 완화 의무를 부여하는 새로운 파리협정을 체결하게 되었다.

2022년 4월에 발표된 제6차 IPCC 보고서에서 "산업화 이전과 비교해 지구 온도 상승 폭을 2100년까지 1.5도로 제한하는 목표를 달성하려면 전 세계 온실가스 순 배출량을 2019년 대비 2030년까지 43%, 2050년까지 84% 감축해야 한다."는 제안을 내놓았다.

이런 탄소 감축목표인 1.5도는 IPCC가 인류의 안전 및 생태계 보전이 확보되는 한계선으로 제시하였다. 그리고 2015년 파리협정에서 제시한 2.0도를 1.5도로 제한하는 기후변화협정을 채택하게 되었다.

이로써 2021년 11월, 영국 글래스고에서 개최된 제26차 기후변화협약 당사국총회에서 '글래스고 기후 합의'를 선언하게 되었다.

세계 각국들은 2030년과 2050년을 기준으로 하는 장기 탄소 감축 기본계획을 수립하여 유엔 사무국에 제출토록 하였고 세계 각국들은 본격적으로 '2050 탄소 중립'에 목표를 달성하기 위해서 노력하고 있다.

우리나라에서도 온실가스 감축목표를 '2030년까지 2018년 대비 40%, 2050년 완전 제로'라는 온실가스 감축목표를 설정하게 되었고 이를 탄소중립기본법에 명시, 법정화하여 기필코 달성시켜 나가야 국제협약이 된 것이다.

사실 2015년에 발표한 IPCC 제5차 평가보고서에 의하면 "1970년부터 2011년까지 40여 년간 배출한 누적 온실가스 배출량이 1970년 이전 220년 동안의 배출한 누적 배출량과 비슷하다"고 밝혔다.

산업혁명 이후 화석연료를 사용한 이후 온실가스 배출은 지속적으로 늘어왔다. 그렇지만 1970년 이후 온실가스 배출량이 급작스럽게 증가세를 보이고 있어 이것이 지구온난화를 급진전시키는 원인이 되고 있다는 사실을 밝혔다.

또한 2015~2019년의 전 지구 평균기온은 산업화 이전 시기(1850~1900년)보다 1.1℃ 상승하였다는 사실을 밝혀냈다. 이런 지구 기온이 상승하면서 극한 고온, 호우 및 가뭄 등 자연재해의 발생이 증가하게 되고 온난화 속도와 규모에 따라 더욱 급진적으로 빨라지게 되고 있다는 사실을 밝혔다.

그리고 세계 인류에게 지구환경을 되살려 나가야된다는 경고 메시지를 내놓게 되었다. 이는 결국 지구온난화를 급진적으로 확대되고 있어 획기적인 대책이 마련되지 않으면 지구환경은 되돌릴 수 없는 지경에 이르고 있다는 경고를 IPCC의 보고서는 내놓고 있는 셈이다.

2. 기후변화와 인류의 건강 관계를 밝힌 3차 보고서

2001년에 발표한 IPCC 제3차 보고서에서 기후변화는 인류의 건강을 해치고 있다는 사실을 밝혔다. 즉 기후변화는 인류에게 열 스트레스, 극단적 현상과 기상재난, 대기오염, 전염성 질환, 연안 문제 등 5가지 분야에 큰 영향을 주고 있다고 했다.

지구의 기온이 상승하면 열파의 빈도와 열파 정도가 증가함에 따라 심혈관계 사망과 질병이 단기적으로 증가하게 된다. 또한 지역 매개 동물의 생태계에 영향을 주어 전염병 질병을 증가시킨다. 예를 들면 말라리아 전염 모기의 경우 전염 지역에 사는 인구의 비율이 1990년대 45% 정도에서 2050년에는 60%까지 증가할 것으로 예측하였다.

최근 코로나 팬데믹도 사실상 지구온난화에 깊은 연관성을 갖고 있다고 할 것이다. 2050년까지 현존하는 숲의 40%가 사라지고 그에 따라 공기는 더욱 나빠질 것이다.

이는 인간이 저지르고 있는 지나친 산림벌채와 개간 그리고 가축의 방목으로 토양을 침식시키고 있기 때문이다. 그 결과 농사를 하기에 적당한 땅이 전체 육지의 60.5%밖에 남지 않았다. 비옥한 표토를 다시 사용할 수 없게 되면 그만큼 식량 생산을 할 수 없어 전 세계는 식량부족에 시달리게 된다.

가. 쓰레기 문제 해결을 위한 순환 경제체제 구축

세게 20대 거대도시들은 심각한 대기오염으로 중금속 함유량이 안전 기준치를 초과하고 있고 해양환경도 석유의 유출과 기타 오염원들로 인해서 해양자원과 이들이 공급하는 식량이 위협받고 있다.

현재 쓰레기 처리는 소각과 매립에 의존하고 있지만 쓰레기를 소각할 경우 소각 연기로 인해 대기오염이 발생하고 매립할 경우 지하수를 오염시키는 원인이 된다.

더욱이 불법 해양투기는 해양환경을 오염시키고 있어 쓰레기 처리방식이 근본적으로 전환돼야 지구환경을 개선시켜 나갈 수 있다. 따라서 자원 순환 체제를 구축하여 모든 자원을 재활용하여 쓰레기 없는 세상을 만들어 나가야 된다는 목표를 설정하고 있다.

나. 기상재해

지구온난화의 영향으로 연평균 기온이 꾸준히 상승하고 폭염, 가뭄, 집중호우 및 태풍 등을 동반하면서 막대한 인명 및 재산상의 피해를 초래하고 있다.

이어서 "기온의 상승으로 인하여 감염성 질환, 호흡기 및 피부 질환과 함께 콜레라 같은 전염성 질환이 증가한다"고 밝혔다.

기온이 상승하면 오존 농도, 미세 분진, 오염물질 등 대기오염물질의 농도가 높아져 일사병 등 고온 관련 질환 및 사망이 늘어난다. 특히 해안의 수온이 높아지면 콜레라를 일으킬 수 있는 비브리오균 농도가 증가하고 모기 개체 수가 늘어나 여러 가지 감염성 질환이 크게 늘어나게 된다.

다. 미세먼지 발생

미세먼지는 산업시설, 농축 산업, 자동차 등에서 배출되는 질소산화물, 이산화황, 일산화탄소, 오존과 같은 가스 물질로 호흡기계와 혈액순환으로 유입되는 심혈관계에 영향을 미친다.

대기오염물은 직접적으로 기도 내 염증 유발, 산화스트레스 유도, 세포 내 주요 단백 및 단백효소를 변형, 자율신경계의 자극을 통한 심박 혹은 기도 과민반응의 변화, 면역계에서 보조적 효과, 전신 순환으로 유입된 미세먼지에 의한 혈액 응고 그리고 정상 방어기전을 억제한다. 특히 천식이나 만성 폐쇄성 폐질환과 같은 만성 호흡기 질환을 가지고 있는 환자에게 위험하다.

대기오염물은 기온과의 상호작용을 통해 대기 온도가 올라가면 그 위해성을 강화시킬 수 있다. 대기 중 이산화탄소 농도가 증가하면 자작나무 꽃가루나 돼지풀 항원의 농도와 항원성이 더 높아져 알레르기 질환이 크게 증가하고 있다.

라. 전염병 확산

매개체 전염성 질환은 인구나 동물의 이동, 공중보건 기반 시설 붕괴, 토지 사용 변화, 약물 내성 발생과 같은 많은 다른 인자와의 상호작용에 의해 변화할 수 있다. 이에 따라서 최근 감염성 질환이 크게 증가하고 있다. 뇌염 발생도

가뭄과 관련이 있으며 말라리아는 100개 이상의 국가에서 발생하고, 세계 인구 40%가 말라리아 발생 지역에 살고 있다.

매년 100~200만 명의 목숨을 앗아가고 있으며 그중 대부분이 소아이다. 특히 동물을 매개로 하는 인수전염병이 창궐하면서 조류인플루엔자(AI)로 닭, 칠면조, 오리 등 가금류는 매년 대량 폐사시키고 있으며 그리고 소의 뇌세포가 스펀지처럼 구멍이 뚫리는 광우병도 전염병으로 나돌고 있다. 특히 야생동물을 매개체로 하는 코로나19를 비롯해 사스, 메르스, 에이즈 등이 창궐하여 세계 경제를 봉쇄시키고 있다.

3. 변곡점(Tipping Point)을 해결하기 위한 탄소 예산제도 도입

IPCC 제5차 평가보고서에서는 '글로벌 탄소 예산제'를 도입하여 지구환경을 되살려야 한다는 주장을 하고 있다. 글로벌 탄소 예산난 2℃ 목표에 도달할 수 있는 누적 CO_2 배출량을 정량화한 개념이다. 즉 2℃ 목표에 도달할 수 있는 누적 CO_2 배출량은 2,900 $GtCO_2$인데 이러한 배출량 중 2011년 이전에 1,900 $GtCO_2$가 이미 방출되었다. 그래서 향후 약 1,000$GtCO_2$만이 방출할 수 있는 여분이 있다.

2011년부터 2100년까지 CO_2의 글로벌 탄소 예산은 1,000$GtCO_2$이라는 것이다. 이미 2013년에 5,700억 톤이 누적 배출되어 향후 남아 있는 허용량은 4,300억 톤에 불과하다.

영국 옥스퍼드 대학 기후학자들이 개발한 계산 방식에 의하면 '지난 20년간 탄소배출 추세가 지속된다면 2040년 7월 20일이면 1조 톤을 상회할 것'이라고 한다. 그래서 지구의 운명은 앞으로 20년밖에 남지 않았다고 주장하고 있다. 이런 사실에 따라서 파리협약은 타결하게 되었고 2020년을 정점으로 탄소 감소 추세를 유지시켜 매년 5%씩 탄소배출을 감소시켜야 1조 톤을 유지할 수 있다고 선언하게 된 것이다.

이에 세계 각국은 탄소 감축을 위한 기본계획을 수립하고 이를 실현시켜 나가고 있지만 이를 성공적으로 추진될 수 있을 것인지 장담할 수 없는 상황이다. 그래서 세계 인류는 노심초사 탄소중립의 성공적인 추진을 기대하고 있다.

가. 탄소배출 안전기준 밝힌 제4차 보고서

2007년에 발표된 제4차 IPCC 보고서에서는 "산업화 이전 1만 년 동안 이산화탄소 농도는 280ppm를 유지해 왔다. 그런데 최근 100년 동안 이산화탄소 농도는 380ppm을 넘어서고 있다.

매년 이산화탄소의 농도는 2ppm씩 증가하고 있으며, 이대로 방치한다면 2100년에는 이산화탄소 농도가 최대 970ppm까지 상승하게 된다"고 전망했다. 따라서 대기 중 이산화탄소 안정화 목표는 450ppm로 정하고 지구 평균 온도를 $2.0℃$~$2.4℃$ 증가 수준에서 억제시켜야 한다는 주장이다. 이를 위해서는 2050년까지 2000년 배출 수준에서 50~85% 저감이 필요하다는 지적이다.

기온이 $1℃$ 상승하게 되면 최대 17억 명의 인구가 물 부족, 전염성 질환으로 시달리고 2~$3℃$가 상승하면 생태계의 20~30%가 멸종위기에 처하며 3백만 명이 홍수의 위험에 노출된다고 전망하고 있다. $3℃$가 상승하면 생물종 대부분이 멸종, 인구의 5분의 1이 홍수를 겪고 1억 2천 명의 인구가 기근 위험에 노출된다고 밝히고 있다.

나. 2℃ 이내 억제를 주장한 제5차 보고서

2015년에 발표한 제5차 보고서에서는 '지구 기온상승을 2℃ 이내로 억제 시켜야 된다'는 목표를 제시하였다. 즉 지난 133년간(1889~2012) 지구 평균 온도는 0.85℃ 상승하였다. 이는 1970년부터 2010년까지 총 온실가스 배출량 증가의 78%가 증가하였기 때문이다.

이산화탄소 배출은 화석연료 연소와 산업공정에서 발생한다는 사실도 밝혀냈다. 지금 추세라면 21세기 말에는 지구 평균 온도가 2.6℃~4.8℃ 상승하고 해수면은 45~82cm 상승할 것으로 전망하였다.

기온상승을 2℃ 이내로 유지하려면 누적 온실가스 배출량을 2,900(2800~3200)GtCO2 이하로 억제되어야 한다. 그런데 2011년까지 이의 3분의 2에 해당하는 약 1,900 GtCO2가 이미 배출된 상태여서 향후 몇십 년간 배출량을 1,000GtCO2 이내로 제한해야 된나는 탄소 예산세 도입을 권유했다.

이산화탄소의 대기 중 잔류기간이 2백 년이나 되므로 인위적 이산화탄소 배출이 완전히 멈춘다고 해도 오랫동안 높은 수준에서 거의 일정하게 온난화 현상은 유지될 것이다. 더욱이 이산화탄소 배출이 지속될 경우, 해양 산성화는 수 세기 동안 지속되어 생태계에 큰 영향을 미치게 될 것이다. 때마침 2011년, 남아공 더반에서 채택된 '더반 플랫폼'에 의해서 2015년 11월, 프랑스 파리에서 열리는 당사국 회의에서 법적 구속력 있는 포괄적 감축 체제를 채택하기로 결정하였다. 결국 IPCC 제5차 보고서가 새로운 기후변화 체제인 파리협약을 타결시키는데 큰 힘을 발휘하게 된 것이다.

4. 티핑 포인트(Tipping Point)를 우려하는 기후변화 보고서

티핑 포인트(Tipping Point)란 어떤 일이 처음에는 아주 미미하게 진행되다가 어느 순간에 전체적인 균형이 깨지면서 예기치 못한 거대한 일이 한순간에 폭발적으로 일어나는 바로 그 시점을 말한다.

사실상 지구온난화로 인한 지구의 평균기온은 지난 133년(1880~2012년)간 0.85℃(0.65 ~1.06℃)상승했다. 그리고 지구의 평균 해수면은 110년간(1901~2010년) 19cm (17~21cm) 상승했다. 이에 따라서 지난 34년(1979~2012) 동안 북극 해빙은 연평균 면적이 10년에 3.5~4.1%의 비율로 늘었고, 남극 해빙은 1.2~1.8%의 비율로 늘어났다.

앞으로 어느 시점에 티핑 포인트를 넘어서게 되면 지구환경은 더 이상 걷잡을 수 없게 상황으로 악화되면서 지구환경은 급격하게 세계 인류가 살 수 없는 곳으로 급변하게 된다. 이런 사태를 미연에 방지하지 않으면 지구환경은 더 이상 되돌릴 수 없는 악화로 치닫게 된다는 것이다.

가. 해양 산성화의 영향

2014년 1월, 덴마크 코펜하겐에서 열린 '기후변화에 관한 정부간 협의체(IPCC)'에서 제5차 기후변화 보고서가 발표되었다. 그 주요 내용은 "온실가스 배출량은 2000~2010년간 연평균 2.2% 증가하였으나 이는 1970~2000년간 1.3% 증가에 비하여 70%나 늘어난 결과라는 것이다. 이는 또한 온실가스 배출량의 90%를 흡수하여 왔던 해양이 급격한 산성화로 제 기능을 발휘하지 못하고 있기 때문이다. 따라서 "지구온난화 문제를 시급히 해결하지 않으면 지구를 되살릴 수 없다"라는 사실을 밝혔다.

해양은 지구상 물의 97%를 보유하고 있으면서 지구 표면의 70%를 차지하고 있다. 그리고 산업혁명 이후 대기 중에 5,250억 톤의 이산화탄소를 흡수하여 저장하고 있는 저장고 역할을 담당하고 있다. 더욱이 매년 인류가 배출하고 있는 이산화탄소의 25%를 흡수하여 지구온난화를 방지하는 역할까지 해왔다.

그런데 대기 중에 이산화탄소의 농도가 높아짐에 해양은 더 많은 이산화탄소를 흡수하게 되고 산업혁명 이후 30% 이상이 더 산성화되었다고 한다. 이로 인하여 이산화탄소 흡수력이 떨어져 지구온난화가 날이 갈수록 더욱 심화 되고 있다는 것이다.

이에 노벨 화학상을 수상한 폴크뤼천 박사는 "지구의 자정 능력은 회복하기 어려운 변곡점(Tipping Point)에 근접해 있으며 특히 기후변화, 질소 및 인 배출, 생물다양성 감소 등 3개 범주는 이미 지구의 한계점을 넘어섰다"고 주장하였다. 이에 인류가 안전한 단계에 진입할 수 있도록 노력하지 않으면 지구 붕괴가 앞당겨져 인류는 큰 재앙을 맞게 될 것이라고 했다.

나. 홀로세에서 인류세로 전환

지난 1만 년 동안 인류는 농경을 시작하면서 기후 및 생태환경이 매우 안정적으로 유지돼 왔다. 지질학계에서는 이를 홀로세(Holocene)라고 부른다. 그렇지만 1750년 산업혁명 이후 전 세계적으로 탄소 배출량이 연간 3%씩 증가하여 1만 년 동안 안정되었던 지구 기온이 불과 250년 만에 1℃ 가까이 상승하였다.

이에 따라서 지구의 자정 능력은 회복하기 어려운 국면에 들어서고 있어 지질학계에서는 이를 인류세(Antropocene)라고 부른다. 이 같은 기후변화의 원인은 이산화탄소 농도가 산업화(1750년) 이후 인간 활동에 의해 40% 증가하여 2011년 391ppm까지 높아졌기 때문이다. 결국 지구 온도 상승을 2℃ 이하로 제한하기 위해서는 앞으로 탄소배출 허용 총량을 약 1,000GtCO2로 제한하여야 가능하다는 결론을 내렸다.

만일 온실가스의 감축 없이 현재와 같은 추세로 온실가스를 배출하는 경우 온실가스 농도는 2100년 936ppm까지 도달하여 21세기 말(2081~2100년) 지구의 평균기온은 1986~2005년에 비해 3.7℃ 상승할 것이라고 전망하였다. 그리고 해수면은 63cm 상승할 것이라고 했다.

그렇지만 온실가스 감축을 상당히 실현하여 2100년까지 온실가스 농도를 538ppm까지 낮추면 평균기온은 1.8℃ 상승하고, 해수면은 47cm 정도 상승에 그쳐 기상재해를 크게 완화시킬 수 있다고 했다.

5. '지구온난화 1.5℃' 특별보고서

2018년 10월, IPCC의 '지구온난화 1.5℃' 특별보고서가 발표되었다. 이는 2019년에서 유엔에서 기후변화 행동 선언을 하기 위해서 특별히 요청하여 작성한 내용이다. 이로 인하여 파리협정에서는 온실가스 감축목표를 2.0℃ 이하에서 결정하게 되었다. 이는 많은 국가들이 탄소중립을 선언하고 있고 일부 섬나라는 해수면 상승으로 침몰되고 있어 이를 1.5℃로 낮춰야 된다는 여론이 비등해짐에 따라서 이를 수렴하고자 준비한 보고서라고 할 수 있다.

이에 산업화 이전 수준 대비 1.5℃ 지구온난화와 2.0℃ 지구온난화의 비교를 위해 이용 가능한 과학적, 기술적, 사회경제적 연구 문헌을 평가하여 작성된 특별보고서이다.

<1.5도를 지켜야 되는 이유>

1) 2℃를 1.5℃로 낮춘다면 재앙을 절반 이상 절감

1.5℃의 지구온난화에서는 곤충의 6%, 식물의 8%, 그리고 척추동물의 4%가 기후 지리적 분포 범위의 절반 이상을 잃게 될 것으로 전망된다. 반면에 2℃ 지구온난화에서는 곤충의 18%, 식물의 16%, 그리고 척추동물의 8%가 기후

지리적 분포 범위의 절반 이상을 잃을 것으로 전망된다고 한다.

산불과 침입종의 확산과 같은 기타 생물다양성 관련 리스크와 관련된 영향은 2°C 지구온난화에 비해 1.5°C 일 때 크게 감소한다. 1.5°C 지구온난화일 때, 전 지구 육지 면적의 약 6.5%는 다른 유형의 생태계로 전환될 것으로 전망되며 리스크에 노출된 면적은 1.5°C 지구온난화에 비해 2°C에서 약 2배가 될 것이다.

한편 지구온난화를 2°C보다 1.5°C로 억제하는 것은 해양 온도 상승 및 연관된 해양 산성화를 완화시키고 해양 산소 수치를 증가시킬 것으로 전망된다.

2) 지구생태계의 멸종위기도 절반 이하로 감축

최근의 북극 해빙 및 온난한 수역의 산호초 생태계 변화가 보여주었듯이, 1.5°C로 지구온난화를 억제하게 되면 결과적으로 해양의 생물다양성, 어장, 생태계 및 이들이 인간에게 제공하는 기능과 서비스에 대한 리스크가 경감될 것으로 전망된다.

북극해 해빙이 여름에 모두 녹아 없어질 확률은 지구온난화 2°C보다 1.5°C에서 현저하게 낮아지며 1.5°C 지구온난화 시, 여름철 북극해 얼음이 모두 녹을 가능성은 100년에 한 번 정도일 것이다. 그렇지만 2°C의 지구온난화에서는 이러한 가능성이 적어도 10년에 한 번으로 높아지며 북극해의 해빙은 온도 오버 슛에 의해 사라지더라도 10년 정도의 시간이 지나면 다시 복원될 수 있다.

1.5°C의 지구온난화에서는 해양 생물종의 분포가 고위도로 이동할 뿐만 아니라 다양한 생태계에 대한 피해도 증가할 것이다. 또한 연안 자원 손실과 어업 및 양식업의 생산량 감소가 예상되며 기후 영향 리스크는 1.5°C 지구온난화보다 2°C 지구온난화에서 높아질 것으로 전망된다고 했다.

6. 기후변화에 따른 대책 마련

그린피스는 IPCC 제6차 평가보고서의 핵심 내용을 3가지 주제로 정리했다.

첫째, 우리가 당면한 현재의 위기 상황은 어떤지,

둘째, 앞으로 어떤 상황들이 전개될 것인지,

셋째, 상황이 더욱 악화되는 것을 막기 위해 어떤 조치가 필요한지로 구분하였다. 우선 지구온난화는 인간 활동에 의해서 이뤄진 인재라는 사실을 우리들은 인지해야 한다.

인간이 대기, 해양, 토지의 온난화 현상에 영향을 미친 것은 명백하다. 인간 활동으로 인해 광범위하고 급격한 변화가 대기, 해양, 빙권(극지방과 고산 빙하지대), 생물권에서 발생했다.

최근 많은 지역에서 기후변화가 발생하고 있으며, 이는 근현대 인류사에서 전례 없는 일임을 수많은 증거들이 뒷받침하고 있다. 현재(2011-2020) 지구 평균 온도는 산업화 이전보다 1.09°C 상승한 상태이고 대기 중 이산화탄소 농도(410ppm)가 2백만 년 만에 최고 수준으로 높아졌다.

지난 5차 평가보고서 발간 이후 지표면 온도가 빠르게 상승했으며 지난 5년 동안 (2016-2020) 기온은 1850년 이후 가장 높았고 해수면 상승과 얼음 유실 속도가 더욱 가속화 됐다. 2010년부터 2019년까지 그린란드의 평균 빙상 유실 속도가 1992~1999년 기간 대비 약 6배 상승했으며, 해수면 상승 속도는 1901~1971년 기간 대비 세배 가까이 증가했다.

기상이변 현상들이 점점 늘어나고 있으며, 인간 활동이 원인이라는 증거가 쌓이고 있다. 인간 활동으로 발생한 온실가스가 최근의 이례적인 폭우, 가뭄, 열대 태풍 및 복합적인 극한의 기상 현상(폭염, 가뭄, 산불 등)에 영향을 미치고 있다는 증거는 더욱더 명확해졌다.

IPCC 6차 보고서의 내용을 살펴보고 그린피스가 '우리들은 과연 무엇을 해야 할까요?'란 실행 방안을 제시하였다.

과학자들이 진단한 기후 위기는 너무 심각해서 수술대에 올려 메스를 대지 않으면, 돌이킬 수 없는 중병을 피하기 어렵다.

전 세계적으로 온실가스를 급속히 줄여나가야 하며 내연기관차를 전기차로 바꾸기도 하고, 플라스틱 제품 사용을 줄이고, 고기를 덜 먹는 식단으로 바꾸며 온실가스를 줄이는 작은 실천에 동참해야 한다. 하지만 덩치 큰 기업들이 탄소를 계속 쏟아내는 상황에서 개개인의 작은 실천만으로는 역부족이므로 개인을 넘어 정부와 기업까지 우리 모두 다 함께 나서야 한다.

첫째, 기후 위기는 과학적으로 분명하고 상황은 심각하다. 이제 모두가 힘을 모아 모든 부문에서 온실감축 감축 노력을 더 빠르고 대담하게 수행해야 할 때이다.

둘째, IPCC가 1.5°C 보고서에서 명시한 대로 2030년까지 온실가스 배출량을 절반으로 줄임으

로써 전 세계 배출량 제로를 향해 나아가는 명확한 방향성이 필요하다. 한국처럼 능력을 갖춘

OECD 국가가 탄소배출 제로로 향한 여정에서 앞장서고 다른 국가들을 이끌어야 한다.

셋째, 한국 정부는 올해 영국 글래스고에서 열리는 기후변화 정상회의인 COP26 때까지 온실가스감축목표와 계획을 유엔이 설정한 1.5°C 목표에 맞춰야 한다. 현재 우리 정책은 아직도 종말적인 2.9°C 상승으로 가는 궤도에 있으며 그동안의 모든 정부 선언이 정책으로 실현되더라도 약 2.4°C의 온난화가

진행될 것이다.

넷째, 코로나-19를 벗어나기 위한 강력한 녹색경제 회복 조치는 우리가 지구온난화를 완화할 수 있는 기회를 제공했다. 이번 기회에 녹색경제 체제를 구현하면 온난화 속도를 늦춰서 2050년까지 추가적인 온도 상승을 0.3°C 이하로 억제할 수도 있다. 그러면 1.5°C 목표 달성이 가능하다.

다섯째, 신규 화석연료 투자는 세계 어디서도 하지 말아야 한다. 1.5°C 탄소예산에 맞춰 기존 화석연료 인프라의 조속한 폐지도 진행되어야 한다. 스마트하고 효율적이며 지속 가능한 솔루션은 이미 준비돼 있으며 재생에너지 보급으로 에너지 수요를 충족할 수 있다.

여섯째, 우리는 건강한 생태계를 보호하고 복원하는 데 힘써야 한다. 건강한 생태계는 기후변화 상황에서도 잘 버틸 수 있다. 그래서 우리는 육지와 바다의 30%를 보호지역으로 지정해 안전판을 만들어야 한다. 또 산림 파괴를 중단하고, 숲과 기타 육상 생태계를 복원해야 하며 식단은 채식 위주로 바꾸고, 축산물 소비를 줄여서 농업 생태에 변화를 가져와야 한다.

일곱째, 이산화탄소 제거 기술은 특효약이 아니다. 먼 미래의 이론적인 대규모 탄소 제거 방법에 기대기보다 지금 당장 이산화탄소 배출을 줄이는 것이 우리가 해야 할 일이다.

여덟째, 파리협정 1.5° 목표에 따라 기업들은 사업 모델을 조정해야 한다. 은행과 자산운용사, 보험 회사와 같은 금융기관뿐만 아니라, 이런 기관으로부터 대출을 받는 회사들도 같이 변해야 한다. 고탄소 자산에 묶이는 위험에서 벗어나려면 탄소배출 기업에는 투자하지 말아야 한다.

아홉째, 우리는 꼭 해야 할 일을 하면서 공정하게 해야 한다. 물과 식량자원 확보, 사회기반시설 구축 등 개발사업은 기후 현실에 맞게 적절한 수준으로 진행하고, 기후변화 유발 시 '오염자 부담' 원칙에 따라 국가 간 그리고 국가 내에서 책임을 져야 한다.

열째, 우리가 기후변화에 맞서려면 힘을 모아야 한다. 오늘날 기후변화의 가장 큰 피해자는 기후변화에 책임이 가장 적은 사람들이다. 부유한 나라들은 파리협정에 따른 기후 재정지원 약속을 이행하고 손실과 피해 문제를 책임감 있게 다뤄야 한다.

제3절.
기후변화협약의 당면과제

　전 세계 최대 온실가스 배출국인 중국과 인도가 개도국이라는 이유로 의무감축 대상에서 제외되었다. 그리고 미국은 "중국, 인도 등 개도국이 참여하지 않는 한 어떤 기후협약에도 당사국으로 참여하지 않겠다."는 상원의원 총회의 결의를 하게 되었다. 이에 따라서 2001년 기후변화협약 탈퇴를 선언하였고 뒤이어 일본, 러시아, 캐나다도 교토의정서가 형평성에 위배된다면서 2013년부터 의무감축국 대상에서 탈퇴하겠다는 선언하였다.

　결과적으로 교토의정서의 의무감축국은 선진국 중 유럽연합(EU) 국가들만 남겨지게 되었다. 이런 상황에서 많은 사람들은 단기적인 국익이라는 틀에 얽매어 이전투구를 벌리는 기후변화협정은 당연히 실패할 것이라고 믿었다. 그렇지만 기후변화 협상이 세계 각국의 지지를 받으면서 성공적으로 추진될 수 있게 된 배경이 형성되었다.

　이는 무엇보다도 교토메커니즘과 국제 환경규제라는 바탕이 세계 각국이 참여하지 않을 수 없게 여건을 형성시켜 나가고 있기 때문이다. 이를 모범적으로 실행해서 성공적인 사례를 만든 것이 EU 국가들이다.

　여기에서 최대의 관심사는 중국, 러시아, 인도, 브라질 등 거대 탄소 배출국의 2030년 감축목표를 상향 조정하기 위한 협상을 성공시키는 일이었다. 사실상 1990년대 탄소배출의 3분의 2를 차지했던 선진국들은 3분의 1로 크게 감축되었다. 그렇지만 개도국들의 탄소배출 비중은 오히려 3분의 2로 크게 늘어나 이들이 빠지면 실제로 탄소중립이라는 목표를 달성해 나간다는 것이 불가능해졌기 때문이다.

그런데 2019년 현재 미국의 1인당 배출은 15.5톤인데 인도는 1.9톤밖에 안돼 8배나 많은 화석연료를 사용하고 있다. 그동안 미국의 역사적 누적 배출은 25%인데 인도의 역사적 배출 책임은 3.2%에 불과하다.

이런 불평등한 관계에 있는데 탄소중립에 대한 책임을 동등하게 부담한다는 것은 형평성에 어긋난다는 주장을 받아들이지 않을 수 없게 되었다. 그래서 처음 탄소중립을 추진했던 교토의정서에서는 선진국만 부담하기로 결정하였던 것이다.

기후 위기를 극복해 나가기 위해서 '2050 탄소중립'을 기필코 달성해 나가야 되는 세계적인 목표를 성공적으로 추진하기 위해선 개도국의 참여가 불가피하고 이에 적극적으로 참여할 때 '2050 탄소중립'은 달성해 낼 수 있는 것이다. 그렇지만 탄소중립의 목표설정은 '국가 자율 감축목표(NDC)' 시스템에 기반을 두고 있고 사실상 이를 강제할 수 있는 기능이 국제적으로 갖고 있지 않기 때문에 난감한 입장이 빠져 있다.

120국 정상이 모이고, 197국 대표들이 2주간 지구 기후를 살려내기 위해 머리를 맞댔으나 세계 각국 정상들이 국익을 우선적으로 챙기고 있는 상황에서 뾰족한 대안 마련이 어려웠다.

결국 2022년에 열리는 이집트에서의 기후변화 당사국 총회가 다시 한번 설득에 나설 수밖에 없는 상황이었으나 미·중 패권전쟁으로 신 냉전체제로 돌아서고 있는 상황에서 이를 기대할 수도 없는 상황이다.

결국 세계 각국은 국익 우선주의를 내세워 일시적으로 국익 챙기기에 여념이 없으나 국제협약에 의한 환경규제는 쉽게 해결될 수 없게 되었다. 그래서 생산을 담당하는 기업이 선도적으로 나서는 RE 100 캠페인과 ESG 경영을 통한 자발적인 참여에 기대할 수밖에 없게 되었다.

1. 기후정의에 관련된 치킨 게임

최근 국제사회는 기후 위기의 급박성은 모두 인정하면서도 세계 각국은 자국의 감축 책임을 두고는 치킨게임을 벌이고 있다. 특히, 미국은 최근 국가별 연간 배출량의 1위인 중국의 감축을 요구하고, 중국은 여전히 역사적 누적 배출량에서 압도적인 1위인 미국을 비판하고 있다.

최근의 배출도 1인당 배출량으로 비교할 경우 여전히 미국의 책임이 훨씬 크다고 강변한다. 또한, 선진국들이 제조업을 국외로 이전시킨 결과 발생하는 개발도상국의 배출량 증가가 온전히 개발도상국 자체에 속한 것으로 보는 것도 적절하지는 않다는 지적도 이어진다.

이렇게 선진국과 개발도상국이 서로에게 책임을 미루고 있는 결과는 공멸로 이어질 수밖에 없다는 주장이 나오고 있다.

그래서 기후정의에 입각해서 배출제로, 화석연료 산업의 원천적 금지 등 강력하고 절대적인 감축 실행이 이뤄져야 한다는 이의가 제기되고 이의 실현을 거세게 요구하고 있다. 따라서 선진국들은 물론 개발도상국들도 에너지 전환과 환경문제 해결의 실질적인 책임을 나눠 부담해야 함을 명확히 하였다. 그렇지만 세계 각국 간의 책임 공방전에 대한 치킨게임은 지속적으로 이뤄지고 있어 '2050 탄소중립'이 과연 성공적으로 완성될 것인지 우려하지 않을 수 없다.

2021년 영국에서 발표된 '글래스고 기후 합의'에서도 가장 중요한 목표였던 탈석탄 합의에 이르지 못하고, 단계적 중단이 아닌 단계적 감축을 명시하는 데 그쳤다. 이에 인도의 부펜더 야다브 환경기후 장관이 빈곤 문제를 이유로 수정을 요청한 결과이었지만 이러한 결과에 대해 인도나 이에 동조한 개도국들만 탓할 수는 없다.

이미 2009년 덴마크 코펜하겐에서 열린 COP15에서 선진국은 2020년까지 매년 1,000억 달러(약 117조 원)의 기금을 개도국에 지원하기로 했지만, 선진국에서는 이 약속은 지켜지지 않았다.

OECD가 2019년 집계한 기후 재원 규모는 겨우 796억 달러(약 93조 원)로 1년 치에도 한참 모자랐다. 결국 영국에 열린 COP26에서 세계 지도자들은 "기후서약을 지키는 데 실패했다"는 선언을 해야 되는 수모를 겪어야 했다.

가. 기후정의를 요구하는 'COP26 연합'

2021년 11월 초, 영국 글래스고에서 제26차 유엔 기후변화협약 당사국 총회(COP26에서 전 세계 시민사회가 함께 모여 'COP26 연합(COP26 Coalition)'을 구성하였다. 그리고 회의장 밖에서 '기후정의를 위한 글로벌 공동 행동(11월 6일)'과 민중 회의(11월 7일-11월 10일)를 개최하면서 이들의 요구는 크게 3가지 주제 아래 9가지 세부 사항을 포함한 내용을 발표하였다.

첫째, 더 이상 정보를 날조하지 말라: 화석연료, 넷제로 및 거짓 해법에 대해 거부한다.
- 1.5℃를 위해 싸워라.
- 우리는 넷제로가 아닌 실제 배출제로(real zero) 필요하다.
- 화석연료를 땅에 그대로 두라: 신규 화석연료 투자 또는 기반 시설 건설 금지
- 가짜 해법을 거부하라: 탄소 시장과 위험하고 입증되지 않은 기술 거부

둘째, 시스템을 재정비하라: 즉각적인 정의로운 전환을 시작해야 한다.
- 정의로운 전환을 시작하라.

셋째, 전 지구적인 기후정의: 원주민 공동체와 남반구(global south)(대부분의 선진국이 북반구에, 대부분의 개발도상국이 남반구에 존재하는 남북격차의 입장에서 저개발국을 의미. 남반구에 위치하지만, 선진국에 해당하는 호주, 뉴질랜드 등은 global south에 포함되지 않는다)에 대한 배상 및 재분배해야 한다.
- 모든 부유한 국가가 기후 위기 극복을 위한 노력을 공정하게 분담하라.
- 모든 채권자에 의한 남반구의 부채를 취소하라.
- 남반구를 위한 보조금 기반의 기후 금융을 조성하라.
- 남반구에서 이미 일어나고 있는 손실과 피해에 대해 배상하라.

2. EU 방식이냐? 미국식 방식이냐?

21세기, 우리에게 당면한 가장 큰 과제는 기후변화 문제이다. 그런데 기후변화에 대한 정책 방향은 대체로 적극적으로 추진하는 EU 방식과 소극적으로 방관하는 미국식 방식으로 구분되어 있다.

우리나라는 EU 방식을 도입하려는 움직임을 보이고 돌연 기업체들의 반대에 부닥쳐 미국방식으로 돌아섰다. 문재인 정부가 들어서면서 다시 EU 방식으로 전환 시켜나가려고 노력하고 있으나 윤석열 정부가 들어서면서 다시 미국방식으로 되돌아가고 있다. 그렇다면 앞으로 기후변화 정책을 어떤 방식으로 풀어나가야 할 것인가?

기후변화는 우리에게 집중호우, 집중가뭄, 쓰나미, 화산, 지진, 물 부족, 식량부족 등 많은 환경재앙을 안겨주고 있다. 이대로 방치한다면 정말로 지구를 되살릴 수 있는 기회를 완전히 상실할 가능성이 높다. 그래서 지각 있는 많은 사람들은 지구 되살리기 운동에 적극적으로 참여하고 있다.

일반적으로 많은 사람들은 당장의 이해관계를 계산하여 부담이 되는 일은 적극적으로 나서려고 하지 않고 있다. 상대방 눈치를 보면서 내가 조금이라도 부담이 적은 쪽을 선택하려는 특성을 갖고 있다. 이런 당장 이익에 사로잡혀 소극적으로 대처하는 방식이 과연 올바른 일인지 우리들은 되새겨 보아야 할 것이다.

가. 환경문제에 선도적인 EU 국가들

EU 국가들은 선도적으로 나서서 2005년부터 탄소배출권을 기업에 할당하여 시장에서 배출권 거래가 이뤄지고 있다. 더욱이 '제품의 설계에서부터 원재료 확보, 제조, 유통, 그리고 사용 후 폐기 및 재활용에 이르기'까지 전 과정의 환경적 요인을 통합적으로 관리하고 있다.

즉 전기 전자제품과 관련된 전반적인 환경규제가 마련되어, 유해 물질 사용 금지, 폐 전기 전자제품 회수 및 처리 등 의무화, 에너지 절약 등 제품의 전 과정이 친환경 시스템화가 구축되어 있다. 그리고 자동차의 경우도 마찬가지로 각종 규제를 동원해 친환경 시스템이 구축되고 있다.

이런 노력의 결실로 2020년 온실가스 감축은 1990년 대비 23%나 감축하는 놀라운 성과를 이룩하였다. 이런 EU 국가의 성공 사례를 바탕으로 꾸준히 노력해야 탄소중립은 성공적으로 완성시켜 나갈 수 있는 것이다.

이같이 EU 국가들이 친환경 산업을 선점하여 향후 모든 산업은 친환경 산업이 리드해 나갈 것이라고 믿고 정부가 주도하는 각종 환경규제를 통하여 강력하게 탄소중립을 추진해 나가고 있다. 이에 반해 미국식 방식은 대체로 모든 것을 기업의 자율에 맡기고 그대로 방치하는 스타일이다. 미국의 일부 주 정부에서만 EU 방식을 채택하고 있을 뿐이다.

나. EU 방식과 미국방식을 오가는 우리나라 환경정책

우리나라는 미국식 방식으로 접근하면서 2020년 온실가스 배출량은 1990년도에 비교하여 3배나 늘어나 에너지 효율성이 EU 국가의 2분의 1에도 미치지 못하고 있는 기후 불량국가라는 비난을 받고 있다.

우리나라는 2010년부터 온실가스 관리업체를 지정, 에너지 사용량에 대한 목표 관리체계를 구축하겠다는 EU 방식을 채택하는 제도를 도입하였다. 그리고 2013년부터 배출권거래제도를 도입하였으나 이로써 기업경쟁력이 약화될 우려가 크다면서 2015년 이후에는 다소 미온적으로 접근하고 있다. 따라서 실질적으로 친환경 정책이 뿌리를 내리지 못한 채 겉돌고 있는 모습을 보이면서 국제 환경단체로부터 기후 불량국가라는 불명예를 받고 있다.

우리나라의 기업들은 온실가스 배출 목표 관리제에 이어서 쓰레기, 폐기물 관리, 대기오염, 수질오염, 화학물질 규제 등도 뒤따라야 할 업무가 산더미같이 많이 쌓여 있다. 별다른 효과를 나타내지 못하면서 제도적으로 친환경 정책은 도입하고 있으나 이를 제대로 이행하지 않아 혼란스러운 입장만 되풀이 하고 있는 실정이다.

그렇지만 새로운 기후변화협정이 2020년부터 본격적으로 실행되면서 이에 따른 각종 녹색성장 정책은 세계 각국이 경쟁적으로 참여하게 되었다. 더욱이 EU 국가들은 탄소국경세를 부과하고 있어 탄소중립을 적극적으로 추진하지 않을 경우 수출도 어렵게 되었다. 대세는 탄소중립을 추진해 나가야 생존할 수 있다는 방향으로 흘러가고 있어 EU 방식에 매진해 나가야 할 것이다.

3. 코로나의 역설에 대한 논의

2020년 12월 말, 미국항공우주국(NASA)과 유럽우주국(ESA)이 수집한 위성 데이터 분석 결과 코로나 팬데믹으로 중국의 산업 활동은 최대 40% 줄었으며 화석연료 사용량도 3분의 1 이상 줄었다고 발표하였다. 이는 또한 중국의 탄소 배출량은 25% 이상 줄어든 것으로 나타났다고 밝히고 있다. 이같이 사회적 거리 두기, 경제 봉쇄 등으로 인간 활동이 멈추면서 지구는 오히려 깨끗해지고 건강해졌다고 할 수 있는 '코로나의 역설'이 나타나고 있다.

최근 한국 바이러스 기초과학연구원(IBS)에서 내놓은 '코로나 팬데믹 이후 지구환경 개선'이라는 보고서에서 "코로나 팬데믹으로 탄소배출을 감소시키는 데는 크게 기여 했지만 탄소중립은 오히려 악화되었다."는 사실을 밝히고 있다.

코로나 팬데믹은 사회적 거리 두기, 국경 봉쇄 등을 통해 인간의 활동을 제한했으니 인위적 이산화탄소 배출도 자연스럽게 감소했다. 그런데 대기 중 이산화탄소 농도는 왜 여전히 증가하고, 지구온난화가 심화되고 있는 것으로 나타났다.

이슈&트렌드　　　　　　　　　　　　　　　　　　◎ 황준원 미래채널MyF 대표

코로나19로
빨라진 변화의 시계

코로나19는 코로나19 이전의 사회, 경제 등 기존 방식의 변화를 만들며 포스트 코로나 시대를 예견하고 있다.
코로나19의 역설과도 같이 코로나19가 가져온 비대면 디지털 전환의 시대는 다양한 분야에서 우리에게 새로운 인식과 생활 방식의 변화를 만들며, 코로나19 이후의 미래를 준비하게 하는 촉매제가 되고 있다.

코로나19 팬데믹의 여파는 지난 수십 년간 인류가 경험한 위기의 수준을 넘어서고 있다. 2020년 전 세계 연간 총 이산화탄소 배출량은 340억 톤으로 2019

년 배출량에 비해 약 7% 감소했고 이는 1970년 이래 가장 가파른 감소세다.

그런데 이산화탄소 배출량 감소가 무색하게도, 2020년 연평균 지구 지표 기온상승 값은 관측 시작 이래 두 번째로 높았다. 즉 산업화 이전(1850~1900년) 평균기온 대비 1.25℃가량 높은 수치로 관측 이래 가장 가파른 기온상승 값을 보인 2016년(1.26℃)과도 큰 차이가 없는 것으로 나타났다. 코로나19와 무관하게 지표의 기온상승은 이미 파리기후협약 온도 억제 기준인 1.5℃에 근접해 가고 있다.

가. 온실가스 감소에도 지구온난화는 지속돼

독일 연구진에 따르면 팬데믹 이후 2020년 초미세먼지(PM2.5) 농도는 2019년 대비 10~33% 감소한 것으로 나타났다고 밝히고 있다. 특히 광화학 스모그 주요 유발 물질인 이산화질소(NO2) 농도 역시 약 13~48% 감소했다. 반면, 일산화질소 배출 감소에 의한 화학적 작용으로 지표면 오존(O3) 농도는 0%에서 4%로 다소 증가했다.

오존은 여러 오염물질이 복잡한 반응을 거쳐 생성되며 대기 중 이산화질소와 일산화질소 농도의 비율이 생성 효율을 결정하고 있다. 일산화질소가 이산화질소보다 더 많이 감소하면 오존 농도가 증가할 수 있다고 알려져 있다.

오존 증가를 제외하고는 코로나19에 따른 전 세계적 봉쇄가 전반적인 대기환경 개선에 긍정적인 영향을 미쳤다고 평가할 수 있다. 온실가스 및 대기오염 물질이 기후를 변화시키려면 '복사강제력'을 발생시킬 수 있을 만한 배출량 변화가 있어야 한다.

복사강제력이란 지구로 입사되는 복사에너지와 지구 밖으로 방출되는 복사에너지의 차이를 말한다. 지구로 입사되는 에너지가 방출량보다 더 클 때 '양의 복사강제력'이 발생하며 지구 온도가 상승하고, 반대로 복사강세력이 음이면 지표면 온도가 하강한다.

일반적으로 이산화탄소 등 온실가스 배출이 증가하면 지구복사 에너지가 대기에 더 많이 흡수되고 밖으로 방출되는 양이 감소한다. 이에 따라 양의 복사강제력이 발생하며 지구의 온도가 올라가게 된다.

반면, 황산화물 등 대기오염물질이 대기 중에 증가하면 입사하는 태양복사 에너지를 더 많이 반사 시켜 방출 에너지가 더 커진다. 이는 음의 복사강제력을 발생시켜 온실기체에 의한 지구 온도 상승을 일부 상쇄하게 된다.

이같이 탄소배출이 감소 되었어도 이와 관련된 다른 화학물질과의 연관성이 있기 때문에 쉽사리 탄소 농도 감축으로 이어지지 않고 있다.

나. 배출량 감소에도 이산화탄소 농도는 상승

미국 국립 대기연구센터(NCA)에 따르면 2020년 봄 온실기체 배출량이 감소하며 음의 복사강제력이 발생한 반면, 이산화황 등 대기오염물질 배출 감소는 양의 복사강제력을 발생시켰다(Gettelman et al. 2021). 다만, 후자의 영향력이 더 커서 종합적으로 약 $0.29W/m^2$의 양의 복사강제력이 발생했으며 이는 지구의 온도를 약 0.003℃ 높인 것으로 평가됐다.

2020년 세계적 봉쇄에 의한 배출량 감소가 기후에 미친 영향은 매우 적었으나 지역적 날씨 변화에는 상당한 영향을 주었다는 연구 결과들도 있다.

2020년 봄철 중국 지역 대기오염물질 감소가 우리나라를 포함한 동아시아 하층 구름을 단기적으로 증가시키고 그에 따라 강수량이 증가했다고 한다.

이같이 코로나19로 이산화탄소 배출이 일시적으로 억제됐지만, 그럼에도 대기 중 이산화탄소 농도는 지속적으로 증가하고 있다. 이산화탄소의 대기 중 체류 시간은 5~200년에 이르고 있어 인위적 이산화탄소 배출과 흡수가 0에 이를 때까지, 즉 탄소중립을 이루기 전까지는 대기 중 이산화탄소 농도는 계속 증가할 수밖에 없다.

다. 이산화탄소 농도와 온실가스 배출량 감소는 별개

1850년부터 2018년까지 인류는 총 약 2,363GtCO2의 이산화탄소를 배출했다. 이 중 68%는 화석연료 사용에 의해, 32%는 개간, 건축, 벌목 등 토지 이용에 의해 배출됐다. 이렇게 배출된 이산화탄소의 30%는 지면에, 25%는 해양에 흡수되었다. 남은 40%가량이 대기 중에 남아 이산화탄소 농도를 높였다.

지구 온도 상승은 일시적인 이산화탄소 배출에 반응하는 것이 아니라, 이산화탄소 누적 배출량에 비례한다. 탄소중립을 이루기 전까지는 지구 온도 역시 지속적으로 상승하게 될 것이다.

2018년 10월 송도에서 승인된 '기후변화에 관한 정부간 협의체(IPCC) 1.5℃ 지구온난화 특별보고서'는 많은 것을 시사한다.

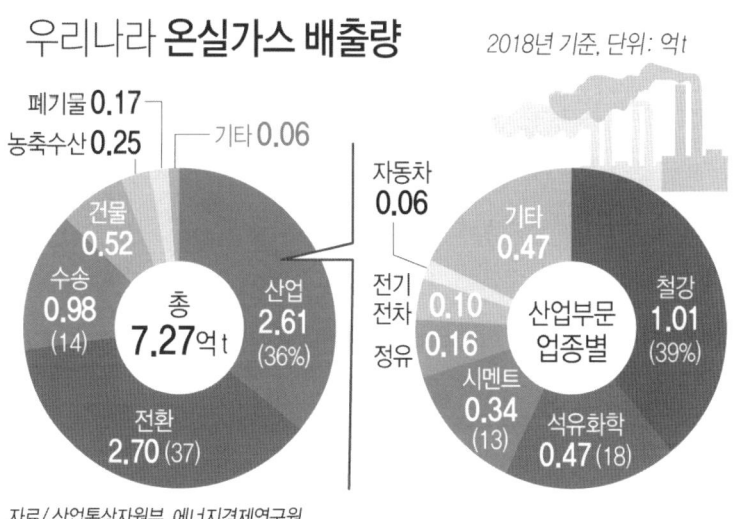

이 보고서에 의하면 파리기후협약에 따라 지구 온도 상승을 산업화 대비 1.5℃ 이하로 억제하려면 2020년부터 전 세계 탄소배출 상승 추세를 감소세로

전환해야 한다. 그리고 2030년까지 인위적 이산화탄소 순 배출량은 2010년 대비 최소 45% 감축해야 하며 2050년에 넷제로 탄소중립을 이루어야 한다는 내용이다.

2020년 코로나19 팬데믹으로 인해 우리는 의도치 않게 2.6GtCO2의 이산화탄소 배출을 감축했다. 2050년 탄소중립 목표를 이루려면 매년 전년 대비 1~2GtCO2의 배출을 감소시켜야 한다는 계산이 나온다.

2년이 넘는 인류적 재앙과 경제활동 위축을 겪었음에도 갈 길이 아직 먼 것이다. 코로나19 팬데믹 이후 탄소배출은 크게 감축되었으나 탄소중립에는 별다른 영향이 미치지 못하고 오히려 지구온난화는 가중되었다는 사실이 밝혀졌다.

이는 탄소배출이 지구환경에 얼마나 복잡하게 얽히고설켜져 있어 지구온난화를 해결하기에는 더 많은 노력을 해야된다는 사실로 이해하여야 할 것이다. 이같이 우리들은 지속 가능한 미래를 위해서 얼마나 많은 사회적 경제적 노력이 필요한지를 간접적으로 보여주고 있어 탄소배출감축에 보다 더 많은 노력을 경주해야 할 것이다.

4. 국제 메탄 서약을 제안한 글래스고 당사국 총회(COP26)

2022년 11월, 영국 글래스고에서 열린 제26차 유엔기후협약국 당사국 총회(COP26) 정상회의에서 "지구온난화는 1.5℃ 이내로 유지해야 하고 연간 CO2 배출량의 40%를 차지하는 석탄 사용은 지양되어야 하며 이를 감축하기"로 합의하였다.

그리고 "개도국들에 2020년까지 연간 1,000억 달러(720억 파운드, 한화로 약 150조)를 제공하겠다."는 이전의 협약이 지켜지지 않아서 '2021년 협정에는

2025년부터 1조 달러(한화로 약 1,500조)의 연간 기금에 관해서 논의'를 진행시켰다.

세계 최대 CO2 배출국인 미국과 중국의 협정도 진행되었다. 우선 메탄 배출량을 줄이며 청정에너지로의 전환을 포함한 많은 분야에서 향후 10년 동안 두 국가는 계속된 협력을 약속했다. 과거부터 자국 내의 국내 석탄 배출 문제의 해결에 대해서 매우 소극적인 태도를 보이던 중국이었지만, 세계 기후변화의 해결을 위해서 보다 긴급한 조치가 필요하다는데 양국이 동의했다.

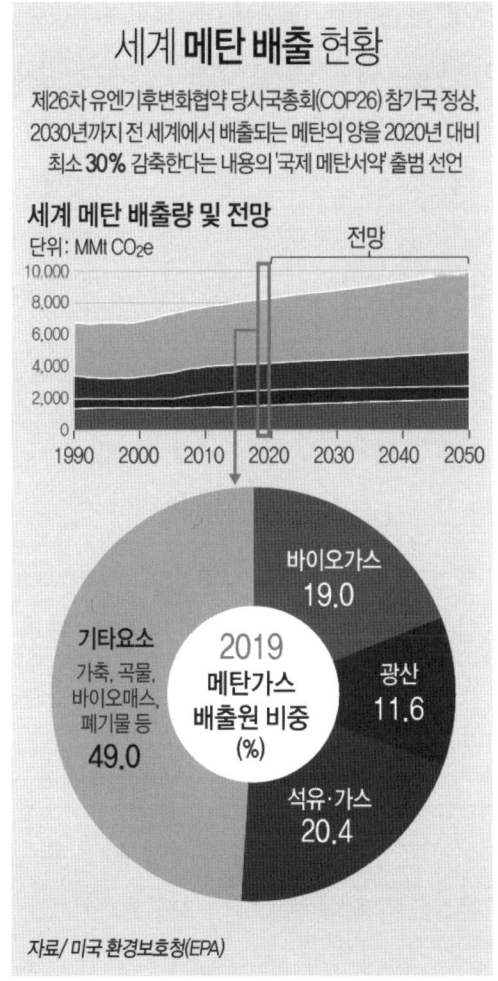

전 세계 산림의 약 85%를 차지하는 100개 이상의 국가 정상 및 지도자들은 2030년까지 삼림 벌채를 중단하기로 입을 모았다. 나무는 엄청난 양의 CO_2를 흡수하기 때문에 기후변화 방지를 위한 가장 중요한 단계라고 할 수 있다.

그리고 세계 각국 100개 이상 국가들의 정상들은 2030년까지 메탄 배출량의 30%를 줄이기 위한 계획에 대부분 국가가 동의했다. 그렇지만 가장 큰 메탄 방출국인 중국, 러시아, 인도 등은 위 협약에 동의하지 않았지만 메탄가스는 인간이 만들어내고 있는 온난화에 거의 3분의 1 차지할 정도 이어서 향후 이에 동의할 것으로 예상된다.

주요 온실가스들이 지구온난화에 영향을 미치는 정도는 이산화탄소가 60%, 메탄(CH_4)이 15%, 대류권 오존(O_3)이 8%, 아산화질소(N_2O)가 5%를 차지하는 것으로 알려져 있다. 특히, 대기 중 이산화탄소의 농도는 제1차 산업혁명 후인 1850년에 280ppm이었으나 이후 기하급수적으로 증가하여 2017년에는 405ppm에 이르렀다.

2022년 말 현재 417ppm을 차지하고 있어 이산화탄소의 증가 속도가 지구온난화의 직접적인 원인이며, 인간과 생태계에도 나쁜 영향을 다양하게 미치고 있어 시급하게 탄소 감축을 실행해야 하는 당면과제를 안고 있다.

가. 국제 메탄 서약

국제 메탄 서약이란 2030년까지 전 세계에서 배출되는 메탄량을 2020년 대비 최소 30% 줄인다는 목표를 내세워 '2050년 탄소배출 제로'를 성공적으로 추진해 나가는 새로운 동력으로 삼고자 한다는 내용이다.

메탄(CH_4)은 교토의정서에서 정의한 6대 온실가스 중 하나로 대기 중에서 메탄이 차지하는 농도는 이산화탄소의 200분의 1 수준이다. 그렇지만, 지구온난화에 미치는 영향이 이산화탄소의 21배에 이르고 있어 메탄 배출량을 줄이면 단기적으로는 같은 양의 이산화탄소를 감축하는 것보다 더 큰 효과가 있는 것이다.

2020년 8월에 기후변화에 관한 정부 간 협의체(IPCC)에서는 "전체 지구온난화의 약 30%(기 0.5℃ 상승)를 이끈 것이 메탄이다."라고 밝히고 있다.

이 보고서에서는 "메탄의 단기적 온실효과가 이산화탄소의 80배에 달한다."는 분석을 내놓았고 "탈석탄만을 목표로 하는 '이산화탄소 저감 대책'은 2050년 이전에 산업혁명 이전 평균기온보다 2℃ 이상 올라가는 결과를 가져올 것"이라고 지적했다.

이에 반해 "탈석탄 대책과 메탄, 아산화질소 등 이산화탄소 외 온실가스 저감 대책을 함께 진행한다면 탈석탄 대책만을 진행했을 때보다 지구온난화의 속도를 10~20년 정도 늦출 수 있다"고 밝히고 있다. 이런 메탄 감축에 대한 새로운 사실들이 국제 메탄 서약을 제안하기에 이르렀고 국제협약을 통하여 서둘러 나가야 된다는 공감대가 형성하게 된 것이다.

나. 메탄의 지구온난화지수(GWP) 20은 86배

2021년 말, 미국 국립과학원회보(PNAS)에 발표된 '단기간 내에 기후 온난화를 피하는 접근방법'이라는 논문에 따르면 "현재 온실가스 저감 대책은 이산화탄소에 집중되어 있고, 이산화탄소 외 온실가스에 대한 정책은 과소평가 되고 있다."고 지적했다. 즉 이산화탄소가 대기에서 머무는 기간이 평균 200년이지만 메탄의 잔류 시간은 9년 정도에 불과하며 아산화질소 또한 116년의 잔류기간이다."라는 것이다.

그리고 "지금까지 온실가스 세기를 산출하는 기간을 100년으로 하는 지구온난화지수(GWP) 100을 기준으로 삼고 지구온난화지수(GWP) 100으로 산정하고 있는데 이를 앞으로는 20년을 기준으로 하는 지구온난화지수(GWP) 20으로 산출하는 방식이 타당하다."고 제안하였다.

이렇게 산정 방식을 전환할 경우 메탄이 차지하는 비중이 이산화탄소 배출량 환산 규모(CO2e)로 환산한 배출량을 보면 GWP 100에서 이산화탄소의 23%이지만, GWP 20에서는 80%가 된다는 것이다. 즉 "메탄(CH_4)은 지구온난화지수(GWP)가 21로 이산화탄소 21배나 지구온난화에 영향이 미치고 있으면서 대기 체류 기간이 짧아 메탄은 이산화탄소보다 무려 86배나 강한 온실가스가 되고 있다."고 밝혔다.

이 논문에서는 "온실가스 배출량을 적극적으로 줄이기 위해서는 메탄, 그다음에 아산화질소 등으로 우선순위를 결정하는 것이 단시간에 기후변화 완화에 큰 도움이 된다."고 지적하고 있다. 한편 논문의 공동 저자인 뒤우드 잘케 지속가능개발연구소 의장은 영국 매체인 '가디언'과의 인터뷰에서 "이산화탄소 감축은 전 세계가 긴 시간 동안 해야 하는 일이고, 메탄을 감축하는 일을 통해 지구온난화를 빠르게 줄일 수 있다."며 "빠르게 변화하는 기후 문제는 느린 행동(이산화탄소 감축)만으로는 해결할 수 없어 메탄가스 감축을 서둘러야 한다."고 제안하고 있다.

5. 우리나라의 메탄 감축 방안

2020년 국제에너지기구(IEA) 보고서에 따르면 매년 전 세계 메탄 배출량은 약 5.7억 만 톤으로 그중 40%는 자연 배출원이며 나머지 60%는 인간 활동에서 배출된다. 인위적 메탄 배출량 중 농업 부분이 42%, 화석연료 산업이 36%를 차지하고 있다.

전문가들은 2025년까지 석유 및 천연가스 산업에서 발생하는 메탄 배출량을 절반가량 줄이면 20년 이내로 전 세계 석탄 화력발전소의 3분의 1을 폐쇄하는 것과 동일한 효과를 거둘 수 있다고 예측했다. 특히 석유와 가스로 인한 메탄 감축이 가장 빠르고 비용 효과적인 방법으로 IEA는 기존 기술을 활용하면 해당 산업 내 메탄 배출량을 70%까지 줄일 수 있다고 밝혔다.

유럽연합(EU)은 세계 최대 천연가스 수입국으로 2019년 기준 소비량의 85%가 국외에서 들여오기 때문에 메탄 감축에 영향력과 책임으로 공급망을 관리하겠다고 밝혔다. 특히 천연가스가 EU에 오기까지의 메탄 발자국은 EU 내 가스 공급망 배출량 대비 3~8배 달한다.

EU Fit for 55 개정에 따라 기업들은 모든 메탄 배출량을 MRV(측정·보고·검증)하고, 모든 가스 인프라 누출 감지 및 수리를 해야 하며, 주기적인 소각 및 방출 금지가 요구된다.

EU의 기업들은 OGCI(Oil & Gas Climate Initiative)가입을 통해 정부의 정책과 규제에 대한 지지를 표명했고, 메탄 배출의 투명성을 강화하고 감축하려는 노력을 보여주고 있다.

2022년 10월 18일, 2050 탄소중립위원회 제2차 전체 회의에 상정된 2030 국가탄소감축목표(NDC)상향안에는 메탄 배출량을 2018년 2,800만 톤에서 2030년 1,970만 톤으로 30% 감축할 계획이 포함되어 있다. 부문별로는 농축 수산 250만 톤(20.5% 감축), 폐기물 400만 톤(46.5% 감축), 에너지 180만 톤(28.6% 감축)을 감축한다는 계획이다.

우리나라는 2021년 11월에 영국 글래스고에서 열린 제26차 유엔 기후변화협약 당사국 총회에서 오는 2030까지 국가온실가스감축목표(NDC)를 2018년 대비 40% 감축을 선언하였다. 그리고 탈석탄화에는 서명하지 않고 글로벌 메탄 서약에는 서명하였다.

글로벌 메탄 서약에 서명하면 "2018년 대비 2030년까지 메탄 배출량을 30%까지 감축하겠다"는 약속을 지켜야 한다.

우리나라의 메탄 배출량은 2018년 기준 2,800만 톤(CO_2 환산량)으로 국내 전체 온실가스 배출량의 3.8%를 차지하고 있다. 부문별로는 농축 수산(1,220만 톤, 43.6%), 폐기물(860만 톤, 30.8%), 에너지(630만 톤, 22.5%) 부문에서 주로 배출되고 있다.

농축 수산 부문에서는 벼 재배 과정, 가축의 소화기관 내 발효, 가축분뇨 처리 등에서 배출된다. 그리고 폐기물 부문에서는 폐기물의 매립, 하·폐수처리 과정에서 주로 발생하며 특히 유기성 폐기물, 하수와 폐수에 포함된 유기물이 혐기적으로 처리되는 과정에서 발생한다.

에너지 부문에서는 석탄·석유·천연가스 등의 연료 연소 과정과 화석 연·원료의 채광·생산·공정·운송·저장 등의 과정에서 비의도적 탈루로 메탄이 배출된다.

가. 농축산 부문

18년 메탄 12.2백 만톤 배출 → 30년 9.7백 만톤 배출(20.5% 감축)

농축산 부문은 가축분뇨의 정화 처리, 에너지화 등 다각적 활용 및 저 메탄·저 단백 사료 개발보급, 논의 물관리 등을 통해 250만 톤을 감축한다. 가축분뇨는 바이오차(Bio-char), 바이오플라스틱 등 활용을 다각화하고, 공공기관이 운영하는 공공형 가축분뇨 바이오에너지화 시설을 2030년까지 신규로 10개소를 보급한다는 계획이다. 그리고 축산의 생산성 향상과 약용작물 등을 활용한 저메탄 사료의 개발·보급으로 가축의 사양관리를 개선하고, 논에서는 간단관개 기간 연장 등 물관리 기술 보급을 통해 메탄을 감축해 나갈 계획이다.

나. 폐기물 부문

18년 메탄 8.6백만 톤 배출 → 30년 4.6백만 톤 배출(46.5% 감축)

폐기물 부문은 유기성 폐기물(음식물 쓰레기 등) 발생 저감, 유기성 폐자원의 바이오 가스화 확대, 메탄가스 회수 및 에너지화, 비위생 매립지 정비 등을 통해 400만 톤을 감축한다.

음식물 소비기한 표시제 도입(23년~), 음식물 쓰레기 감량기 보급 확대 등으로 유기성 폐기물 발생량을 줄이고, 유기성 폐자원 바이오화 시설을 2020년 110개소에서 2030년 130개소로 확대할 계획이다.

그리고 폐기물 매립지에서 발생하는 메탄의 포집 설비를 지원하여, 메탄 회수량을 확대하는 한편 사용 종료된 비위생 매립지를 정비하여 메탄 발생량을 줄일 계획이다. 매립된 폐기물을 굴착하여 가연물은 소각, 불연물은 재활용 또는 재매립한다는 방침이다. 매립지 등에서 포집된 메탄가스는 연료화, 수소화하여, 타 부문의 화석연료 사용 저감에 기여하게 한다는 방침이다.

다. 에너지 부문

18년 메탄 6.3백만 톤 배출 → 30년 4.5백만 톤 배출(28.6% 감축)

에너지 부문은 화석 연·원료 사용량 축소, 천연가스 메탄 배출계수 합리화를 통해 180만 톤을 감축한다.

상향된 국가 탄소 감축목표(NDC)에 따른 석탄·LNG 발전 축소, 에너지 효율 향상 등을 통해 산업, 전환, 건물, 수송 각 부문의 화석 연·원료 사용량을 감축하여 메탄 배출량을 줄여나갈 예정이다.

천연가스 탈루 부문은 국가 고유 배출계수를 개발하여 탈루 메탄 배출량을 합리적으로 재산정할 계획이다. 현재 IPCC가 개발한 기본 배출계수를 적용하여 배출량을 산정하고 있으나, 국가고유 배출계수 개발 시 이를 적용하여 배출량 재 산정이 가능하게 된다.

6. 오존층을 파괴하는 프레온가스에 대한 규제

1989년 1월, 오존층 파괴 물질인 염화불화탄소(CFCl)의 생산과 사용을 규제하려는 목적으로 몬트리올 의정서에 대한 협약이 발효되었다.

오존층파괴물질에 관한 몬트리올 의정서와 오존층 보호를 위한 비엔나 협약과 이를 시행을 위하여 특정물질의 제조 및 사용 등을 규제하고 대체물질의 개발 및 이용을 촉진과 특정물질의 배출억제 및 사용 합리화 등을 효율적으로 추진하는 것을 목적으로 오존층 보호를 위한 특정물질의 제조규제 등에 관한 법률을 제정, 공포하였다.

여기서 특정물질이라 함은 오존층파괴물질에 관한 몬트리올 의정서의 규정서에 의한 오존층파괴물질 중 대통령령이 정하는 것을 말한다.

1974년, 캘리포니아 대학의 모리나와 로우랜드 박사는 염화불화탄소(CFC, 일명 프레온가스)가 오존층을 파괴한다는 내용의 논문을 처음 발표하였다. 그 후 1985년에 1957년 이래 남극 오존층을 정기적으로 관측하고 있는 영국 조사팀에 의해 남극 오존층 파괴 현상이 처음 발견되었다. 죽 1987년 10월에는 소위 오존홀이라고 명명된 오존층 파괴가 현저하게 나타났고, 오존층 파괴가 가장 심각한 남극 15~20km 고도 내에서 오존량의 약 95%가 파괴되었다는 사실을 확인하였다.

1974년 모리나와 로우랜드 박사에 의해 성층권 오존이 프레온가스(CFCs)에 의해 파괴된다고 발표한 이후 11년이 경과한 1985년에 영국 남극 조사팀의 관측 자료를 통해 프레온가스는 오존 파괴의 주범으로 입증되었다.

프레온가스는 매우 안전하여서 낮은 대기권에서는 분해되지 않으며 성층권까지 수송된 후 자외선에 의해 분해되어 오존 파괴의 촉매 자로 작용하는 염소 분자(Cl)를 방출하게 된다. 프레온가스는 화장품 등 스프레이 제품의 가스, 냉장고나 냉각기의 냉매, 소화제, 반도체, 등 전자제품이나 정밀기계의 제조용 세정제 등에 폭넓게 사용되는 물질이다.

가. 남극에서 발견된 오존홀

1984년에는 남극에서 오존홀이 발견되면서 프레온가스에 의한 오존층 파괴가 현실적인 문제로 등장하게 되었다. 이에 따라 유엔환경계획을 중심으로 오존층 보호 규제 움직임이 일기 시작하여, 오존층 보호를 위한 조약을 체결하였다. 뒤이어 최초의 국제적 프레온 규제 조약인 {오존층을 파괴하는 물질에 관한 몬트리올 의정서}가 채택되었다.

최근 규제 대상 프레온가스에 대한 대체물질로 개발되고 있는 것이 하이드로플루오로 카본과 하이드로클로로플루오로 카본류이다. 이들 물질에는 수소가 함유되어 있기 때문에 대류권에서도 분해가 일어난다는 특징을 갖고 있다. 그러나 이것의 오존층 파괴 능력은 규제 대상 프레온가스의 10분의 1 이하이지만 온실효과 기체로서 작용한다. 따라서 이들이 대량으로 소비될 경우 지구 온난화에 영향을 준다.

나. 자외선 차단 역할을 하는 오존

대기오염으로 인해 성층권의 오존층이 파괴되고 있다. 오존은 흔히들 알고 있듯이, 자외선을 차단하는 지구의 보호막과 같은 역할을 하고 있다. 오존은 과연 어떤 원리로 자외선을 막아주며 이 오존을 파괴하는 물질인 프레온가스는 어떤 역할을 하는지 알아야 대기권의 특성을 이해할 수 있다.

오존은 대기 중에서 불꽃 방전이 일어날 때 강한 냄새를 띤 연푸른빛의 기체가 생기는 것은 이미 18세기 후반부터 알려졌다. 당시 스위스 바젤 대학의 화학과 교수였던 쇤바인은 "냄새가 나다"라는 뜻을 가진 희랍어 오존(ozein)으로부터 이 기체를 오존(ozone)이라 명명하였다. 그 후 프랑스 과학자 쇼레트는 산소가 산소 원자 두 개로 만들어지는 분자구조를 가지는 물질임에 반하여, 오존은 세 개의 산소원자로 이루어진 분자구조를 가지고 있음을 밝혔다.

이러한 오존은 햇빛 등 주위의 전자파를 흡수하며 쉽게 분해되어 다시 안정한 이원자 구조의 산소로 바뀌면서, 여분의 제3의 산소 원자를 주위의 물질들에 쉽게 내어주는 강한 산화력을 가진 활성이 있는 기체이다.

오존의 강력한 산화력을 이용하여 해로운 박테리아를 제거하는 공기청정장치로서 오존 발생기가 이용되기도 한다. 그러나 농도가 커지면 주위의 많은 물질들에 파괴적인 효과를 나타내는데, 고무가 탄력을 잃게 되고, 나일론 등이 약해지며, 식물의 잎, 사람의 폐 등 생물조직에 치명적 영향을 줄 수도 있다.

오존은 지표상에서는 다행스럽게도 그 농도가 매우 작고 대부분 성층권 내의 지상 20-40km에 분포하며 오존층을 형성하고 있다. 여기에서 오존은 태양으로부터 오는 자외선을 흡수하여, 강한 에너지를 가진 자외선으로부터 지상에 살고 있는 생물들을 보호하는 역할을 하고 있다.

7. 기후변화 문제를 해결하는 10가지 방법

얼마 전 미래학자 유엔미래포럼 회장이었던 제롬 글렌 박사는 '기후변화 문제 해결을 위한 10가지 방법'에 관한 주제로 강연했다. 그는 기후변화 문제를 해결하기 위해서는 무엇보다도 발상의 전환과 새로운 시도가 필요하다고 했다.

지금까지 탄소세, 탄소배출권 거래제도, 황폐화된 산림의 복원, 자원 재활용과 재생 가능한 에너지원 확보 등. 기후변화에 대한 대응책을 논의해 왔다. 그렇지만 문제를 해결하기 위해서는 그것만으로 충분하지 않다.

원자력이 온실가스를 줄이는 데 도움이 된다고 하지만, 폐기물 문제를 해결하지 않는 한 원자력은 대안이 될 수 없다. 그렇지만 그가 주장하는 기후변화 문제 해결을 위한 10가지 방안은 훌륭한 대안이 될 수 있다고 한다.

첫째, 무엇보다 미국과 중국을 설득해야 한다.

미국과 중국을 설득해서 기후변화와 관련된 글로벌한 전략을 도입하도록 압박해야 한다. 중국과 미국이 배출하는 온실가스는 전 세계 배출량의 40% 이상을 차지한다. 인류가 더 이상 이산화탄소를 발생시키지 않는다고 하더라도 지금 상황만으로도 문제가 정말 심각하다. 무조건 온실가스를 줄여야 하고 더 많은 노력이 필요하다. 과민반응이라고 반발하고 방법이 없다고 변명해도 받아줘서는 안 된다.

둘째, 바닷물을 농업에 이용하는 방법이다.

이것은 나른 한 면으로는 좋은 비즈니스가 될 수도 있다. 인류는 수자원 부족에 시달리고 있지만 염수는 충분하다. 염수 환경에서도 충분히 키울 수 있는 작물도 1만여 종 있다. 바닷물에 살 수 있는 조류(藻類) 중에는 기름을 많이 짜낼 수 있어서 바이오연료를 만드는 옥수수보다 생산성이 더 높은 것도 있다.

바닷물을 이용한 농업을 통해 식량과 동물 사료 공급이 가능하며 낙후한 지역에 경제 성장을 가져올 수도 있다. 또한 제지업계의 어려움도 해결할 수 있다. 해조류를 동물 사료나 종이로 이용될 수 있다.

셋째, 화석연료에서 탄소를 격리시키는 기술을 활용하여야 한다.

이에 대한 연구와 논의는 이제 걸음마 단계다. 그 기술을 상용화하는 데 너무 많은 기간이 필요하다면 실질적인 해결책이 되지 못할 수도 있다. 가능한 한 모든 관점에서 접근해 진지하게 판단해야 한다.

넷째, 저렴한 전기자동차 배터리를 등장시켜야 한다.

중국 기업 썬더스카이 등에서 '리튬-이온 배터리'를 생산하면서 전기자동차의 가격이 엄청나게 떨어졌다. 과거에는 10kW의 전력을 생산할 수 있는 배터리의 가격이 1만 달러 정도로 비쌌다. 그렇지만, 이제는 2,700달러만 있으면 된다. 즉 2~3년 정도 지나면 유용하고 완전하며 저렴한 전기자동차가 시장에 출시될 수 있을 것이다.

다섯째, 태양광 인공위성에 대한 기대이다.

일본은 태양광 전지를 탑재한 위성을 쏘아 올려 전기 에너지를 만들어 쓰는 대형 프로젝트를 추진하겠다고 한다. 아주 좋은 아이디어다. 위성을 우주에 띄우면 24시간 햇빛을 받을 수 있고, 구름이 없기 때문에 지상보다 10배 정도 많은 열을 흡수할 수 있다. 위성을 활용하면 전 세계가 효율성 높은 전기 에너지를 안정적으로 쓸 수 있으며 모든 국가에서 에너지의 독립성을 확보할 수도 있다. 위성을 이용한 태양광 발전은 오염이 없으며, 위험한 폐기물을 발생시키는 원자력 발전에 의지하지 않아도 되어 장기적으로 유용하다.

여섯째, 지열에너지를 활용하는 방안이다.

지열은 그동안 모든 곳에서 활용 가능한 것은 아니라고 해왔다. 그렇지만, 대부분 지역에서 활용할 수 있는 새로운 방법이 있다. 지하로 2~3㎞ 정도 파내려 가면 딱딱한 암석층이 나오는데 그곳까지 2개의 구멍을 나란히 파는 것이다. 그리고 한쪽 구멍에 뜨거운 물을 부으면 다른 쪽으로는 엄청난 증기가 나오는데, 그쪽에 발전기를 설치하면 증기 에너지를 사용할 수 있다.

일곱째, 동물을 사육하지 않고도 동물 단백질을 생산할 수 있는 방법이 있다.

지금까지는 가축을 기르는 데 많은 물과 자원, 곡물을 이용해 왔다. 그렇지만, 탯줄에서 줄기세포를 추출하고 근육 조직을 대량 생산하는 방법이 있다. 요구르트를 생산하는 것처럼 육류도 마찬가지로 만들어낼 수 있다. 취향에 따라 맛이 다양한 단백질 생산도 가능하며 곤충들을 키워 가축 대용품으로 활용하는 방법도 좋은 대안이 될 수 있다.

여덟째, 도시생태학(urban systems ecology)이라는 새로운 개념이 필요하다.

도시는 점점 확대되고 더 많은 사람이 도시에 몰려 살게 된다. 우리 신경세포의 센서가 신체를 관리하듯이 나노기술을 도입한 센서를 개발하여 전체 도시를 관리하도록 해야 한다.

아홉째, 기후변화에 대한 지구적인 집단 지성(collective intelligence)이 필요하다.

기후변화 상황이 너무 빠르게 변하기 때문에 하드웨어와 소프트웨어가 전체적으로 연결되어 실시간 업데이트를 통한 대응이 이루어져야 한다. 유엔 차원의 기후변화 상황실노 설치되어야 하며 전 세계 우수한 두뇌의 도움을 받을 수 있도록 동적인 정보 관리 시스템이 필요하다. 또한 지구적 단위의 연구 개발도 필요하다.

끝으로 기후변화의 문제는 정부, 기업, 유엔, 시민단체, 대학이 각기 혼자서 해결할 수 없으며 부문 간 통합조직(trans-institution)의 필요성이 대두된다. 민관 파트너십만으로는 효율성이 떨어지기 때문에, 전 지구적 문제를 해결하기 위한 법제와 조직 구성의 통합적 방안이 필요하다.

제4절.
기후변화에 따른 적응전략

　기후변화는 극한 기상이변으로 자연 재난, 온난화로 인한 해수면 상승 등 기상변화에 따라 직접적으로 자연환경에 영향을 미치는 1차적인 영향이 있다. 그리고 1차적인 영향은 해양 산성화, 가뭄, 사막화, 토양 손실, 생태계 변화 등 자연환경변화의 요인이 되며 2차적인 영향들 간에도 상호작용이 존재하여 복잡한 영향 네트워크가 존재한다.

　이런 기후변화는 인간의 건강 또는 산업 활동에 영향을 주며 더 나아가 간접적으로 삶의 방식 변화 내지는 사회적 갈등을 유발하면서 복잡한 이해관계가 얽히고설키게 된다.

　더욱이 영향이 연이어 발생하여 도미노 현상도 일으켜 큰 재난으로 연결될 가능성도 잠재해 있기 때문에 피해를 최소화하기 위해서는 최대한 영향 네트워크를 초반에 고리를 끊는 것이 효과적일 수 있다.

　사실상 기후변화를 원천적으로 막는 것은 불가능하기 때문에 기후변화에 따른 영향을 완화시켜 나갈 수 있는 전략이 요구된다. 지구온난화의 경우 탄소배출이 그 원인이기 때문에 어느 한 국가의 문제가 아니라 전 세계적인 문제이기도 하다.

또한 기후변화의 영향은 나비효과와 같이 끝도 없이 퍼져나갈 수 있기때문에 간접적인 영향을 모두 포함시켜야 하는 문제도 제기된다. 따라서 그 대책도 국가적 대책, 지역적 대책으로 구분하여 방안을 마련해야 할 것이다. 이런 기후변화 완화 전략은 가능한 발생 이후의 피해를 최소화할 수 있는 방안을 모색해 나가야 한다.

이미 배출된 온실가스로 인한 기후변화의 영향에 대한 대비는 전 지구적인 노력이 담보되어야 한다. 개별 국가 차원에서 리스크 관리는 기후변화와 그에 따른 기상변화 및 자연 재난, 해수면 상승 등의 1차적인 영향과 그로 인하여 파생적으로 발생하는 2차적인 영역까지 포함되어야 한다.

우리나라는 2010년에 최초의 국가 적응 계획인 '국가 기후 위기 적응 대책'을 수립하였다. 그리고 2020년에 제3차 국가기후변화적응 대책(2021~2025)을 수립하였으며, 2022년 3월에는 기후위기 대응을 위한 탄소중립·녹색성장 기본법을 시행하였다.

광역자치단체와 기초지자체도 현재 이러한 국가 적응 대책과 연계해 기후위기 적응 대책 세부 시행계획(2022~2026)을 수립하여 이행하고 있다.

그런데 기후 위기가 전국적으로 동일한 영향을 미치는 것은 아니다. 지역적 특성과 취약성에 따라 피해가 달라질 수 있다. 해당 지역의 지리·기후적 특성에 따라 어떤 지역은 더 많은 건조와 가뭄을 겪을 수도 있고, 폭염에 더 많이 노출될 수도 있다.

같은 강도의 폭염과 홍수 및 태풍에 노출된 지역이라 하더라도 도시와 농촌 혹은 해당 지역의 인프라 구조와 기반 조성의 정도에 따라 사망률이나 이환율에 차이가 날 수 있다.

또한 노약자가 많거나 지역적 특성상 기저 질환자가 많은 경우 또는 사회경제적 취약계층의 인구밀도가 높은 지역일 경우에는 피해가 가중될 수 있다. 그

뿐만 아니라 기후 위기에 대한 관심도나 정책적 대응 정도를 포함한 지자체의 적응 역량에 따라서도 피해 정도가 달라질 수 있다.

가. 심층 적응 강화를 위한 방안

기후 위기 비상 상황에 맞춰 사회·경제의 전반적인 시스템 대전환이 필요하고, 시스템 붕괴에 대비하여 기후 회복을 위한 심층 적응 강화에 총력을 기울여야 한다. 이런 심층 적응을 강화하기 위해 4가지 원칙이 제시되고 있다. 즉 회복 탄력성 Resilience), 포기(Relinquishment), 복원(Restoration), 화합(Reconciliation)이라는 4R이다.

첫째, 회복 탄력성(Resilience)은 우리 사회에서 가장 중요한 것 가운데 꼭 유지해야 하는 것은 무엇인지 탐구하고, 기후변화에 따른 자연적·경제적·사회적 충격으로부터 강한 회복성을 가질 수 있는 방법을 찾아야 한다.

둘째, 포기(Relinquishment)는 기후변화 속에서 상황을 더 악화시키지 않기 위해 버려야 하는 것을 탐구하고, 현재의 시스템과 생활방식을 포기하며, 신규 시스템과 생활방식을 도입할 필요가 있다.

셋째, 복원(Restoration)이란 자연생태계 및 인간에 대한 공감을 통해 자연생태계와 인간 건강을 보호하기 위해 적극적인 대처가 필요하다.

넷째, 화합(Reconciliation)이란 기후변화로 인해 피해를 입은 생태계와 인간에 대해 인류가 함께 책임을 지며, 기후변화와 관련된 문제를 공동으로 해결할 방안을 모색해야 한다.

나. 중앙정부와 지방정부의 정책 수립

국가의 기후변화 적응 정책은 자연 재난과 환경오염, 생태계 변화 등에 의한 피해와 그와 연계된 국토 및 도시개발, 에너지, 교통, 보건 등의 영역에 넓게 퍼져있어 다수의 부처에서 미래 정책 수립에 고려해야 할 중요한 정책이다.

현실적으로 모든 정책영역에서 기후변화가 주요 의제가 되기 어려우나 기후변화 적응력을 향상하기 위한 주요 정책의 이행력을 안정적으로 확보하기 위하여 법적 근거를 보완할 수 있는 제도적인 장치가 마련되어야 한다.

지자체의 경우 적응 대책의 수립 내용은 지역 현황 및 지역적 적응 여건을 분석하여 이를 토대로 지역의 기후변화 리스크를 도출하여야 한다. 그리고 상위 및 관련 계획과 연계하여 적응 계획을 수립하여야 한다.

지자체 적응 대책의 가장 중요한 부분은 지리적, 지역적 특성을 파악하는 것이다. 해안지역, 산악지역 등 지리적 특성과 지역이 가지고 있어 각 지자체의 특성에 따라 기후변화에 취약하고 위험한 요소들이 다르기 마련이다.

기후변화로 인한 손실과 피해는 다양한 형태로 발생하고 있으며 점차 증가하고 있다. 이러한 피해는 직·간접적으로 모든 분야에 영향을 미치고 있으며 산업계도 피해 갈 수 없다. 기후변화의 피해를 감소하기 위한 기후변화 적응 대책 및 계획은 국가, 지자체, 기후변화에 취약한 공공기관이 의무적으로 수립하고 있다.

다. 산업체의 기후 완화 경영전략

산업계 즉 민간의 경우, 법적인 제재는 없지만 최근 들어 기후변화 관련된 경영과 전략에 대한 요구가 국제적으로 커가고 있다. 하지만 현재 산업계에서는 기후변화 적응에 대한 이해와 지식이 미흡한 실정이며 그나마 대기업 위주로 국제적 투자 요구에 대응하기 위해 기후변화 적응을 시작하고 있는 단계이다.

실제로 2,041개 기업체를 대상으로 기후변화에 관한 설문조사를 실시한 결과, 기후변화 적응에 대한 필요성은 높은 수준으로 인식하고 있으나(67%), 이를 내부적으로 대응하지 못하는 실정이며(76.9%), 운영 및 유지관리(45%)나 리스크관리 경영시스템에 포함하여 대응하고 있는 수준으로 나타났다. 또한 다양한 이해관계자와 투자자의 요구에 맞춰 ESG에 기후변화를 포함하고 있으나 전환적 리스크를 중심으로 접근하고 있으며 물리적 리스크에 대한 요구에 실질적으로 대응하지 못하는 실정이다.

즉 산업계 적응의 가장 큰 문제는 기후변화에 관한 기준 및 가이드 라인에서 물리적 위험 또는 적응 측면의 검토가 미흡하며 기후변화에 대한 물리적 리스크를 대응하기 위한 구체적인 접근 방향 및 방법이 모호하다.

1. EU 국가의 기후변화 적응전략

영국 정부는 '2050 탄소중립'이라는 장기 감축목표를 설정하고 이를 달성하기 위해서 7가지 적응 가이드 라인을 마련하였다. 이를 실행해 나가기 위해서 기후변화 대응을 위한 적절한 도구와 지식을 갖춰 나가고자 지방정부와의 협력체제를 구축하였다.

지구환경 개선은 중앙정부의 힘만으로 이뤄질 수 없는 전 세계 인류의 문제이며 현장 중심으로 그에 대한 대응책을 마련하여야 한다. 이 때문에 지역을 관리해 나가는 지방정부가 행동의 주체가 되어야 한다.

더욱이 기후변화의 대응이란 지금까지 경험해 보지 못한 새로운 세계이다. 따라서 새로운 분야에 대한 철저한 지식정보를 습득한 후 그의 효율적인 방안을 마련해야 성공적인 추진이 가능하다. 그래서 영국 정부는 기후변화 적응 정책의 가이드 라인을 마련하여 이를 실시해 왔다.

기후변화 대응방법의 구분 예시

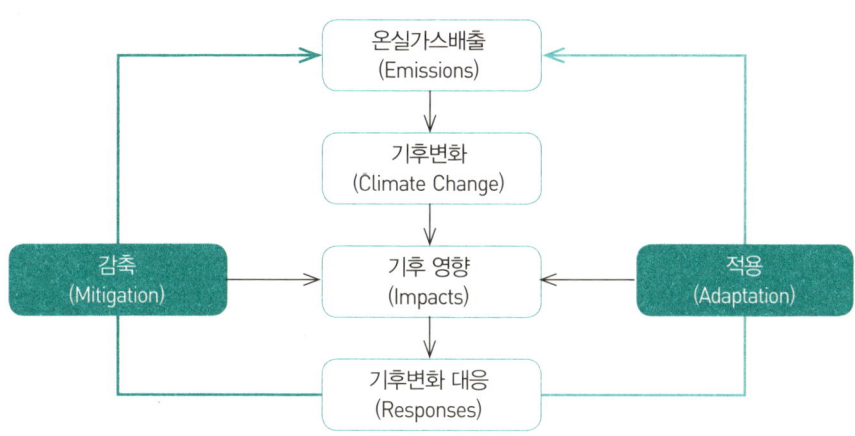

기후변화 대응의 흐름도

*자료:국토환경정부센터 홈페이지 및 Center for International Forestry Research(CIFORI)

    각 지역마다 가장 시급한 과제는 건물, 도로와 같은 주요 인프라의 안전성 문제이다. 그리고 홍수, 건물의 과열 난방, 날씨 관련 유지보수 비용, 인프라 보수 등의 문제가 있다면 미래의 기후조건을 염두에 두고 새로운 기준을 세워야 한다.

이미 정기적으로 홍수, 가뭄, 폭풍, 질병, 물 부족 등을 겪고 있으며 기후변화의 빈도와 강도가 점점 증가하고 있어 지금 당장 행동을 취하게 되면 현재뿐만 아니라 미래의 기후변화에서도 후회 없는 해결책이 마련될 수 있다. 20년 이상 지속될 수 있도록 인프라를 보수하거나 건축할 때 적은 비용으로 기후변화에 따른 위험을 미연에 방지할 수 있다.

기후변화 적응은 운영 기준이나 설계를 바꾸는 결정이 간단한 문제가 아니라 농업과 관광, 사회 복지와 건강, 생태계 등은 날씨 패턴에 따라 긍정적인 영향 또는 부정적인 영향을 받을 수 있다. 그리고 위험을 최소화하기 위해서는 기후변화의 영향을 모니터링 해야 하며 이를 위해서는 훈련과 교육이 필요하다.

가. 영국의 기후변화 적응 가이드

첫째, 기후변화가 분명히 과학적으로 입증되었음을 인식하여야 한다.

지난 50년간 기온상승은 화석연료를 너무 사용하였기 때문이라는 과학적 근거들을 설명하고

있다. 그리고 지구온난화에 따른 기후변화를 우리들이 실제로 겪고 있고 앞으로도 점차 가속화될 전망이다. 따라서 기후변화에 대한 믿음을 갖고 지구환경 개선에 적극적으로 참여해야 할 것이다.

둘째, 영국 정부는 어떤 대책을 마련하고 있는지를 알아야 한다.

기후변화에 대한 대책은 크게 완화와 적응으로 구분된다. 완화란 온실가스 배출을 줄이기 위한 행동이며 적응은 기후변화의 부정적인 영향을 최소화하고 이를 예방하기 위한 행동을 말한다. 궁극적으로 기후변화는 지구적인 문제이며 전 세계 인류를 위해서 불가피한 과제이다.

이 때문에 국민이 다함께 온실가스를 줄이기 위해 적극 협력해야 된다. 따라

서 중앙정부가 마련한 대책을 충분히 이해하고 이를 적극적으로 실행하여 성공적인 기틀을 마련해 나가야 한다.

셋째, 기후변화에 대한 정확한 지식을 습득, 나름대로 대책을 수립할 수 있어야 한다.

기후변화는 각기 해당 지역별로 여러 가지 기상재해가 나타나고 있어 우리 지역에는 어떤 기후변화가 일어날 수 있는지를 정확하게 파악할 수 있어야 한다. 그리고 이를 해결해 나가기 위하여 나름대로 어떤 정책, 전략, 계획을 수립해야 되는지를 논의해야 할 것이다.

넷째, 나름대로 기후변화 적응 방법을 찾아내서 실행하여야 한다.

기후변화는 미래 지역사회의 사회적, 경제적, 환경적 삶의 질에 영향을 준다. 그런데 이런 장래 해결책은 지금 당장 행동하지 않으면 더 많은 비용과 위험을 부담해야 된다는 사실을 인식하여야 한다. 이를 위해서 '후회 없는 해결책'을 찾아내기 위해서 충분한 대책을 논의할 수 있는 체제가 요구된다. 그리고 지자체별로 대책을 조정하기 위한 책임 담당자를 지정하여 최악의 영향을 피하고 기후변화에서 생기는 새로운 기회를 적극 활용할 수 있어야 한다.

다섯째, 기후변화에 대한 점검 사항을 마련하고 철저하게 관리하여야 한다.

이제 기후변화는 선택적 사항이 아니라 필수적인 일상생활로 자리 잡아가고 있다. 따라서 기후변화가 현재의 문제를 더욱 악화시키거나 새로운 문제를 유발할 위험을 안고 있다면 이를 해결하기 위해서 신중한 계획과 철저한 점검을 통하여 효율적으로 문제를 해결해 나가야 한다.

- 건물이나 기반 시설이 50년 후에도 온전할 것인가?
- 거리나 건물이 여름철에 뜨거워져서 어떤 불편을 초래하는가?

- 지역에 관리가 필요한 자연 상태 시스템, 공원, 정원이 있는가?
- 도로가 홍수나 산사태, 폭설, 심한 바람에 의한 위험에 노출되었는가?
- 해당 지역에 물 공급으로 인한 경쟁 또는 수질 문제가 있는가? 등을 살펴야 한다.

여섯째, 기후변화에 대비하는 인프라 구축 방안을 마련하고 불필요한 비용과 위험을 피할 수 있도록 대책을 세워야 한다.

기후변화에 따른 환경문제를 해결해 나가는 방안은 장기적으로 기후변화에 대비하는 인프라를 구축하는 일이다. 이의 실행 방안을 마련해서 성공적으로 추진해 나가야 한다.

이를 위해서는 기후변화의 빈도와 강도에 대한 정확한 예측 정보를 확보하고 어떻게 해야 앞으로 수십 년 동안 안정적인 인프라 시설을 유지해 나갈 수 있는지를 찾아내야 한다. 그래서 잠재적인 위험을 줄일 수 있는 가장 합리적인 방안을 마련, 후회 없는 조치가 이뤄져야 한다.

일곱째, 지금 어떤 행동을 해야되는지 행동 지침을 마련해서 실시해야 한다.

기후변화는 수십 년에 걸려 발생하는 점진적인 과정이다. 때문에 '좀 더 정확한 예측이 나오고 변화가 감지될 때까지 기다려야 한다'는 안일한 생각에 방심하게 된다. 하지만 이런 생각에서 벗어나 지금 당장 시작될 일들을 장기 계획에 바탕을 두고 단계적으로 우선순위에 따라서 찾아내야 한다.

나. EU 기후변화 적응전략

2002년부터 2011년까지 EU의 내륙지역 온도는 산업화 이전 시기보다 평균 1.3℃ 높은 수준이다. 이는 지구 평균 기온상승보다 높은 상황이며 그 결과 잦은 폭염, 산불 발생, 중남부 유럽에서의 가뭄, 북동부 유럽에서의 홍수, 해안지역의 홍수와 침식 위험 등 많은 기상이변이 발생하고 있다.

이에 기후변화에 적응 비용으로 2020년 최소 1천억 유로에서 2050년에는 최소 2,500억 유로에 달하는 경제적 손실이 발생할 것으로 전망하였다. 특히 폭염으로 인한 사망자가 2020년까지 연간 2만 6천 명, 2050년까지는 연간 8만 9천 명이 추가적으로 늘어날 것으로 전망하였다. 이에 따른 대응 전략으로 8가지 행동전략을 제시하고 있다.

첫째, EU 집행위는 이를 위한 가이드라인을 제공하며 회원국들은 자체적인 적응전략을 수립하도록 하고 있다.

둘째, 유럽 내에서 발생하는 월경성 홍수에 대한 관리, 국경을 접한 인구 밀집 해안지역 관리, 도심 토지·빌딩·자연 자원 관리에서의 적응, 산악 및 도서 지역, 지속 가능한 수자원 관리 등 취약 분야에 대한 생활자금을 지원하도록 한다.

셋째, 주요 도시들은 자발적 기후변화 협의체를 구성하여 도시의 기후변화 적응을 지원하도록 한다.

넷째, 기후변화 적응 관련 지식정보를 제공하기 위해서 각종 프로그램을 제작한다. 특히 기후변화 피해와 적응 비용 및 혜택에 대한 정보, 지역단위 위해성 평가, 효과적인 적응 수단에 대한 평가 모델·기법개발, 과거 적응 노력에 대한 평가 수단 분야 프로그램을 지원한다.

다섯째, 유럽 내 기후변화 적응 정보를 한 번에 제공할 수 있는 플랫폼(one-stop shop)을 운영한다.

여섯째, EU 공동농업정책(CAP), 결속 정책, 공동수산정책(CFP)에서 기후변화 적응 정책의 포함을 촉진한다.

일곱째, 기후변화에 적응력이 높은 에너지, 수송, 빌딩 등 기반 시설을 구축하도록 지원한다.

여덟째, 투자 및 사업 결정에 있어 기후변화를 고려할 수 있도록 지원하는 보험 등 재정 수단 개발을 확대한다.

2. 우리나라의 기후 위기 적응 강화 대책

 2023년 6월 22일, 제4차 '2050 탄소중립녹색성장위원회'에서 '제3차 국가 기후 위기 적응 강화 대책'을 확정하였다. 지난 2020년 12월 14일에 수립해 이행 중인 '제3차 국가 기후변화 적응 대책(2021~2025)'은 기후 위기 피해 예방·저감에 한계가 있어 사회 전반의 적응 기반 시설(기반)을 강화하고 현장에 적용할 수 있는 실행계획으로 보강하기 위해 대책이다.

 이번에 마련한 '제3차 국가 기후 위기 적응 강화 대책'에는 △기후 감시·예측 시스템 과학화 및 대국민 적응 정보 접근성 제고, △미래 기후위험을 반영한 사회 인프라 개선, △기후재난 사전 예·경보 강화 및 취약계층에 대한 피해 최소화, △모든 주체가 함께하는 기후 적응 추진 등 과제를 반영한 것을 주요 내용으로 하고 있다.

 이에 한화진 전 환경부 장관은 "심화 되는 기후변화에 대한 과학적 예측을 기반으로 미래 기후위험을 선제적으로 예방할 수 있는 사회 전반의 적응 기반을 구축할 것"이라면서, "국민, 지자체, 시민사회, 산업계 등 모든 적응 주체와의 협력을 통해 기후 위기 적응 대책을 추진해 가겠다."라고 밝혔다.

첫째, 기후 감시·예측 시스템을 보다 과학화하고 적응 정보의 대국민 활용도를 높이기 위해서 미래의 인구·에너지 사용 등의 추이까지 고려하여 기후변화 예측(시나리오)을 개선하고, 이를 토대로 읍·면·동 단위로 상세화한 기후변화 상황지도를 제공한다.

온실가스 지상 관측망을 확대하고 위성까지 활용한 입체적 관측망을 운영하여 감축과 적응 정책을 과학적으로 평가하는 데 활용한다. 또한 부처별로 흩어진 기후변화 적응 정보를 통합 제공하는 적응 정보 종합플랫폼을 구축하여 국민들의 정보 접근성을 높이는 폭염, 가뭄 등 위험 요인별로 시각화된 기후위험지도를 만든다.

둘째, 기후재난 극복을 위한 기반 시설을 확충하여 안전 사회를 실현하고자 한다. 이에 홍수방어 능력을 높이기 위해 소하천 범람 대비 설계빈도를 100년에서 200년으로 상향하고 대심도 터널, 지하 방수로, 강변 저류지 등 관련 적응 기반 시설도 지속적으로 확충한다.

가뭄 상황에 효과적으로 대응할 수 있도록 댐-보-하굿둑을 과학적으로 연계 운영하고 대규모 저수지(500만㎥)뿐만 아니라 중·소규모 저수지(30만㎥)까지 치수 능력을 보강한다.

시군 기본계획 수립 시 재해 취약성을 분석하여 방재계획을 수립도록 지침을 개선하고 폭염, 폭우 등 기후위험을 고려한 도로·철도 설계기준 강화 방안을 검토한다. 그리고 지역 연안별 특성, 파고 등을 종합적으로 고려하여 항만·어항 설계기준도 전면 개선한다.

셋째, 기후재난 사전 예·경보 강화 등 재난 대응 역량을 높여 국민 피해를 최소화한다. 인공지능(AI) 홍수예보 시스템 도입으로 예·경보를 더욱 빠르게 (3시간 전→6시간 전) 한다. 선제적 산불 대비를 위해 기존 단기(3일 전) 만 제공하던 산불 예측 정보를 중기(7일 전), 장기(1개월 전)까지 제공하고 기상 가뭄 정보도 3개월 이상으로 확대한다.

돌발·극한 호우 정보가 신속하게 전달될 수 있도록 기상청이 국민에게도 직접 휴대전화 문자를 제공할 수 있게 개선하고, 폭염·한파 정보를 마을 방송뿐만 아니라 휴대 문자를 활용한 이중 전달체계로 개선하여 취약 어르신, 야외 근로자의 온열·한랭질환을 예방한다. 또한, 국가 트라우마 센터를 통해 기후 재난 심리지원도 제공한다.

넷째, 기후 위기 취약계층에 대한 국가적 보호를 강화하고 적응 협력체계(거버넌스)를 강화한다. 취약계층 실태조사를 최초로 실시하여 보호 대책을 마련하고, 재해 취약 주택 정비 및 거주자 이주 지원 등을 추진한다.

행정계획에 기후 위기 적응 대책을 제도로 반영하고 취약계층 실태조사 등을 위해 기후 적응과 관련한 법적 기반을 강화하고, 예산 검토 시 기후변화 위험도 반영 방안을 마련한다. 적응 정책 효과성을 높이기 위한 적응 대책 부문 간 연계 및 적응-감축 공동 편익 평가 방법론을 마련한다. 이행 주체별(시민·청년단체)·부처별 기후 적응 협의체 운영을 통해 기후 적응 사회 구현을 위한 부문별 협력을 강화한다.

지자체의 재난 안전 예산실적을 소방안전교부세 교부 기준에 반영하여 지자체의 재난안전예산 투자를 강화하고, 노후 산업단지의 위험도 평가 시범사업, 금융회사 기후위험(리스크) 관리지침서 마련 등 산업·금융계의 기후 적응 대책도 확대한다.

3. 세상을 바꿔 나가는 기후소송

2019년 5월24일 오후 서울 세종로 세종문화회관 앞에서 청소년 기후소송단이 결성되었고 '524 청소년 기후 행동' 집회를 열었다. 지금까지 4건의 헌법소원이 제기됐으며 내용은 모두 국가 온실가스 감축 목표(NDC)가 미흡해 시민과 미래세대의 기본권을 침해한다는 취지이다.

청소년 기후 행동이 2020년 3월 청구한 헌법소원과 청소년 2명 등이 같은 해 11월 청구한 헌법소원, 그리고 같은 해 6월, 5살 이하 아이 40명 등 62명이 제기한 '아기 기후소송'은 태아부터 청소년에 이르는 미래세대의 권리를 중시하는 내용이었다.

2021년 10월, 기후위기비상행동과 녹색당 등 130여 명이 청구한 헌법소원은 시민의 피해를 다룬 것으로 헌법재판소는 제기된 사건들을 여전히 심리 중에 있다. 아직까지 법원의 구체적인 기후변화에 책임 문제에 대한 뚜렷한 입장은 밝혀지지 않고 있다

최근 '아기 기후소송'을 대리하는 탈핵법률가모임 '해바라기'의 김영희 변호사는 "미래세대가 기후정의 관점에서 '약자'이자 '희생자'라는 사실을 주목해야 한다."고 주장하고 있다. 그는 "아직 태어나지 않은 태아와 어린아이 등 미래세대는 기성세대에 견줘 탄소중립기본법의 보호를 충분히 받지 못하고 있다."고 주장했다.

우리나라에서도 아직 기후소송은 출발하고 있는 수준에 머물고 있으나 앞으로 책임 공방전으로 이어지면서 인권, 국민의 생명 보호 등을 내세워 책임 부담 문제까지 발전해 나갈 것이다.

구체적으로 기후변화의 원인을 제공하고 있는 기업체나 정부에게 구체직인 손해배상액까지 요구하는 수준으로 발전하게 될 것이다. 이에 대한 정부나 기

업체들은 만반의 채비를 갖춰 나가야 할 것이고 구체적인 귀책 사유에 따른 책임의 범위와 함께 손해배상액을 어떻게 산정하여 나갈 것인지에 대한 연구도 이뤄져야 할 것이다.

기후소송

Q&A 기후소송이란?

+ 시민들이 정부와 국회, 기업을 상대로 기후위기로 인한 피해 보상을 요구하거나, 기후위기 해결을 위한 강력 대응을 촉구하는 소송

+ 정부의 기후 대응을 강화하는 데 주요한 도구가 되는 기후 소송은 기후위기 해결 촉구에 직접적인 압력이 될 수 있음

+ 최근 세계의 소송은 모든 화석연료 사용 중단을 포함, 기후변화로 인한 '손실과 피해'에 대한 법적 대응, 온실가스 배출에 대한 기업과 정부의 책임, 인권침해 내용 등을 포함

+ 유엔 기후소송이 기후변화 대응에 적극적인 변화를 가져오는 요인이 될 수 있고 전세계 기후행동에 선례를 만들고 있다고 분석

기후위기비상행동

가. 시장 경제체제를 자원 순환 체제로 전환시켜 나가야

2016년, 기후협약 당사자 197개국이 온실가스 감축을 위한 '2030 자주적 감축목표(NDC)'를 유엔에 제출하였다. 이제 전 세계가 지구를 되살리기 위해서 온실가스를 감축시키는 사업을 경쟁적으로 추진해 나가야 한다. 이는 지금까지 값이 싸고 품질 좋은 상품을 만들어 먼저 시장을 장악 하여야 보다 높은 이윤을 창출할 수 있어 글로벌 기업들은 너도나도 경쟁적으로 수익률 경쟁에 뛰어들고 있다. 그렇지만 이런 '대량생산 – 대량소비 – 대량 폐기'라는 시장 경제의 체제에서 탈피하지 못한다면 지구환경을 되살릴 수 없게 된다. 따라서 탄소중립이란 시장 경제체제와는 전혀 다른 길이다. 즉 화석연료에서 배출되는

온실가스를 되도록 억제하고 청정에너지를 개발하여 나가야 하며 각종 폐기물에 대한 재활용 방안을 마련, 자원순환사회 체제로 전환 시켜나가야 한다.

결국 시장 경제체제에서 자원순환사회 체제로 전환 시켜야만 온실가스 감축은 지속적으로 이뤄질 수 있는 기반이 마련되는 것이다. 이를 위해서는 우선 성장의 한계를 인정하여야 하며 지구촌은 한 가족이라는 공동체 의식으로 친환경 운동에 적극적으로 참여하여야 지구환경을 되살려 나갈 수 있다. 이는 우리 삶의 터전인 지구를 되살리겠다는 일이며 어느 한 사람의 힘으로 이뤄질 수 없는 지구촌 모든 사람의 몫이다. 지구촌 모든 사람이 다 같이 합심하여 온실가스 감축이라는 숙제를 해결하여 나가야 한다.

나. 세계 각국의 기후소송 제기

기후변화 소송은 1980년대 처음으로 미국에서 시작됐다. 그 후 시민단체가 중심이 되어 기후 위기를 알리는 수준의 홍보성 촉구에서 그 의미를 갖고있다. 그렇지만 2018년, 기후변화 정부간 협의체(IPCC)가 '1.5도 특별보고서'를 내놓은 이후 기후 위기가 세계 인류의 생명을 위협한다는 위기의식이 고조되면서 기후소송이 급격히 늘어나기 시작하였다.

2015년 이후부터 시작된 기후소송이 2020년 이후 2년 동안에는 크게 증가하였다. 기후소송의 유형도 단순하게 책임을 묻는 단계를 넘어서 국민들의 인권, 생명 보호를 목적으로 하고 있으면서 앞으로는 손해배상을 전제로는 책임분담의 의미로 진화 발전해 나가고 있다.

지난 2019년에 프랑스에서 그린피스 등 환경단체가 '정부가 온실가스 감축 목표를 달성하지 못했다'며 정신적 피해에 대한 손해배상액으로 상징적인 '1유로'를 청구한 소송이 있었다. 이는 2021년 2월 프랑스 파리행정법원은 환경단체의 주장을 받아들여 피해 배상과 함께 추가 조사를 명령했다. 그리고 독일 연방헌법재판소도 2021년 4월 연방 기후 보호법에 대해 헌법 불합치 결정을 내렸다.

지구온난화 1.5도와 2도 상승의 차이

	1.5도 상승	2도 상승
산호초 멸종률	70~90%	99%
연안 홍수 위험	보통	매우 높음
여름철 평균온도	3도 상승	4.5도 상승
2100년 해수면 상승	0.26~0.77m	0.36~0.87m
생물종 절반 절멸률 (특정 생물종이 절반 이상 사라지는 비율)	곤충 6%	곤충 18%
	식물 8%	식물 16%
	척추동물 4%	척추동물 8%
육지 생태계 변화율	약 6.5%	약 13%
어획량	150만t 감소	300만t 감소

〈자료: IPCC〉

이 결정문에서는 우리에게 남겨진 '탄소 예산'과 이에 따른 '미래세대의 권리'를 구체적으로 언급하여 세계 각국에 경종을 울렸다. 즉 연방헌법재판소는 '국가 온실가스 배출량을 2030년까지 1990년 대비 55% 감축하는 정부 정책'이 헌법에 불합치한다고 결정했다. 이는 "이미 2030년 목표를 거의 달성한 상태에서 2030년 이후의 감축 계획을 마련하지 않는 것은 다음 세대의 자유를 침해한다."고 정부의 온실가스 감축 정책의 미흡함을 지적하고 있다.

그리고 2022년 1월 28일 미국 알래스카주 대법원의 크레이그 스토어즈 판사가 주 정부의 화석연료 정책이 청소년들의 헌법적 권리를 침해한다며 청소년들의 2019년 낸 소송을 받아들였다.

이와 같이 기후소송의 쟁점은 대체로
첫째, 미래세대의 권리가 직접적이고, 현재적으로 침해되었다고 볼 것인가?
둘째, 기후변화 대응 정책이 정부의 재량권으로서 사법 심사의 대상이 될 것인가?
셋째, 정부의 불충분한 감축목표가 시민 기본권을 침해하고 있다고 볼 것인가? 등 세 가지 쟁점으로 좁혀지고 있다고 할 것이다.

이 밖에도 해수면 상승으로 태평양 섬나라가 침몰 되고 있는데 이는 누구의 책임인가?
높은 산에서 빙하가 녹아 사라짐에 따라서 이를 먹고사는 마을 사람들은 심각한 물 부족을 겪고 있는데 이에 대한 책임과 대책을 요구하는 소송 등이 나오고 있다.
과거에는 기후변화를 숙명적으로 받아들여 기상재앙은 어쩔 수 없는 일이라고 여겨 기후소송에 관한 관심을 두지 않았다. 그런데 요즈음 기상재앙은 구체적으로 인간 활동에서 배출되는 온실가스와 환경오염 물질 때문이라는 사실이 입증되고 있어 구체적으로 이에 대한 책임을 묻는 수준으로 발전해 가고 있다.
최근에는 안정된 지구환경은 국민이 가져야 될 당연한 권리이며 인권 보호 측면에서 환경권을 확대해석하는 경향을 보이고 있다. 앞으로는 손해배상책임 문제까지 확대될 전망이어서 정부나 기업체는 이에 대비해 나가야 할 것이다. 그리고 기후소송에서 국가가 '주의 의무'를 게을리했다는 판결이 나오면서 기후소송이 환경정책을 끌어 나가는 경향을 보이고 있다.

4. 환경정책을 결정하는 환경지도

산업혁명 이후 많은 화석연료(석탄, 석유, 가스 등의 에너지원)를 사용하고 산림벌채, 질소비료 사용, 폐기물 소각, 냉매, 세척제 및 스프레이 사용 등으로 많은 온실가스를 배출하고 있다. 이런 온실가스는 장기간 대기 중에 그대로 남아 있어 농도가 높아짐에 따라서 온실효과도 커져 지구의 기온이 지속적으로 상승하고 있다.

이산화탄소는 주로 에너지원의 85%를 차지하고 있는 석탄, 석유, 천연가스 등 화석연료 연소와 산림 파괴로부터 배출된다. 메탄가스와 아산화질소는 주로 농, 축산업에서 발생한다.

일반적으로 자연 상태에서 존재하는 이산화탄소는 숲과 해양에 의해서 흡수되어 균형 상태를 이룬다. 그러나 화석연료의 연소나 삼림 파괴로 인한 탄소배출은 그만큼 대기 중에 이산화탄소가 초과 집적되기 때문에 지구온난화의 직접적인 원인이 된다.

- 국토를 친환경적·계획적으로 보전하고 이용하기 위하여 환경적 가치를 종합적으로 평가하여 환경적 중요도에 따라 5개 등급으로 구분하고 색채를 달리 표시하여 알기 쉽게 작성한 지도

토지의 보전가치 평가
- 70개 주제도 중첩
- 가장 높은 등급을 최종 평가 등급으로 결정

국토환경성평가지도

5개 등급 구분

자연, 준자연, 인공별 평가기준 적용

법제적 평가 → 법제적 평가결과
62개 평가항목 중첩 평가

환경·생태적 평가 → 환경·생태적 평가결과
8개 평가항목 중첩 평가

1:5,000 국토환경성평가지도

자동차가 움직일 때 배출되는 배기가스나 공장이 가동될 때 굴뚝에서 나오는 연기, 물질을 태울 때 생기는 까만 검댕이 포함되는 미세먼지를 에어로졸이라고 부른다. 이런 에어로졸은 인간 활동에 의해 만들어지며 며칠 동안 대기 중에 그대로 남아 있어 스모그 현상을 일으키는 원인이 된다.

그 때문에 산업단지와 같은 오염지역에는 에어로졸이 집중적으로 발생하여 복사에너지를 차단시키고 시정(視程)을 흐리게 하는 이상기상의 원인이 되고 있다. 이와 같은 지구환경이 변화함에 따라서 우리나라 국토 지형이나 토양의 특성도 바뀌고 있다. 따라서 기후변화에 따른 지형변화를 정확하게 파악하고 이를 개선 시켜나가기 위한 정책을 결정하기 위해선 환경지도가 필요하다.

가. 국토환경의 변화

2000년대 기준으로 전체 국토에서 산림지역이 차지하는 비중은 67.8%이고 농업지역은 21.1%, 시가화 건조지역은 4.1%, 초지는 2.9%, 수역은 2.1%, 나지는 1.6%, 습지는 0.3%로 나타났다. 토지피복을 살펴보면 숲, 초지, 습지, 농지는 감소한 반면 나지와 도시 지역은 지난 20년 동안 약 3배나 증가하였다.

우리나라 시가화 건조지역은 1980년대 2,133㎢에서 2000년대 4,155㎢로 약 95% 증가해 국토 전체에 차지하는 비율이 1980년대 2.1%에서 2000년대 4.1%로 약 2배 증가했다. 반면 농업지역은 23.6%에서 21.1%로, 초지는 3.8%에서 2.9%로, 습지는 0.9%에서 0.3%로 지속적으로 감소하고 있다.

전국의 도로 연장은 2013년 10만 6,232㎞로서 1970년 4만 244㎞ 대비 2.64배 증가했고 이중 고속도로는 1970년 551㎞에서 2013년 4,044㎞로 7.3배 늘어나 증가했다.

우리나라 산림면적은 2010년 현재 636만 9,000ha로 전체 국토 면적의 약 64%를 차지해 1960년의 670만ha(국토 면적의 약 68%) 에 비해 4.95%가 감소하였다. 반면에 산림의 임목축적(나무의 부피)은 2010년 약 8억㎥로 1960년 6,400만㎥에 비해 무려 12.5배 증가해 산림이 무성해지고 있음을 알 수 있다.

해안 굴곡 도는 1910년대 6.22에서 2000년대 4.37로 감소했다. 특히 1910년대에는 서해안의 굴곡도가 9.70으로 남해안 8.54보다 컸다. 그러나 2000년대에는 서해안 5.24, 남해안 7.89로 크게 감소한 것으로 나타났다. 이는 서해안이 활발한 간척사업으로 남해안보다 오히려 단순해졌기 때문이다. 이같이 환경지도는 우리 주변 환경의 변화를 우리들에게 정확하게 알려줘 환경개선을 위한 자료로 활용될 수 있도록 하고 있다.

나. 토지피복의 변화

토지피복은 자연적 토지피복과 인공적 토지피복으로 구분된다. 도로 건설, 높은 빌딩 건축, 벌목, 농업의 확장 등 인공적 토지피복이 점차 늘어나고 있다. 이에 반해 산림이 파괴되고 태양의 복사열을 흡수할 수 있는 숲이나 호수 등 자연적 토지피복은 크게 줄어들고 있다. 결국 나무와 풀, 강으로 덮여있는 자연적 토지피복이 아스팔트와 콘크리트로 덮여있는 인공적 토지피복으로 전환되고 있는 것이다. 지구 표면이 숲이나 늪으로 덮여있는 경우 나무나 물들이 열을 흡수시켜 대기를 냉각시키는 역할을 담당하기 때문에 지구온난화 현상은 줄어들 수 있다. 그렇지만 산림이 파괴되고 사막화가 진행되면 오히려 복사열이 많아져 지구온난화현상은 더욱 심화 되는 것이다.

산림이 파괴되고 도로 건설, 높은 빌딩 건축, 벌목, 농업의 확장 등으로 도시화, 산업화, 농업경작지 확대, 목초지 확대 등은 결국 지구온난화를 가속화시키는 요인이 된다고 할 수 있다. 따라서 산에 나무를 심고 호수, 늪 등을 보호해야만 지구온난화를 막을 수 있다.

다. 환경지도 내용

우리나라에서는 다목적 위성인 아리랑 2호가 전 국토에 대한 각종 환경자료를 모으고 있다. 이는 10년마다 토지피복지도를 만들고 이를 기반으로 비오톱 지도, 대기질 지도를 작성하여 각종 환경정책을 결정하는 정보로 활용하고 있다.

1) 토지피복지도

시가화 건조지역, 농업지역, 산림지역, 초지, 습지, 나지, 수역 등으로 구분하여 생태계를 나타내고 있다. 즉 우리나라 국토를 논, 산림, 시설물 등 지표면의 현황을 41항목으로 세밀히 구분하고 녹지율, 유수 유출률, 비점오염물질 및 온실가스 배출률 등에 대한 자료를 행정 구역별로 집계하여 제작한다.

2) 비오톱 지도

토지 이용 형태와 피복 형태에 따라서 동식물의 식생, 수계를 종합적으로 유형화하여 녹지공간 확충과 생태계 복원이 필요한 5등급으로 분류하여 표시한 지도이다.

3) 대기질 지도

대기오염배출량 자료 분석 결과, 산업과 발전설비, 소각시설이 많은 공업지역, 주거지역, 상업지역 등으로 구분하고 행정 구역별로 대기오염물질 배출을 나타내고 있다. 이렇게 만들어진 환경지도는 비점오염원 관리, 기후변화 예측 모델링, 국토변화 모니터링, 산사태 및 홍수 발생 예측 등 다양한 정책 수립과 집행에 활용되고 있다.

라. 홍수위험지도 작성

우리나라는 이미 2021년 3월 5일에 홍수위험지도를 마련해 놓고 있다. 즉 환경부는 전국 하천 주변의 침수 위험지역을 지도상에 표시한 '홍수위험지도'를 누구나 쉽게 열람할 수 있도록 홍수위험지도정보시스템(www.floodmap.go.kr)을 공개하고 있다.

기후 위기로 집중호우가 자주 발생하는 등 홍수 위험성이 날로 커지고 국민들이 홍수위험 지역을 신속하게 파악하고 대피 등에 활용할 수 있도록 홍수위험지도를 온라인으로 전면 공개하게 된 것이다.

그간 홍수위험지도는 지자체의 효율적 방재업무를 지원하기 위해 환경부 홍수통제소가 작성·배포했으며, 국민들은 해당 지자체에 직접 방문해야 열람할 수 있었다. 이번에 공개되는 홍수위험지도는 전국 국가하천(2,892km)과 한강·낙동강·금강권역의 지방하천(1만 8,795km) 구간이며, 홍수위험지도정보시스템에서 하천명을 검색하여 침수 위험 범위와 침수 깊이를 찾을 수 있다.

이런 홍수위험지도는 홍수 시나리오별(국가하천 100년·200년·500년 빈도, 지방하천 50년·80년·100년·200년 빈도) 하천 주변 지역의 침수 위험 범위와 깊이를 나타내며, 침수 깊이는 '0.5m 이하'부터 '5m 이상'까지의 5단계로 색상별로 구분하여 보여주고 있다.

요즈음 기상재난은 세계 경제에서 가장 큰 위험 요소를 부각되고 있는 시점에서 국민들에게 이에 대비할 수 있는 충분한 지식정보를 제공하는 일은 당연히 해야될 일이다. 기상재난이 빈발하고 있는 시점에서 이를 최소화하는 일은 다른 무엇보다 국민경제의 안정과 경제발전이 기틀을 마련하는 일이다.

5. 해양환경을 중요시하는 블루 이코노미

유엔은 2012년에 '블루 이코노미'라는 말을 처음 사용하였다. 그리고 이를

'해양환경의 개발 및 보존과 연결된 경제 용어'라며 '지속 가능한 해양 기반 경제'라고 정의했다. 이는 유엔의 지속가능발전목표(SDGs)로 이어지면서 2015년 9월에 지구촌 구성원이 2030년까지 달성해야 할 SDGs 17개를 꼽았는데, 14번째 목표가 '해양생태계 보전'에 해당 된다.

인간 활동으로 해양이 심각한 파괴 위협을 받으며, 경제적 이익은 환경 악화에 대한 대가로 이뤄지고 있다고 지적했다. 그렇지만 그 피해는 산성화, 오염, 해양 온난화, 부영양화, 어장 소멸 등으로 나타났다.

그린블루 이코노미 비교

블루이코노미	구분	그린 이코노미
우주(blue sky) 해양(blue ocean) 극지(blue polar region)의 '블루'와 신규 시장을 뜻하는 블루오션(blue ocean)을 포괄하는 개념	정의	'지속가능한 개발' 개념을 기조로 환경적 편익을 고려해가며 경제·사회 편익을 최적화하는 경제 형태
– 자연에서 얻은 영감을 기술로 구현해 새로운 시장을 창출하는 데 주안을 둠 – 정부보다는 기업 중심으로 시장을 키우는 형태	특성	– 친환경에 민감한 소비자들에게 일종의 틈새시장으로 인식됨 – 정부 보조를 통해 시장을 키우는 형태

(자료: 한국환경연구원)

유엔은 이러한 문제의식 속에서 '14번째 목표'를 수행하기 위해 '블루 이코노미'가 필요하다고 규정한다. '해양생태계는 건강할 때 더 생산적'이라는 슬로건으로 지속가능성과 경제적 성장이 상호 충돌하는 개념이 아님을 강조한다.

세계은행도 블루 이코노미를 "해양생태계의 건강성을 보전하면서 경제 성장, 삶의 향상, 일자리를 위한 해양자원의 지속 가능한 사용"이라고 정의했다. 바다는 이미 인류에게 어머니의 품속처럼 넉넉한 나눔을 제공하고 있다.

유엔에 따르면 세계 인구의 40%가 해안지대에 살고 있고, 30억 명 이상이 생계를 위해 바다를 직간접으로 활용한다. 세계무역의 80%도 바다를 통해 이뤄지고 있다. 식량농업기구(FAO) 조사에 따르면 세계에서 5,850만 명이 직접 어획과 양식업에 종사하고 있다. 이에 더해 어떤 방식으로든 자신의 삶과 생계를 어획과 양식업에 의존하는 사람은 6억 명으로 세계 인구의 7.5%에 이른다. 그리고 식량농업기구(FAO)는 인간이 섭취하는 동물 단백질의 17%가 어획이나 양식에서 나온다고 추산했다.

가. 미래 세계 경제를 좌우하는 블루 이코노미

블루 이코노미의 미래는 어업이나 해양관광 같은 전통 방식의 해양 활용에서 멈추지 않는다. OECD는 해양이 경제 성장, 고용, 혁신의 잠재력을 품고 있는 차세대 경제적 신개척지라고 내세우고 있다. 이는 20년 전에는 존재하지 않았던 새로운 분야가 출현 되었다. 즉 블루 카본 격리(탄소를 해양생태계에 저장해 대기로부터 장시간 격리하는 것)로 해양에너지와 바이오 기술 등이 그것이다. 이를 통해 새로운 고용을 창출하고 기후변화와 맞설 수 있는 다양한 기회를 만들 수 있다.

세계 각국은 블루 이코노미의 가능성에 눈을 돌리고 있다. 미국해양대기청(NOAA)은 2021년 1월19일 펴낸 '블루 이코노미: 전략계획 2021~2025' 보고서에서 미국의 블루 이코노미가 2018년 기준 230만 개의 일자리를 제공했다고 분석했다.

2018년 해양 관련 국내총생산(GDP)은 전년보다 5.8% 성장해 전체 GDP 성장률이 5.4%를 능가했다. 해양대기청은 "앞으로 미국의 번영과 안보는 해양과 해안, 오대호에 대한 지속 가능한 사용과 건강성에 달려 있다"고 강조했다.

나. 녹색 운송 프로그램 착수

유럽연합도 최근 보고서에서 유럽 각국이 해상풍력, 탈탄소 해상운송, 해양 기반 식량, 맹그로브 습지 보전과 회복에 투자해 얻는 이익이 수십조 달러에 이를 수 있다고 전망하고 있다.

해상운송과 관련해서는 노르웨이가 적극적이다. 유럽 온실가스 배출량의 13%가 해상운송 산업에서 나오는데 노르웨이는 2030년까지 1990년 대비 최소한 40%의 온실가스를 줄이고, 2025년까지 노르웨이 선박에 대한 탄소중립을 '녹색 해상운송 프로그램'에 착수했다.

블루 이코노미는 군서도서 개발도상국(SIDS)과 최저 개발국(LDC)에 특히 중요하다. 이 국가들은 해양자원에서 식량과 영양을 해결한다. 일부 최저 개발국에선 단백질 섭취량의 평균 50%가 해양에서 나온다고 발표하고 있다. 그리고 해양관광으로 외화를 획득하고 고용 문제를 해결해 해양관광이 GDP의 40%를 차지하는 나라도 있다. 그렇지만 해수면 상승, 지하수의 염분화 등 기후변화는 이들에게 미룰 수 없는 생존의 문제로 부각 되고 있다.

6. 2025년 배양육 시장이 개막되면

2021년 유엔 보고서에 따르면 "지난 2018년 식품이 배출한 온실가스는 무려 138억 톤에 달하며, 특히 축산업은 모든 운송수단보다 더 많은 온실가스 배출을 만들어 낸다."고 밝혔다.

전 세계는 매년 420억 톤의 탄소를 배출하는데 이 중 20%가량이 축산업에서 차지하고 있다. 아마존 파괴의 91%는 축산업이 그 원인이며 전 세계 곡식의 절반가량이 가축의 사료로 이용되고 있다. 더욱이 온실가스 배출 외에도 축산업이 세계 물 소비량의 30%를 차지하고 있으며 땅 표면의 45%가 축산업에 쓰이고 있다.

글로벌 육류 대체식품 소비 비중 추이
자료 : AT커니

전체 육류 시장 규모 (달러)	1조2000억	1조4000억	1조6000억	1조8000억
	2025년	2030년	2035년	2040년
일반적인 고기	90%	72%	55%	40%
식물성 고기	10%	18%	23%	25%
배양육	0%	10%	22%	35%

축산 대국인 미국은 농축 산업 분야의 배출량이 온실가스 전체 배출량의 10%였는데, 축산업 분야로 한정하면 그 수치는 6%를 차지하고 있다. 이에 반해 2021년 12월, 환경부에서 발표한 자료에 따르면, 2019년 온실가스 전체 배출량 7억 137만 톤 중 축산업(가축 분뇨처리, 장내 발효)의 비중은 1.4%에 불과했다. 그러나 수송 분야(도로 수송, 항공ㆍ철도ㆍ해운ㆍ기타 수송)의 온실가스 배출량은 그 10배인 14.4%를 차지했다. 심지어 수송부문은 전년 대비 2.8%나 증가한 수치였기에 탄소중립을 실현해 나가는데 가장 큰 비중을 차지하는 분야는 수송 분야이지 축산분야로 여기고 있지 않는다.

가. 영국의 축산 방역시스템 구축

2000년대 초, 영국의 구제역은 살처분 가축 수가 645만 6천 마리나 되고 정부 재정지출이 5조 1천억 원이나 되는 수난을 겪었다. 이런 사태 발생에 대비하여 농수산식품부를 환경식품농촌부로 조직개편을 단행한 후 환경 및 농촌 지역과 공존하는 환경농업을 위해서 정부가 적극적인 대책을 마련하였다.

우선 세계 최고라고 할 수 있는 영국의 방역시스템을 구축하여 경제ㆍ환경·사회적으로 지속 가능한 농업과 식품의 미래 정책을 연구하는 3개의 위원회를 가동했다. 정부는 이들의 제안을 받아들여 1년간 보완 작업을 맞추고 식품과 농업, 농촌경제와 농촌사회의 연계성을 강화하고 환경과 동물복지를 고려한 영국식 축산 농정에 대한 골격이 완성되었다. 이에 따라서 닭장에 가두지 않고 키운 방목형 달걀 생산이 전체의 40%를 차지하고 있으며 국내 자급률을 80%까지 끌어 올리는 데 성공하였다.

한편 유럽연합은 2006년부터 돼지의 사육과 운송·도축·매몰 처분에서 최저 복지 기준을 만들어 시행하고 있다. 유럽 대륙보다 동물복지에서 뒤처졌다는 영국에서도 2012년부터 소와 닭을 가둬 기르는 사육이 전면 금지되었다. 더욱이 유럽에서는 채식주의자들이 크게 늘어나면서 만일 육류를 채식으로 식단을 바꿀 경우 식량 수요를 10분의 1로 감소시켜 식량부족을 충분히 메꿀 수 있다고 한다. 그런데 이런 육류 생산이 세포 배양육으로 전환되어도 육류의 식단을 채식을 바꾸는 효과와 똑같은 효과가 나타나게 될 것으로 기대된다.

세포 배양육을 포함한 대체육 기술을 확보하고 대량생산 시스템을 구축한다면, 탄소배출 저감, 동물복지 향상 등 엄청난 지구환경에 기여하게 될 것으로 기대된다. 이에 유엔을 중심으로 하는 국제무대에서는 적극적으로 배양육 시장을 육성시켜 시급하게 개막시켜 나갈 것을 주장하고 있다.

나. 2025년부터 본격화되는 배양육 시장

동물체로부터 채취한 줄기세포를 증식시켜 육류를 대체할 수 있는 배양육 시장이 2025년부터 본격화된다. 이는 기후 위기라는 시대적 조류에 따라서 많은 사람들로부터 환영을 받으면서 앞으로 15년 이내에 매년 41%씩 성장하여 육류 소비량의 35%를 차지하게 될 것이라는 전망이 나왔다.

국내 풀무원에서도 2025년부터 본격적인 배양육 시장에 상품을 출시하겠다는 계획을 발표하였다. 그렇다면 육류시장의 주류는 배양육 시장이 차지하게 될 것이고 이로써 축산농가는 또 다른 시장 감축이라는 악재와 싸워야 하는 어려움을 겪게 될 전망이다.

배양육 시장이 개막되면 기존 축산업이 유발하는 여러 환경문제를 해결할 수 있는 기반이 마련될 것이다. 그리고 축산농가는 곧바로 붕괴로 이어질 수밖에 없다. 즉 배양육이 가축 사육과 비교하여 에너지 사용량은 최대 45%까지, 온실가스 배출량 역시 적게는 78%에서 많게는 96%까지 저감시킬 수 있다고 밝히고 있다. 그리고 토지 사용 면적 역시 80% 이상 줄이면서 배양육 시장이 개막되면 환경오염업종이라는 축산업은 완전히 다른 모습으로 변해버릴 수밖에 없다.

다. 배양육 시장이 본격화될 경우

배양육 시장이 본격화된다면 이런 비관적인 전망은 말끔히 해소될 전망이란다. 채식주의자들이 말하는 "육류식단을 채식 식단으로 바꾸면 한 해 730만 명의 생명을 구해 사망률이 9% 떨어진다. 그리고 온실가스는 63% 줄어들고 비용절감액은 9,730억 달러에 이른다. 완전 채식으로 전환하면 810만 명이 구제를 받아 사망률이 10%나 떨어진다. 온실가스 감소율은 무려 70%, 비용절감액은 1조 달러를 웃돈다."는 세상이 올 것이라고 했다.

한우협회에 따르면 2001년 수입자유화로 인해 한우 사육 농가의 42%가 폐업했으며, 2012년 한미FTA 체결에 따라 50%의 농가들이 산업을 포기해 현재는 9만여 명의 농가만 한우 산업에 종사하면서 산업이 위축됐다.

이처럼 국내 한우 생산 기반 위축과 수입 축산물의 범람으로 자급률이 하락한 가운데 소고기 수입량은 2015년 29만 7,000t에서 2020년 41만 9,469t으로 41.1% 증가하면서, 국내 소고기 시장을 잠식당하고 있다. 그런데 앞으로 2026년 미국, 2028년도 호주의 관세가 차례로 철폐됨에 따라 이들의 가격경쟁력이 더 높아질 전망이어서 축산농가의 전망은 대단히 비관적이었다.

라. 국내 낙농업에 대한 비관적 전망

사실 낙농업은 이보다 더욱 심각한 입장이다. 한국낙농육우협회 낙농 정책 연구소에 따르면 우유·유제품 소비량은 2019년 기준 1인당 연간 81.8kg으로 지난 10년간 연평균 2.9%의 꾸준한 증가세를 이어온 반면 우유 자급률은 2010년 65.3%에서 2019년 48.5%까지 하락했다.

이처럼 우유 자급률이 빠르게 하락하고 있는 것은 미국, EU, 호주, 뉴질랜드 등 세계 주요 유제품 수출국과 잇따른 FTA 협정에 따라 늘어나는 유가공품 수요의 원료를 수입에 의존하고 있기 때문이다. 특히 이 가운데 백색 시유의 대체재라 할 수 있는 유크림 등의 수입이 지난 4년간 연 74.2%의 가파른 증가세를 기록하면서 외국산이 대체 수요 시장까지도 잠식하고 있는 것으로 나타났다.

2004년에 칠레와 FTA가 발효된 이래 2012년에 축산 강대국인 미국과의 FTA가 발효됐으며, 2014년에는 호주, 2015년에는 캐나다·중국·뉴질랜드 3건의 FTA가 발효됐다. 관세를 낮춘 각국의 농축산물이 수입되면서 국내 축산업 환경도 하루가 다르게 달라졌다. 여기에 축산물 안전성 논란, 가축 질병, 환경 민원 등 새로운 과제도 축산농가가 넘어야 할 산이다.

마. 축산농가의 전망

통계청이 발표한 축산농가 현황을 보면 농가 수는 줄고, 규모는 커지는 변화를 확인할 수 있다. 2019년 전체 농가 수는 100만 7,000가구다. 이 중 한육우는 6만 9,000가구(7%)이며, 낙농 4,000가구(0.4%), 양돈 3,000가구(0.3%), 양계는 3만 1,000가구(3%)를 차지하고 있다.

전체 농가 중 축산농가 비율이 10%인데 축산업의 연간 생산액은 전체 농림업 생산액의 40%인 20조 원에 이른다.

축산물은 쌀과 더불어 농업의 '양대 기둥'으로 자리하고 있다. 이런 축산농가의 붕괴가 이어진다면 농촌경제는 최악의 국면으로 치닫게 될 것이다. 따라서 축산농가의 발 빠른 전환과 함께 농촌경제를 되살려 나갈 수 있는 국민 농업 펀드 등을 결성하여 농촌경제 되살리기 운동을 전개해 나가야 할 것이다.

바. 식량부족 해결 방안이 될 수 있어

유엔이 2022년 7월에 내놓은 '세계 인구 전망'에서 현재 세계 인구는 79억 7천만 명이고 2070년에는 103억으로 29.2%나 증가될 전망이라고 발표하였다. 이에 따라서 육류 소비량은 지금까지 인구증가율의 2배씩 늘어났기 때문에 60%나 늘어날 것으로 전망하였다.

유엔식량농업기구(FAO)는 2006년에 내놓은 '축산업의 긴 그림자'라는 보고서에서 "지난 50년간 세계 육류 생산이 4배 증가했고 이와 비슷한 기간(1955~2005) 유엔의 인구통계는 약 27.6억에서 약 64.6억으로 늘어, 약 2.3배 증가에 그쳐 인구 증가 속도보다도 육류 증가 속도가 2배가량 더 빠르게 나타나고 있다"고 밝혔다.

최근 중국과 인도와 같은 개도국에서 경제 성장이 지속되면서 중산층 인구가 늘어나고 곧장 육류 소비 증가로 이어지고 있어 지금과 같은 속도라면, 2050년엔 사육동물들의 곡물 소비량이 인간 40억 명을 먹일 수 있는 양과 맞먹을 것으로 예상된다는 통계도 나와 있다.

결국 2016년 세계자원연구소의 보고서는 "2006년에 비해 2050년엔 70% 더 많은 식량, 거의 80% 더 많은 육식, 95% 더 많은 소고기를 요구하게 될 것"이라고 전망하였다. 이렇게 전 지구적으로 축산이 늘면 지구온난화뿐 아니라 기후 위기와 물 부족 현상으로 아시아 지역에서만 1억 명 이상이 식량부족의 고통을 겪게 될 것이라고 한다.

따라서 배양육 시장이 본격화된다면 이런 환경문제를 해결해 나가는 기반이 마련된다고 할 것이다.

> **생각해 봅시다**
>
> ## 아폴로 13호의 기적
>
> 1969년, 아폴로 11호가 달 착륙에 성공했다. 전 세계는 온통 새로운 우주 시대에 대한 부푼 꿈을 갖게 되었다. 그 후 일 년 뒤인 1970년 4월 13일에 아폴로 13호가 발사되었다.
>
> 과학자들은 모든 것이 완벽하다고 장담하였으나 지구로부터 2만 마일 떨어진 곳에서 아폴로 13호에 사고가 발생했다. 즉 산소통이 깨져 버려 더 이상 비행할 수가 없게 되었다. 우주비행사들은 본부인 휴스턴을 향해 어떻게 하면 좋겠냐고 연락을 했다.
>
> 지휘 본부에서는 북극성을 바라보면서 방향을 잡아 되돌아오라고 명령을 내렸다. 이는 인간의 힘으로는 도저히 불가능한 일이라고 여겨졌다.
>
> 전 세계인들은 고장 난 캡슐을 몰고 오는 우주인들을 위해서 기도했다. 결국 4월 17일, 지구를 떠난 뒤 5일 만에 무사히 귀환하게 되었다. 우주선의 임무는 분명 실패 했지만, 우주비행사들은 우주 개척사에 빛나는 승리의 기록을 남겼다.
>
> 환경오염으로부터 지구를 구할 수 있는 방법에는 두 가지가 있다. 하나는 과학기술의 힘으로
> 화석연료를 대체에너지원으로 전환시켜 나가는 것이고 다른 하나는

인간 개개인의 힘으로 에너지 절약이나 소비 절약을 통하여 지구의 자정력 한계 수준 이하로 배출물을 줄여나가는 방법이다. 물론 두 가지 방법을 전부 동원해서 환경오염으로부터 지구환경을 되살려 나가야 할 것이다.

그렇지만 아폴로 13호와 같이 기술개발의 힘만 믿고 기다리는 것은 어떤 불행이 터져 나올지 모르는 일이다. 그래서 "아무래도 과학기술의 힘보다 인간의 힘을 더욱 믿어야 하지 않을까?" 하는 생각이 든다.

물론 기술개발도 중요하다. 그렇지만 그 기술을 이용하여 환경을 개선시키고 지구환경을 되살리는 것은 바로 사람의 힘에 의해서 이루어진다. 따라서 너무 기술개발에 의존하지 않고 지구환경을 되살릴 수 있는 인간의 의지를 살려내야 후손들에게 죄를 짓지 않는 삶의 터전을 물려줄 수 있어야 한다.